KB198464

자연에 답이 있다

Nature's Wild Ideas
by Kristy Hamilton

Nature's Wild Ideas © Kristy Hamilton, 2022
First Published by Greystone Books Ltd. 343 Railway Street, Suite 302, Vancouver, B.C. V6A 1A4, Canada
Korean Translation Copyright © 2024 by Gimm-Young Publishers, Inc.
Korean edition is published by arrangement with Greystone Books Ltd. through Duran Kim Agency.

이 책의 한국어판 저작권은 듀란킴 에이전시를 통한 저작권사와의 독점 계약으로 김영사에 있습니다.
저작권법에 의해 한국 내에서 보호를 받는 저작물이므로 무단전재와 무단복제를 금합니다.

자연에 답이 있다

1판 1쇄 인쇄 2024. 10. 24.
1판 1쇄 발행 2024. 11. 4.

지은이 크리스티 해밀턴
옮긴이 최가영

발행인 박강휘
편집 이예림 디자인 조은아 마케팅 고은미 홍보 박은경
발행처 김영사
등록 1979년 5월 17일(제406-2003-036호)
주소 경기도 파주시 문발로 197(문발동) 우편번호 10881
전화 마케팅부 031)955-3100, 편집부 031)955-3200 | 팩스 031)955-3111

값은 뒤표지에 있습니다.
ISBN 979-11-94330-60-8 03400

홈페이지 www.gimmyoung.com
블로그 blog.naver.com/gybook
인스타그램 instagram.com/gimmyoung
이메일 bestbook@gimmyoung.com

좋은 독자가 좋은 책을 만듭니다.
김영사는 독자 여러분의 의견에 항상 귀 기울이고 있습니다.

자연에 답이 있다

과학적 혁신에 영감을 준 자연의 13가지 아이디어

크리스티 해밀턴
최가영 옮김

김영사

가족과 벗들에게 이 책을 바친다.

가족에게 거한 재산을 남기고 죽는 사람은
세상에 몇 되지 않지만
우리는 금보다 귀하고 유리보다 섬세하고
명예보다 의미 있는 유산을 후손에게 물려줄 수 있다.
호박 속 곤충처럼 인간의 보호 노력으로
온전하게 보전된 세상을 말이다.

차례

NATURE'S WILD IDEAS

아이디어가 거칠게 생동하는 그곳

1874년, 턱수염이 무성한 스물일곱의 청년 알렉산더 그레이엄 벨은 훗날 세상을 뒤바꿀 발명에 한창 몰두하고 있었다. 이때 그가 참고하던 것은 시체의 귀였다. 사람의 귀는 뼈와 살점이 지금의 모습으로 진화하기까지 수백만 년이 걸린 아주 정교한 장치다. 귀의 소용돌이 모양을 뚫어져라 관찰하던 벨은 이토록 얇은 고막이 가운데귀의 귓속뼈를 움직일 수 있다는 점에 무척 놀랐다. "휴지 한 장처럼 얇은 고막이 상대적으로 엄청난 크기와 무게를 지닌 뼈의 진동을 제어할 수 있다면, 더 크고 두꺼운 막을 사용해서 전자석 앞에 놓인 쇳조각을 진동시킬 수 있지 않을까?"[1] 그는 공책에 이 아이디어를 스케치를 하며 여백에 이렇게 적었다. "사람 귀를 본뜬 소리전달장치 만들기. 귓속뼈의 형태를 골조로 삼을 것. 자연의 예시를 본받을 것."[2]

벨이 이 주제에 끌린 데는 그만한 이유가 있었다. 그의 어머니와 아내 모두 소리를 못 듣는 데다 본인 역시 청각장애가 있는 학생들을 가르치고 있었던 것이다. 그는 실제 사람의 귓속뼈를 나무틀에 끼워 포노토그래프phonautograph 라는 원시적 녹음장치를 만들었다. 이 장치는 소리가 뼈를 진동시키면 음파가 연기로 검게 그을린 유리판에 특이한 무늬로 기록되는 방식이었다. 포노토그래프는 원래 제자들을 위해 만든 도구였지만 이 일을 계기로 영감을 얻은 그는 1876년 전화기 특허를 취득하게 된다. 연구실에 있던 벨이 다른 방에 있던 조수에게 전화를 걸어 "왓슨, 이쪽으로 와주겠나. 얘기할 게 있네"라고 말했다는 일화는 유명하다.[3]

역사에는 이와 비슷한 사례가 넘쳐난다. 곰팡이에서 시작된 페니실린부터 산호에서 나온 항암제, 독개구리와 청자고둥에서 영감을 받은 진통제까지 이루 다 헤아리기 힘들다. 생체모방biomimicry('생명'을 뜻하는 그리스어 'bios'와 '모방하다'라는 뜻의 'mimesis'가 합성된 단어)이란 자연을 연구하고 자연의 걸작들에서 배움과 아이디어를 얻는 것을 말한다. 간혹 생체영감bioinspiration 혹은 생체모사biomimetics 라고도 불리며, 이 표현은 1950년대에 생물물리학자 오토 슈미트에 의해 처음 사용되었다. 이후 1997년에 재닌 베니어스 덕에 유명해지기 시작했다. 베니어스는 과학자들이 설계도면에 친숙해야 한다고 주장하는 생물학자이자 저술가다. 생체모방은 여전히 초기 단계의 이론이지만 사실과 허구를 구분하는 중요한 역할을 하고 있다. 특히 생체모방이 새로운 통찰을 얻기 위한 과학연구 기법이 아니라 마케팅 도구로 남용될 땐 더더욱 그렇다. 생체모방은 만병통치

약이 아니라 항로를 안내하는 등대이자 아이디어의 원천이며, 홀로는 감히 생각지 못할 독창적인 발상이 가득한 보물창고와 같다. 나는 생체모방이라는 장막에 가려진 이야기를 더 많은 이가 알았으면 하는 소망을 담아 이 책을 썼다. 자연이 감춰놓은 은유적 장치들을 발굴해 기상천외하게 환골탈태시키는 전 세계 과학자들의 활약상에 대중이 함께 즐거워했으면 좋겠다는 바람이다. 수백만 년 동안 진화해온 세상의 모든 생명체는 에너지와 물질을 소비하며 살아가지만, 인간과 달리 오염을 일으키지는 않는다. 각기 기발한 방식으로 나름대로 진화해 생존을 도모할 뿐이다.

《자연에 답이 있다》는 인류에게 영감을 준 동식물을 이야기하는 책이다. 우주 대폭발을 관측하는 망원경, 난치성 당뇨병 환자를 위한 치료제, 노벨 재단이 이른바 "현대 생명과학에서 가장 중요한 도구 중 하나"라 칭찬하면서[4] 상을 준 발견 등이 모두 동식물에서 출발해 이룬 성과다. 이런 '인류의 발명품' 중에는 오래전부터 동물의 왕국에 존재하던 것을 그대로 가져와 쓸 뿐인 것도 있다. 사람을 기절시킬 정도로 강한 전기를 발생시키는 전기뱀장어, 제트 추진의 원리로 헤엄치는 오징어, 나뭇잎을 초소형 확성기처럼 사용해 울음소리를 증폭시키는 긴꼬리귀뚜라미가 그 예다. 비버가 댐을 지어 인근 집의 안전과 호수의 수위를 지키고 물고기의 부레가 잠수함의 평형수 탱크ballast tank처럼 기능해 부력을 조절하는 것도 마찬가지다. 농업혁명조차 알고 보면 그렇게 혁명적이진 않았다. 몇몇 개미종은 일찍이 곰팡이 밭을 가꿀 줄 알았고 나무 수액이나 잎으로 포식한 진딧물의 감로甘露를 가축의 젖을 짜듯 더듬이로 톡톡 쳐서 받아 모았다. 또 혹등고래의 주름진 목은 여러 겹 접힌 거대한 종이접기처럼 주름이 36겹이나 돼서 먹이를 먹을 때 늘어났다가 다 먹으면 다시 콤팩트하게 접힌다.

나는 이 책을 모두를 위한 모든 것의 이야기로 썼다. 이 책은 발견과 과학, 자연 세계에 관한 이야기를 하고 때때로 철학적 질문도 던진다. 자연은 인간에게 어떤 존재일까? 지구의 생물다양성을 보전하는 게 얼마나 중요할까? 창조와 혁신이 복잡하게 얽힌 세상에서 우리의 역할은 무엇일까? 자연에는 여러 가지 면에서 인간이 보고 배울 거리가 상상 이상으로 많이 숨어 있다. 흔히 인간은 야생의 이치를 확장해 자연계에서 본 적 없는 새로운 무언가를 발명하려고 애쓴다. 그런 노력에는 생물학, 공학, 화학, 물리학, 재료과학, 수학 지식이 총동원되며 각계 전문가가 머리를 맞대 저 너머의 잠재력을 발굴한다. 탐험가가 지도에도 나오지 않는 곳을 직접 구석구석 돌아다니고 텅 빈 듯한 공간에 뭐가 있을지 궁금해하듯, 아무도 발 들인 적 없는 미지의 세상 깊숙이 들어가 새로운 통찰을 얻고 인류의 집합지식을 확장하는 게 과학이 하는 일이다. 세계 곳곳의 연구 기관은 생체모방을 전문으로 연구하는 부서를 두고 있다. 매사추세츠공과대학교MIT, 하버드대학교의 비스 연구소Wyss Institute, 조지아공과대학교의 생체모방설계센터 Center for Biologically Inspired Design, 임페리얼칼리지런던의 생체모방기술센터Centre for Bio-Inspired Technology, 애리조나주립대학교의 생체모방센터Biomimicry Center 등이 그런 곳이다.

마지막으로 강조하고 싶은 것은 진화는 선구안을 갖고 있지도, 신성한 계획 같은 것을 미리 세우지도 않는다는 점이다. 진화는 현지 사정과 환경의 변화에 그때그때 적응하기 위해 끝없이 이어지는 일련의 보수개량 작업이다. 마찬가지로 생체모방 역시 그 자체가 최종 결말이나 본질이 되어 일어나는 일은 없다. 생체모방은 주어진 제약 조건 안에서 적당한 방향을 제시할 따름이다. 진화는 공학자와 달리 창의력을 원동력으로 삼지 않는다. 생물학적 본능으로부터 자유로운 인류 발명품과 다르게 동물의 진화는 배고픔 해소, 생식, 배설의 욕구 같은 굴레의 제한을 받는다. 그럼에도 생물의 디자인은 고루한 패러다임에 신선한 해결책을 제시할 수 있다. 푸른 홍합이 어떻게 철썩이는 파도로 마를 날 없는 바위에도 찰싹 달라붙는 접착제를 만드는지 생각해보자. 또 기린은 키가 그렇게 큰데도 어떻게 가느다란 다리에 피가 고이지 않을까?

이 책에 소개된 발명품들은 어느 모로나 완벽하지는 않지만, 훨씬 방대하고 심오하면서 이 세상에 자연스럽게 녹아들어 있는 것들을 향한 인류의 상상력에 불을 지핀다. 하지만 안타깝게도 인간과 자연의 연결고리는 시간이 흐를수록 점점 약해지고 있다. 영국 내셔널트러스트의 조사에 따르면, 영국 국민의 야외활동 시간이 불과 30년 만에 절반으로 줄었다고 한다. 국제연합UN은 지침을 정해 교도소 수감자들에게 "날씨가 나쁘지 않으면 하루에 1시간 이상 탁 트인 실외에서 적당히 몸을 움직이도록"[5] 권하는데 요즘 많은 아이들이 딱 이 정도밖에 하지 않는다. 솔직히 문명은 야생에서 멀어진 지 이미 오래다. 그럼에도 인간은 스크린이나 사무실에서는 느낄 수 없는 본질적이고 직관적인 무언가를 여전히 갈망한다. 당연하다. 자연은 우리 인류와 떼려야 뗄 수 없는 존재다. 앞으로도 자연의 동식물로부터 배움을 얻고자 한다면 그들의 보금자리인 야생의 땅을 보호해야 한다. 인류는 그간 혼자 잘 살겠다고 전횡을 부려온 만큼이나 더 나은 미래를 건설할 능력도 갖고 있다.

나는 소망한다. 꽁꽁 얼어붙은 폭포를 건너고, 안개 자욱한 숲속을 걷고, 밀물과 썰물이 오랜 세월 다져 만든 해변을 탐험하면서 내가 그랬듯 여러분도 자연의 위대한 지혜를 발견하기를.

1

꽁꽁 얼어 있던 미스터리

물곰 — 의약품 보존기술

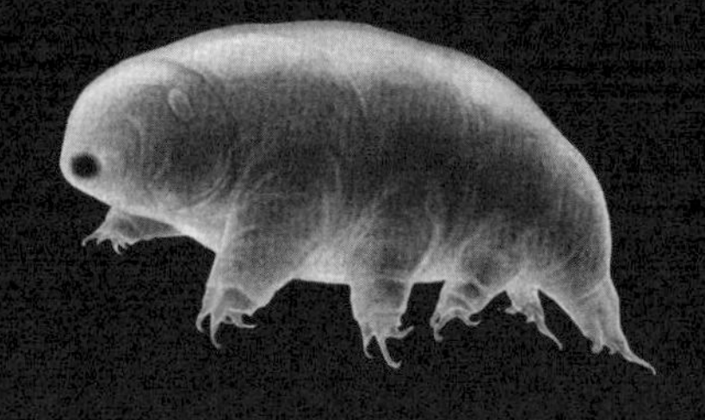

"추위만큼 뜨겁게 타는 건 없다."

《왕좌의 게임》, 조지 R. R. 마틴

몬태나주 보즈먼에서 남동쪽으로 약 24킬로미터를 가면 들쭉날쭉 솟은 눈 덮인 갤러틴산맥의 북쪽 자락이 나온다. 그곳에 계곡이 하나 있는데, 기온이 영하로 떨어지는 겨울이 되면 폭포가 꽁꽁 얼어 수백 개의 거대한 얼음송곳으로 변한다. 한때 굉음을 내며 쏟아지던 물줄기는 얼어붙은 채 싸늘한 정적에 잠긴다. 그 앞에 실눈을 뜨고 서면 마치 얼음기둥 표면에서 새빨갛거나 샛노란 수많은 반점들이 반짝이는 것처럼 보인다. 쨍한 파란색 재킷 차림의 초보 빙벽 등반가인 나는 강철 얼음도끼를 머리 위로 높이 들어 휘두른다. '퍽.' 타격의 진동이 팔 전체로 퍼진다. 위에서 흩날린 얼음 부스러기가 내 얼굴에 내려앉아 차갑게 타오른다. 나는 굴뚝 연기 같은 입김을 내뱉으며 아이젠 달린 부츠로 꽁꽁 언 폭포수 기둥을 찍는다.

'퍽.' 더 많은 얼음조각들이 발밑의 눈 덮인 땅으로 굴러떨어진다. 땅속은 미생물의 세상이다. 얼마 전까지만 해도 인류는 맨눈으로 안 보일 정도로 작은 생명체가 온전한 뇌를 가지고 있다는 사실을 몰랐다. 티끌보다 작은 생물이 얼음 속에서 살아남는다는 사실 역시 믿지 못했다. 그러던 17세기, 갈색 곱슬머리에 펜으로 그린 듯한 콧수염을 가늘게 다듬은 비밀스러운 한 남자가 그동안 인류가 이 행성에 대해 얼마나 무지했는지를 드러냈다. 사실 안톤 판 레이우엔훅이 처음부터 인류의 세계관을 바꾸거나 현미경의 아버지로 칭송받으려고 작정한 건 아니었다. 단지 자신의 가게에서 파는 실의 품질을 검사하고 싶었을 뿐이다. 평소 특기를 발휘해 그는 얇은 유리섬유에 열을 가해 동그랗게 변형시킨 렌즈를 가지고 현미경을 뚝딱 만들어냈다. 그러고는 순전히 호기심으로 연못에서 떠온 구정물과 본인의 치아에서 긁어낸, 젖은 꽃잎처럼 뭉글거리는 허연 찌꺼기를 현미경으로 보았다.[6] 그는 눈앞에 펼쳐진 광경에 전율했다. 영웅을 꿈꾸는 어린 소년처럼 자신이 신세계를 발견했다고 당당하게 말할 수 있는 사람이 세상에 몇이나 될까. 하지만 판 레이우엔훅이 목격한 것은 문자 그대로 "몹시도 분주하게 돌아다니는 아주 작은 동물들"의 모습이었다. 그는 적혈구, 정자(본인의 침대에서 직접 채취한 것), 그리고 그가 "극미동물"이라 이름 붙인 지구의 가장 작은 거주자들 역시 그 누구보다 먼저 관찰했다. 하지만 렌즈 제작기술을 어느 누구와도 공유하지 않은 탓에 판 레이우엔훅 말고는 아무도 그가 계속 떠들어대는 이 소우주를 볼 수 없었다. 영국의 과학자이자 건축가 로버트 훅에게 보낸 편지에서 그는 이렇게 말했다. "사람들은 내가 하는 작은 동물 이야기가 다 거짓말이라고 생각한다더군요."[7]

이제 우리는 그의 이야기가 거짓이 아니라는 것을 안다. 한 줌의 흙에는 10억 마리(아메리카 대륙 전체 인구와 비슷한 규모다)의 박테리아와 수천 마리의 원생동물과 수십 마리의 선충 혹은 실 모양 곰팡이가 존재한다. 사람의 몸은 수십억 단세포생물의 보금자리이며 그중 다수는 음식을 소화시키고 병균을 내쫓는 데 힘을 보태는 우리의 동맹군이다. 인간이 해마다 자신의 대변에 섞어 배출하는 박테리아의 양은 성인 몸무게에 맞먹을 정도다. 판 레이우엔훅의 발견 이후 300년의 세월이 흐른 지금, 우리는 약으로 미생물을 정복하고 한 사람의 대변 박테리아를 다른 사람에게 이식해 장염균(클로스트리디듐 디피실*Clostridioides difficile*. 생명을 위협할 정도로 심한 설사를 일으킬 수 있는 병원균)을 치료한다. 심지어는 생명공학기술로 인간의 입맛에 맞게(가령 기생충을 죽이려고) 박테리아를 조작하기도 한다. 하지만 이러한 발전에도 불구하고, 미생물들은 여전히 우리를 어리둥절하게 만든다. 등반하면서 내가 찍어낸 이 얼음조각 안에 숨을 멈춘 상태로 살아 있을 생명체를 생각해보라. 지구상에 이런 생물이 또 어디 있을까?

만약 궁극의 생존전문가를 만나고 싶다면, 물곰만 한 친구가 없다. 물곰은 완보류(영어로는 타-디-그레이드tardigrade

라고 읽는다)에 속하며, 곰벌레 또는 이끼 새끼돼지라고도 한다. 별명이 많은 것은 아무래도 독특한 외모 때문이다. 곰을 닮은 것 같기도 돼지를 닮은 것 같기도 하면서, 누군가는 귀엽다고 하고 누군가는 흉측하다고 생각한다. 내가 보기엔 모두 다 해당된다. 흉측하게 휜 발톱이 달린 여덟 개의 다리에, 눈과 입이 있어야 할 얼굴에는 돼지코처럼 생긴 주둥이가 전부인 자그마한 젤리곰. 이게 물곰이다. 물곰을 극저온의 환경에서 꽁꽁 얼리거나 100년 동안 바싹 말리거나 고농도 방사선을 쬐면 어떻게 될까? 그래도 이 친구는 살아남을 것이다. 물곰은 공룡과 개화식물보다 3억 5000만 년 이상 앞선 약 6억 년 전부터 지구별을 풍요롭게 해왔고 다섯 차례의 대멸종을 모두 무사히 이겨냈다.

그리고 여기 내가 있다. 지구에서 20만 년을 빈둥거리며 살아온 종족의 일원인 나는 장갑과 양말에 핫팩을 쑤셔넣은 채 한겨울의 꽁꽁 언 폭포에 착 달라붙어 있다. 어딜 봐도 나는 물곰과 거리가 멀다. 우리 인간은 온화한 날씨를 사랑하는 연약한 동물이다. 인간의 생존은 타고난 신체능력보다는 도구를 만들고 사용해 치명적인 한계를 극복하는 재능과 더 밀접한 관련이 있다. 1700년대 중반에는 냉동기술을 개발해 혹한의 자연조건을 그럴싸하게 모방하면서 또 한 건 제대로 해냈다. 우리가 추위를 맘대로 조작하기 시작한 것은 인류 역사에서 비교적 늦은 편이다. 온기는 불을 피우든지 해서 간단하게 더할 수 있기 때문이다. 바로 이 대목에서 오랫동안 인류를 괴롭힌 수수께끼가 등장한다. 따뜻하게 할 땐 열을 생산하면 된다. 그런데 추위는 열이 '없는' 상태이고 열기를 없애는 건 만드는 것보다 훨씬 어렵다. 오늘날 우리는 언제 어디서든 필요한 온도 조건을 완벽하게 조성하는 능력을 갖추고 있다. 남아프리카에서 와인냉장고를 사용하든 캘리포니아의 팜스프링스에서 얼음을 먹든 안 되는 게 없다. 이런 저온유지 상태가 깨지면 우리는 완전히 무력해진다. 온도를 일정하게 유지하는 것, 즉 저온유통체계cold chain는 전 세계에서 사람 목숨을 구하는 필수기술이 되었다. 음식 저장부터 과학실험과 의약품 보존에 이르기까지 저온유통체계에 의존하지 않는 분야가 거의 없다. 특히 당뇨병 치료제 인슐린, 관절염 치료제 휴미라, 만성신장질환 치료제 에포젠 같은 대부분의 생물학적 의약품은 반드시 안정한 저온 조건에서 보관해야 한다. 백신도 예외가 아니다.

백신은 온도에 민감하다. 그런 까닭에 오지 마을은 사용기한 내에 백신을 온전하게 전달받지 못하는 일이 종종 있다. 일례로 차가 들어가지 못하는 케냐의 오지 마을들은 일종의 현지식 이동진료소가 백신을 접종하러 다닌다. 그것은 바로, 태양전지로 가동되는 미니 냉장고를 짊어진 낙타다. 냉동고와 아이스팩을 총동원해 백신을 늘 일정한 온도로 유지하기 위해 애쓴다. 그럼에도 개발도상국으로 가는 냉장보관 백신과 의약품의 3분의 1은 운반 도중에 망가지거나 상하기 일쑤다. 그러는 동안 세계 곳곳의 아이들은 충분히 완치 가능한 바이러스 감염으로 죽어간다.

바이러스가 발견된 건 불과 120년 전이다. 인류가 비행기와 플라스틱을 발명한 즈음이기도 하다. 지구상에 100양穰(10^{30}) 마리가 넘는 바이러스가 존재한다는 사실을 생각하면 어쩌다 이렇게 발견이 늦어졌는지 의아할 뿐이다. 10^{30}은 은하수에 있는 별들의 수보다 큰 숫자다. 바닷물 한 방울 안에도 바이러스가 최소 수천, 많게는 수백만 마리나 살고 있다는 얘기다. 만약 지구상의 모든 바이러스를 하나씩 쌓아올린다면, 그 줄이 태양을 지나 명왕성도 넘어 1억 광년 떨어진 안드로메다은하에 가닿을 것이다.[8] 한 사람의 몸속만 따져도 약 380조 마리나 되는 바이러스는 박테리아 무리의 10배 규모다. 다행히 그 가운데 인간에게 해를 끼치는 건 비교적 소수에 그친다. 인체세포를 파괴하고 사람을 병들게 할 수 있는 건 200종 정도라고 한다. 바이러스는 참 기이한 존재다. 산 것도 아니고 죽은 것도 아니다. 생물처럼 DNA를 가지고 다니지만 다른 생물들이 그러듯 스스로 번식하지는 못한다. 대신 바이러스는 숙주의 세포를 빼앗아 그 안에 자신의 유전물질을 집어넣는다. 숙주세포에 빌붙어 남의 복제능력을 이용하는 것이다. 이런 보이지 않는 바이러스의 사보타주 행위는 뇌염(뇌가 붓는 병), 출혈열, 감기, 간염, 피부 트러블 등을 일으킨다. 코로나바이러스감염증-19 같은 경우, 바이러스가 병증만 불러오는 게 아니라 인간의 취약점을 공격해 희망과 사회적 유대감까지 무너뜨렸다. 치명적인 감염균이 잠입에 애용하는 침투 지점은 우리가 말하는 데 쓰는 바로 그 구멍이다.

의약품은 이런 보이지 않는 위협에 맞서 싸울 중요한 무기다. 그러나 해마다 돌도 안 지난 영아 1900만 명이 기초백신조차 접종받지 못한다. 저조한 접종률의 가장 큰 원인은 바로 저온유통체계에 있다. 이를 이해하려면 먼저 백신 제품의 특징을 알아야 한다. 백신 약병 안에는 대개 병원성을 약화시키거나 아예 없앤 바이러스 조각이 들어 있다. 대부분의 백신은 온도가 섭씨 2~8도 사이를 벗어나면 안 된다. 온도가 위로든 아래로든 이 범위를 살짝이라도 벗어나면 바이러스 조각의 세포막과 DNA가 분해되기 시작한다. 그렇기 때문에 감염병 치료제를 방방곡곡 보급하는 게 쉽지 않다. 운반하는 내내 세심한 온도 관리와 전문적 유통 전략이 필요하기 때문이다.

현대의학이 마주한 어처구니없는 비극이 아닐 수 없다. 온도 조절 같은 단순한 일이 어떻게 수백만 인구의 건강을 좌지우지할 수 있을까? 소중한 약들을 잘 보존해 간절히 필요로 하는 이들에게 안전하게 전달함으로써 난국을 타개할 방법은 없을까? 해결책은 가장 의외의 장소에 있을지 모른다.

꿈틀거리는 작은 것들

나는 낡은 책상에 앉아 페트리 접시에 담긴 연못물 샘플에 현미경 초점을 맞추고 있다. 가늘게 뜬 눈을 접안렌즈에 한

참 대고 손잡이를 돌리다 보니 흐릿한 덩어리가 딱정벌레만 한 물곰으로 보이기 시작한다. 얘기는 여러 번 들었지만 직접 보는 건 이번이 처음이다. 불현듯 이 세상이 마트료시카 인형 같다는 생각이 든다. 하나를 열면 다른 세상이 들어 있고 그 안에서는 또 다른 세상이 나온다. 정확한 규모를 가늠할 수 없는 온갖 생명체들로 층층이 이뤄진 광대한 생태계가 존재한다.

지금 나는 물곰의 속살을 몰래 훔쳐보는 중이다. 먹이로 먹은 이끼에서 나온 녹색 액즙이 녀석의 창자를 따라 꿈틀꿈틀 흘러간다. 나는 시선을 현미경에 고정한 채 마크 블랙스터와 대화를 나눈다. 블랙스터는 에든버러대학교에서 25년 동안 학생들을 가르치면서 회충과 물곰 등을 연구한 "꿈틀거리는 작은 것들" 전문가다. 현재는 영국 웰컴-생어 연구소Wellcome Sanger Institute의 생명나무 프로그램Tree of Life Programme을 이끌고 있다. 이 프로그램의 큰 목표는 지구상에 존재하는 모든 생물종의 유전정보를 해독하는 것이지만 일단은 원생생물, 진균류, 식물, 동물을 아우르는 영국 땅의 진핵생물 종에 한정해 시작했다. 어렵긴 해도 불가능한 미션은 아니다. 더구나 블랙스터는 한계에 도전하는 걸 즐긴다. 꿈틀거리는 작은 것들을 향한 그의 열정이 얼마나 뜨거운지는 냉장고를 열면 확실히 드러난다. 누군가는 집 안에서 가장 신성한 영역으로 여기는 이 가전제품의 냉동실 안에는 그가 실험 목적으로 14년이나 고이 모셔 둔 지퍼백이 하나 있다.

"아주 귀여운 물곰들이에요." 성성한 회색 머리칼을 목 근처에서 낮게 묶은 그가 지퍼백에 들어 있는 벌레들을 가리키며 말한다. "공식적으로는 라마조티우스*Ramazzottius* 라고 하는데요, 예쁜 연분홍색이죠. 해마다 개체수가 줄고 있기 때문에 언젠가는 다 죽고 없어질 겁니다."[9] (그래도 파스타보다는 확실히 오래 버티겠지만.)

어떤 생명체를 대부분의 미국인이 결혼생활을 유지하는 기간보다 더 오래 냉동실에 보관하고 있다면 아마도 그것에 대해 꽤 잘 아는 인물일 것이다. 물곰은 대륙을 가리지 않고 거의 모든 고도에서 발견된다. 심해의 해구海溝에도, 부글부글 끓는 온천에도, 울창한 숲속에도, 사막의 모래 속에도 물곰이 있다. 사실상 없는 곳이 없기에, 우리가 물을 마시면서 함께 삼켰을지 모른다고 얘기할 정도다. 때때로 물곰은 새들 덕분에 멀리 날아가 새 땅에 정착하기도 한다. 물곰은 냉동실 깊숙한 곳이나 눈보라 휘몰아치는 산 정상에서 살아남기 위해 따뜻한 외투도 핫팩도 필요하지 않다. 물곰은 섭씨 151도의 지독한 더위에서 몇 분 정도는 견뎌내고, 뼛속까지 에는 섭씨 영하 200도의 환경에서는 여러 날을 버틴다. 5600만 년 전 북극에서 악어가 야자수 아래를 거닐던 시절에도, 9000만 년 전 남극의 대부분이 늪인 우림지대였을 때도 그곳에는 물곰이 살고 있었다.

그렇다고 해도 물곰은 극한미생물이 아니다. 살 곳을 찾아 극단적 환경만 골라 다니지는 않는다. 사람들은 박수치며 작은 친구가 대단하다고 띄워주곤 하지만 사실 물곰도 먹을거리가 풍족하고 신선한 공기가 있는 안락한 환경을 좋아한다. 다만 인간과 달리 보금자리가 사라진 극한의 환경에서도 잘 버틸 뿐이다. 게다가 물곰은 몹시 단순한 생물체다. 보통 작은 무척추동물들은 초미니 로켓처럼 쌩쌩거리며 페트리 접시 안을 휘젓고 다니지만 땅딸막한 물곰은 짧은 다리로 느릿느릿 움직일 뿐이다. (완보동물*Tardigrada*이라는 명칭도 '천천히 걷는 사람'이라는 뜻의 라틴어에서 온 말이다.) 물곰에게는 순환계나 호흡계가 없다. 몸 전체가 구멍 난 빈 통처럼 생겼기 때문에 온몸의 세포를 통해 닿는 대로 영양분을 섭취하고 공기를 흡수해 생명을 이어간다.

현존하는 가장 유명한 물곰 두 마리는 극저온에 얼어 있다가 30년 뒤 해동해 부활하는 모습이 테이프로 기록돼 있다. 시료는 1983년 남극 드로닝모드랜드Dronning Maud Land의 유키도리 계곡에서 채집된 것인데, 일본 국립극지연구소National Institute of Polar Research의 연구팀이 냉동이끼 표본을 모아 종이로 싸고 다시 비닐봉지에 담아 섭씨 영하 20도 냉동고에 넣었다. 그런 다음 과학자로서도 극한의 인내심을 발휘해 무려 30년 5개월을 기다렸다가 꺼냈더니 물곰이 발견된 것이다.

소식을 보도한 각국 언론들은 이 물곰에게 "잠자는 숲속의 공주"라는 별명을 붙였다. 녀석들이 얼음 속에서 깊은 잠에 빠져 있는 동안 인류는 인터넷을 발명했고 허블 우주망원경을 쏘아올렸다. 넬슨 만델라는 석방되어 노벨평화상을 수상했고 담배회사들은 담배연기의 유해성을 마침내 인정했으며 미국은 이라크와 두 번이나 전쟁을 치렀다. 그리고 2014년, 과학자들에게 지진과 해일이 동시에 일어나는 것에 비할 충격을 안긴 날이 찾아왔다. 연구진은 이끼 시료를 꺼내 해동한 뒤 24시간 동안 용액에 담가뒀다. 그러고는 피펫으로 물곰이 들어 있는 용액을 덜어와 현미경으로 관찰했다. 렌즈 아래로 보이는 건 물곰 두 마리와 알 하나뿐이었지만 어쨌든 셋 다 살아 있었다. 첫날은 잠자는 숲속의 공주 1호가 다리를 움찔했고 다음 날엔 2호도 꼼지락거리기 시작했다. 녀석들은 왕자의 키스 한 번으로 만사가 순식간에 해결되는 동화와 달리 두 주 꼬박 걸려 기운을 완전히 차렸고 대중은 지독한 인내가 승리하는 믿기 힘든 광경의 산 증인이 되었다. 3주째에 접어들자, 공주 1호의 복중에 알 3개가 선명하게 보였고 곧 다음 세대 물곰들이 태어났다. 모두 건강했다.

30년씩이나 꽁꽁 언 채 살아 있는 게 어떻게 가능했을까? 과학자들은 물곰이 안전하게 얼기 위해 '저온가사상태'(크라이오바이오시스cryobiosis. '차디찬'이라는 뜻의 고대 그리스어 'krúos'와 '생활방식'이라는 뜻의 'bíosis'가 합쳐진 말)라는 메커니즘을 통해 스스로를 말린다고 추측한다. 이것은 물곰 개체의 자기보존에 필수적인 건조 기술이다. 물병을 냉동실에 한참 뒀다가 꺼내보라. 그러면 병이 통통해져 있는 걸 알 수 있다. 얼음이 물보다 많은 공간을 차지하는 탓이다. 만약 체내의 수분이 이렇게 언다면 얼음 결정의 날카로운 끝이 잭나이프처럼 세포막을 찢고 DNA를 뚫어 세포를 파열시킬 수 있다. 그런데 물곰은 걱정할 필요가 없다. 몸을 공 모양으로 웅크리면 최대 97퍼센트까지 수분이 배출돼 건포도처럼 오그라들기 때문이다. 이렇게 건조된 형태로 튠tun이라는 휴면기에 들어간 물곰은 세포에 아무 손상도 없이 수십 년을 버틴다. 흡사 스스로 시들어 가루로 변하는 것 같다.

인간에게 이 정도의 가뭄은 재앙이다. 60퍼센트 이상이 물인 인간의 몸은 위장관, 폐, 뇌 등등 모든 것이 촉촉하지 않으면 안 된다. 그래서 우리는 연약한 장기조직과 세포가 마르지 않도록 보호할 특별한 메커니즘을 발달시켰다. 가령 인간의 몸은 피부로 덮여 있어 수분 증발이 잘 일어나지 않는다. 그런 한편 모공으로는 땀이 스며나와 체온을 낮춰준다(일종의 내장된 스프링클러와 같다). 얼굴에 달린 말랑한 부속물 하나도 수분 균형에 한몫하는데, 그것은 바로 코다. 코는 건조한 공기를 감당하지 못하는 폐를 위해 들숨에 전처리를 해 습도를 높인다. 공기가 폐에 닿기 전에 보습하고 데우는 폐 전용 가습기인 셈이다. 만약 인간이 물곰처럼 건조된다면 어떤 일이 일어날까? 입술이 갈라져 피가 나고, 건조한 공기 때문에 목구멍이 아리다. 기도와 폐의 표면을 덮은 점막은 점점 끈적해진다. 피로가 점점 심해지고 결국 우리는 착란 증세까지 보일 것이다. 사람 체내의 모든 효소와 DNA는 수분이 충분해야만 원활히 기능한다. 그런 까닭에 수분이 부족해지면 심신이 총체적 위기에 빠지기 훨씬 전부터 이런 물질들의 입체구조가 망가지기 시작한다. 인간은 물 없이 나흘 정도를 버틴다. 사하라 사막의 낙타는 물 없이 일주일을 산다. 반면 물곰은 30년을 생존한다. 얼음 속에서 버틴 것과 비슷한 기록이다.

그런 회복력이 정말 가능하다면 물곰은 어떻게 이런 능력을 가진 몇 안 되는 지구 생명체 중 하나가 되었을까? 과학자들은 물곰이 거쳐온 진화의 역사에서 그 답을 찾는다. 이야기의 시작은 다른 동물군들의 사연과 비슷하다. 물곰은 원래 바다생물이었다. 그렇게 물속에서 수백만 년을 지낸 후에야 육지 탐험에 관심을 갖기 시작했다. 물론, 그건 위험한 짓이었다. 다른 동물들과 달리 물곰의 피부에는 체내의 수분을 보존할 방수 기능이 없다. 그래서 물곰은 튠이라는 휴면기에 들어가는 능력을 발달시켰다. 튠 상태에서 장기조직과 세포들을 안전하게 압축해놨다가 주변에 물이 많아지면 원래 생활방식으로 돌아가는 식이다. 이 능력 덕분에 혹한, 방사능, 우주의 진공 등의 다른 가혹환경에도 탄력적으로 대처할 수 있었다. 겪어보니 튠 상태가 이런 스트레스 조건들에도 잘 먹혔던 것이다.

블랙스터의 말로는 자주 마르는 연못처럼 가끔만 습한 곳이나 아예 사막에서 사는 생물에게는 특별한 고충이 있다고 한다. "문자 그대로 물을 꽉 잡고 있어야만 생존할 수 있어요. 그래서 이런 생물에게 물 없이도 살 수 있는 '초능력' 같은 게 발달하게 된 겁니다. 물곰이 대표적인데, 도처에 존재하고 금방 말랐다가 젖기를 반복하는 온갖 환경에서 살기 때문에 유명해졌죠."

물론 불가능한 얘기지만, 만약 몸속 수분이 거의 다 빠져나간 상황을 인간이 견딜 수 있다면 어떨까? 설령 그렇더라도 결국은 DNA와 단백질이 망가져 죽을 것이다. 물을 다시 채우더라도 물곰과 달리 인간의 체내에는 더 이상 제대로 기능하는 게 하나도 남아 있지 않을 테니 말이다. 툰 휴면기는 단순히 장기조직과 세포가 촘촘히 압축된 상태가 아니다. 물곰은 압축하는 내내 체내 물질들이 굳거나 꼬이거나 비벼져 서로를 망가뜨리지 않도록 보호해야 한다. 활동기에 복귀했을 때 1000여 개의 세포를 비롯해 몸속의 모든 게 다시 정상적으로 작동해야 한다. 이 사실에 주목한 과학자들은 궁금했다. 이 작은 벌레가 신비한 자기보존기술을 능숙하게 다루는 비결은 뭘까? 물곰은 치명적인 붕괴 사태를 막기 위해 물은 다른 무언가로 대체해야 했을 것이다. 증발하지 않는 것, 과연 그게 뭘까?

생명은 복숭아와 같다

"단백질은 복숭아와 같다." 주디 뮐러-콘이 한 말이다. 언 복숭아를 녹였다가 다시 얼리면 처음 모양이 그대로 유지되지 않는다. 시료에 들어 있는 단백질도 그렇다. 그런 까닭에 자칫 저온유통체계에 균열이 생겨 냉동과 해동의 순환을 한 바퀴라도 돌게 되면 단백질이 분해되기 쉽다. 단백질은 작은 분자들이 사슬처럼 연결되어 다양한 모양새로

꼬인 분자다. 단백질은 종류마다 특별히 좋아하는, 접히는 방법이 따로 있다. 종이접기와 약간 비슷하다. 예를 들어 인슐린 단백질은 공 형태로 뭉치는 경향이 있고 콜라겐 단백질은 촘촘한 삼중나선을 이룬다. 대부분의 단백질은 각자 선호하는 모양으로 있을 때만 제대로 기능한다. 물이 풍부한 환경은 단백질의 이런 자세잡기를 돕는다. 만약 물을 없애버리면 잘 접혀 있던 단백질이 펼쳐져 산산조각 난다.

뮐러-콘은 옥수수 교잡종을 개발하는 종묘회사에서 곤충학자로 일하던 시절 저온유통체계의 약점을 몸소 체험했다. "밤에 냉동고가 망가져 상당수의 샘플을 잃은 적이 있어요. 제 기능 못하는 냉동고 안에서 샘플들이 상해가고 있었기 때문에 그날 새벽 두 시에 회사로 불려나갔죠." 당시를 회상하면서 그녀가 덧붙인다. "생체 시료는 오늘날 생명공학계에서 사용되는 일종의 화폐입니다. 핵산, 단백질, 세포가 있어야 신기술을 발견하고 신약과 새로운 진단검사법도 개발해요."[10]

전직하기 전에 서북부에서 하던 일은 나무를 심는 것이었다. 이후 화학살충제 사용량 절감 방안을 고심하던 뮐러-콘은 남편인 롤프 뮐러와 함께 생명공학기업 바이오매트리카Biomatrica를 세웠다. 두 사람 사이에는 오리건주립대학교에서 분자생물학을 전공했다는 공통점이 있다. 부부는 파리로 건너가 파스퇴르 연구소Pasteur Institute에서 박사학위 과정을 병행하면서 생명과학 연구에 본격적으로 뛰어들었다. 지난날의 냉동고 사고는 뮐러-콘에게 절대 잊을 수 없는 교훈을 남겼다. DNA는 상대적으로 안정한 분자이지만 RNA는 그렇지 않다는 것이다(이는 화학적 구성 차이 때문이다. RNA는 한 가닥이지만 DNA는 두 가닥이 겹쳐 있다는 것도 그런 차이점 중 하나다).

그녀는 궁금했다. 생체 시료를 실온에 보관할 방법은 없을까? 그런 방법이 있다면 과학연구 과정에서 발생하는 온실가스의 양을 줄이고 접근성도 높이는 윈윈 전략이 될 것이다. 이 문제는 앞으로 넘어야 할 산이다. 나 역시 얼마나 우습게 저온유통체계에 구멍이 뚫리는지 목격한 바 있다. 2019년, 폭탄급 사이클론이 매사추세츠주를 강타했을 때 나는 인터뷰 때문에 팔머스에 있는 우즈홀 해양학연구소Woods Hole Oceanographic Institution에 가 있었다. 천둥이 기괴한 웃음소리처럼 포효하고, 강풍이 인근 마을들을 집어삼키며 시간당 130킬로미터로 무섭게 다가왔다. 나무들은 뿌리째 뽑혀나갔고 전봇대들이 갈대처럼 쓰러지면서 온 동네가 정전으로 깜깜해졌다. 우리는 어둠에 갇힌 채 손전등과 담요를 하나씩 지급받았다. 그런 다음 예비발전기가 돌아가는 연구소 식당으로 모두 모였다. 요기를 하고 휴대폰 등을 충전하기 위해서였다. 인터뷰는 바람이 잠잠해지고 전력과 도로가 복구될 때까지 잠정 취소됐다. 몇 시간 정도가 아니었다. 비상상태는 며칠이나 이어졌다. 이 정전 때문에 연구소의 시료들이 망가졌는지는 알 수 없었지만 이 일은 불완전한 저온유통체계에 이렇게나 의존해도 되는지 의구심을 불러일으켰다.

뮐러-콘은 늘 이런 시나리오를 걱정했다. 실험이 얼마나 긴 시간을 잡아먹는지 과학자로서 너무나 잘 알았기 때문이다. 이 바닥에서는 연구비 수십억 달러를 들인 실험 하나에 수년이 소요되는 일이 허다하다. 그래서 그녀는 생각하게 됐다. 이런 극한의 스트레스 환경에서도 살아남는 생명체가 있을까? 사전조사 끝에 그녀가 찾은 답이 바로 물곰이었다. 물곰은 생물이 처할 수 있는 가장 혹독한 조건에서 소멸 속도를 최대한 늦추는 능력을 갖고 있다. 체내의 무언가가 보호물질 역할을 해 시간을 버는 것이다. "우리는 그 화학 기전을 알아내 똑같이 재현하기로 했습니다. 진정한 생체모방인 셈이죠."

이 연구를 위해 뮐러-콘이 즐겨 참조한 논문 가운데 하나는 또 다른 과학자 부부가 쓴 것이었다. 물곰 생존의 실마리를 최초로 발견한 2인조 중 존 크로는 퇴직할 때까지 캘리포니아주립대학교 데이비스 캠퍼스에서 분자생물학을 가르친 교수였고, 로이스 크로는 같은 대학에서 근무하는 생물물리학자였다. 크로 부부는 물곰이 보유한 생존의 비밀병기를 트레할로스trehalose라는 당분자로 최종 낙점했다. 비슷한 당이 동물플랑크톤인 염수새우(시중에서는 씨몽키sea monkey라는 이름으로도 거래된다)에서도 발견되는데, 이것 역시 건조한 환경에서 살아남는 열쇠가 된다고 한다. 평소 트레할로스는 정해진 형체 없이 존재한다. 그러다 주변에 물이 부족해지면 유리처럼 딱딱해져 세포 내 물질들을 보호한다. 내장된 거푸집처럼 세포 내용물을 꽉 품어

안는 트레할로스 덕에 세포는 부서지지도, 서로 뒤엉켜 곤죽이 되지도 않는다. 말하자면 이것은 물곰이 늘 몸속에 넣어다니는 방패인 셈이다. 튠 상태의 물곰에게 물 한 방울을 떨어뜨리면 트레할로스가 따뜻한 차 한 잔에 넣은 각설탕처럼 사르르 녹아 형체 없이 사라지는 것을 볼 수 있다. 그러면 격자모형처럼 묶여 꼼짝 못 하던 세포들이 자유의 몸이 되어 정상적인 생명기능을 재개한다. 다르게 말하면 트레할로스가 마치 꿀처럼 점성 높은 환경을 조성해 모든 것의 속도를 늦춘다고 이해할 수도 있다. 시간이 흐르면서 단백질 분리 같은 손상이 다소 있을 수는 있지만 수십 년에 걸쳐 매우 천천히 일어날 뿐이다. 튠 상태에 너무 오래 머무르지만 않는다면 물곰에게는 아무 일도 없다.

크로 부부의 발견은 여러 과학 분야에 반향을 일으켰고 의학에까지 영향을 미쳐 심각한 진균 감염으로 면역력이 억제된 환자들에게 새로운 활로를 열어주었다. 그들의 연구가 알려지기 전, 의료계는 일종의 생체공기주머니 리포솜의 상업적 가치에 기대를 거는 분위기였다. 리포솜으로 약물을 에워싸 체내의 목표 지점까지 송달할 수 있다는 식이었다. 다만 탈수가 오면 리포솜에 균열이 생겨 내용물이 새어나온다는 문제가 있었다. 이때 두 사람이 동결건조에 들어가기 전에 리포솜 안팎을 적정량의 트레할로스로 처리하는 기술을 고안했다. 1989년의 특허증을 보면 "리포솜을 다시 수화시키면 본래 내용물의 100퍼센트까지 그대로 보존된다"라고 적혀 있다.[11] 처음에 캘리포니아

대학교 소유였던 크로 기법의 라이선스는 베스타 리서치 Vestar Research가 가져갔다가 다시 길리어드 사이언스Gilead Sciences로 인수됐다. 이후 길리어드 사이언스는 이 기술을 활용해 항진균제 주사 암비솜AmBisome을 개발했고 이 신약으로 1986년부터 2007년까지 13억 달러의 매출을 올린다.

물곰의 생존전략에서 영감을 받은 바이오매트리카는 체조직, DNA, 세포 시료를 보관하는 신기술을 개발하는 데에도 성공했다. 이 방법을 사용하면 연구비 지출을 줄이고 전력이 나가더라도 연구를 온전하게 보존할 수 있다. 비결은 시료를 냉동고에 넣는 대신 바싹 말리는 것이다. 또 2018년에는 한 진단기술전문기업과 업무협약을 체결해 혈중 RNA 시료를 최장 3개월까지 실온에서 보존 및 운송 가능하도록 개선했다. 바이오매트리카가 이룬 기술혁신은 수백만 의료 소외 계층에게도 가닿는다. 지리적 문제로 예전에는 그림의 떡이었던 인간면역결핍바이러스HIV 검사의 접근성을 크게 높이고 저온유통의 예측하기 어려웠던 약점을 없앤 것이다. 롤프 뮐러는 말한다. "이제는 우리 안정화기질 위에서 HIV 혈액검사를 할 수 있습니다".[12]

오늘날 트레할로스는 다양한 의약품에 사용되고 있다. 허셉틴Herceptin(유방암, 위암, 식도암 치료제), 아바스틴 Avastin(결장직장암, 폐암, 교모세포종, 신장암, 자궁경부암, 난소암 치료제), 루센티스Lucentis(습성 황반변성으로 인한 시력손상 치료제), 애드베이트Advate(혈액응고인자 Ⅷ이 결핍돼 생기는 선천성 출혈장애인 혈우병 A의 치료제) 등이 그 예다. 그뿐 아니다. 트레할로스의 활약은 식품과 화장품 업계에서도 빛난다. 최근에는 빠르게 용해되는 알약에 활용할 방안에 관계자들의 관심이 커지는 추세다.

트레할로스는 참 재주 많은 당분자다. 하지만 물곰의 이야기는 여기서 끝이 아니다.

스스로 약이 되는 지구

물곰 때문에 놀랄 일은 더 이상 없다고 다들 생각할 즈음, 전도유망한 과학자 한 명이 등장해 모두의 예상을 뒤엎었다. 얼마 전 〈테드〉 강연과 〈뉴욕 타임스〉 지면에 연달아 등장하며 일약 화제가 된 젊은 과학자 토머스 부스비가 그 주인공이다. 와이오밍대학교의 분자생물학 교수인 부스비는 극단적 스트레스 조건에서 내성을 발휘하는 물곰의 기본 메커니즘을 밝히는 것을 사명으로 삼고 있다. (박사학위를 받는 데 청춘을 쏟은 사람이라면 누구나 공감할 만한 원대한 목표다.) 2017년, 그는 물곰이 트레할로스만 만드는 게 아니라 특별한 단백질 3종도 다량 만든다는 사실을 알아냈다. 부스비는 이 세 가지 단백질에 "물곰에만 내재하는 이상단백tardigrade-specific intrinsically disordered proteins"이라는 이름을 붙이고 간단히 TDPs라 줄여 불렀다. 이 단백질들은 물곰을 제외한 어느 생물에서도 찾아볼 수 없기에 더욱 특별한 잠재력을 갖는다. 가령 어느 실험에서 TDPs를 만들도록 유전공학기술로 효모와 박테리아를 조작했더니 두 미생물이 평범한 동족들에 비해 극도로 건조한 환경에 100배 큰 저항력을 나타냈다.

부스비의 연구에 따르면, TDPs는 트레할로스보다 10배 더 효율적으로 작동하고 더 높은 온도에서 더욱 큰 안정성을 보인다고 한다. 현재 그는 이를 활용해 의약품이나 백신 같은 생물학적 물질을 보존할 방안을 궁리하고 있다. TDPs의 발견으로 연구에 탄력을 받은 부스비는 그 어느 때보다도 웅장한 미래를 내다본다. 한마디로, 그가 원하는 것은 앞으로는 저온유통체계에 전혀 의존하지 않는 것이다. 부스비는 개발도상국에서는 백신접종 프로그램 예산의 약 90퍼센트가 백신의 온도를 낮게 유지하는 데 들어간다고 지적한다.[13] 그래서 그는 의약품 전반에 이 물질을 응용해볼 계획이다. 물곰이 자신의 세포를 보호하려고 TDPs를 진화시킨 것처럼 말이다. 백신을 반드시 저온 상태로 유지해야 한다는 부담은 최근의 코로나바이러스감염증 사태에서도 상당한 걸림돌이 되었다. 그런 까닭에 부스비는 그의 연구가 백신 실온보관을 하루빨리 가능하게 만들기를 희망한다. 그는 2021년 〈가디언〉과의 인터뷰에서 이 주제와 관련된 특허를 여럿 출원하고 파트너십도 맺었다고 밝혔다. "모든 게 순조롭게 진행된다면 머지않아 이 기술을 상용화할 수 있을 겁니다."[14]

부스비의 발견은 때마침 저온유통체계 의존도를 낮추고 냉장고 냉매인 HFC(수소불화탄소hydrofluorocarbon. 이산화탄소보다 최대 1만 배 큰 온실효과를 발생시킨다) 사용량을 단계적으로 줄이자는 움직임이 세계적으로 활발할 때 나왔다. HFC가 R-22 같은 이전 세대 냉매보다야 안전한 물질이긴 하지만, 만약 소비 패턴이 이대로 지속된다면 전체 온실가스 배출량에서 HFC가 차지하는 비중이 2050년까지 7~19퍼센트로 높아질 수 있다는 게 국제연합 환경계획United Nations Environment Programme의 분석이다.[15] 2009년에 스탠퍼드대학교가 내놓은 고무적인 연구 결과도 있다. 연구팀은 실험실마다 보유한 총 2000여 대의 냉동고를 실온보관기술로 교체하면 10년 동안 교내 탄소 배출을 1만 8000톤 감축하고 시설유지 비용을 1600만 달러 절감할 수 있다고 분석했다. 아직 실천의 움직임이 보이지는 않지만 한 가지 분명한 사실이 있다. 물곰은 세포마다 타고난 특별한 재주를 살려 극과 극의 환경 변화에 능란하게 대응한다. 그러나 인간은 그렇게 운이 좋지 않다. 지구라는 행성에서 우리와 함께 살아가는 대다수의 생물들도 사정은 마찬가지다. 흔히 사람들은 기후변화를 먼 미래로 생각하지만 위기는 우리 코앞에 와 있을지 모른다.

종류가 1000여 종에 달하는 완보류는 탐구할 거리가 넘쳐나는 생물이다. 완보동물문門은 마치 알록달록한 크레용 세트 같아서, 종마다 특기도 각양각색이다. 어떤 물곰종은 극저온에서 살아남는 능력(저온가사)이 있고 어떤 물곰종은 건조한 환경을 특히 잘 버틴다(무수가사anhydrobiosis). 산소가 부족한 환경에 강한 종도 있고(무산소가사anoxybiosis),

물의 염도 변화(삼투성가사osmobiosis)나 높은 독소 농도(화학적가사chemobiosis)에 특화된 종도 있다.

블랙스터는 물곰이 효소 파괴를 막는 여러 가지 분자를 진화시켰다고 말한다. "그런 분자 중 어떤 것은 단백질을 보호해 분해되는 것을 방지합니다. 또 어떤 것은 지질막 보호를 담당하는데, 어느 동물이든 모든 세포는 기본적으로 지질인 세포막으로 둘러싸여 있으니 충분히 자연스런 기능이죠. 그리고 특이하게도 DNA를 지키는 분자도 있습니다."

트레할로스와 TDPs만으로는 성에 차지 않은 걸까. 물곰은 Dsup(손상억제물질damage suppressor)이라는 단백질을 만들어낸다. Dsup은 세포 내 DNA에 결합해 유해 화학물질에 상하지 않도록 DNA를 보호한다. 지구상의 동물 대부분을 죽일 정도로 강력한 방사선을 분홍색 완보류 R. 바리에오나투스*R. varieornatus*가 거뜬히 견뎌내는 게 그래서다. 블랙스터는 설명한다. "Dsup은 세포핵에 직접 들어가 DNA를 보호합니다. DNA가 흐트러지거나 망가지지 않도록 주위를 꽁꽁 에워싸죠."

만약 사람이 의료기기에 허용되는 것보다 높은 강도의 엑스선에 노출된다면 유전자에 돌연변이가 일어나 병에 걸리거나 수명이 단축되는 게 보통이다. 그런데 연구에 의하면, Dsup이 합성되도록 인체세포를 조작한 뒤에 엑스선을 쬈더니 DNA 손상률이 대조군 세포에 비해 40퍼센트 낮았다고 한다. 이 실험 결과를 잘 응용하면 극한 조건에서 세포의 생존력을 향상시키고 나아가 생명공학 분야에서 세포의 활용 범위를 넓힐 수 있을 것이다.

현재 우리가 물곰에 관해 알고 있는 지식은 빙산의 일각에 불과하다. 물곰을 로켓에 실어 우주로 보내면 절반 이상이 공기 없이도 살아남는다. 불멸에 가까운 물곰의 생존력은 혹자로 하여금 물곰이 외계행성 생태계의 시초가 될 수도 있겠다는 기대를 품게 했다. 일명 판스페르미아panspermia설 혹은 범종설汎種設이라는 학설이 있다. 본래 박테리아나 물곰 같은 내성 강한 생명체가 우주공간 도처에 존재하는데 소행성 충돌 후 내리는 유성우에 휩쓸려 밀항자처럼 다른 곳으로 이주해 새롭게 정착한다는 가설이다. 그런 상황을 상정해 한 실험도 있다. 탄창에 물곰을 넣고 총으로 고속발사한 다음 온전한 생명체나 생체물질이 남아 있는지 기록하는 식이다. 그 결과, 과학자들은 물곰이 대략 시속 3000킬로미터의 충격까지 버틴다는 것을 알아냈다. 행성 충돌에서 살아남기엔 요원할지 몰라도 여전히 감탄이 절로 나오는 능력이다.

현재 판스페르미아설은 불가능한 건 아니지만 개연성이 지극히 낮다는 이유로 학계에서 비주류 의견으로 간주된다. 대신 과학자들은 호모 사피엔스가 다른 종의 존재를 알지 못하던 수천 년 전의 지구대륙들과 비슷하게, 행성들이 생물지리학적으로 각각 독자적인 섬과 같다고 본다. 그 가운데 지구라는 행성에 물곰이 갇혔고 이제는 지구의 울타리를 벗어날 수 없다. 판스페르미아설이 힘을 잃으면서 연구의 흐름은 인간의 생존을 도모하는 쪽으로 몰리고 있다. 우주비행사의 건강을 해치지 않고도 우주공간을 질주하는 비행선을 지으려면 어떻게 해야 할까? 그 답을 찾기 위해 곧 국제우주정거장에서 한 연구가 시작된다는 소식이다. 연구 내용은 우주비행이 조성하는 스트레스 환경에 물곰이 어떻게 적응하는지 관찰하는 것이다. 미국 항공우주국NASA은 이 연구의 결과가 앞으로 장기우주프로젝트에 참여할 우주비행사들을 치료하고 보호할 방법을 마련할 단초가 되길 바라고 있다. 그뿐 아니다. 하버드 의과대학에서는 큰 외상이나 심장마비 같은 심각한 상황에서 조직손상과 세포의 죽음을 일시정지시킬 치료약의 아이디어를 물곰에게서 얻을 수 있지 않을까 연구하는 중이다. 루이빌대학교의 연구진도 트레할로스로 비슷한 연구를 진행하고 있다. 목표는 군인과 외상 환자들을 위해 적혈구를 가루로 변환하는 방법을 알아내는 것이다.

생물현상의 원리를 알면 알수록 자연과 우리 인간에 대한 이해도 함께 깊어진다. 미생물계라는 소우주는 가슴 뛰게 하는 영감으로 넘쳐나는 곳이다. 물곰은 편협한 인간들이 생각하는 것보다 자연이 훨씬 기발하다는 사실을 다시 한번 증명한다. 주둥이가 다 짓뭉개진 작은 미생물이 신화 속 인물에게나 어울릴 법한 힘을 발휘하다니 그저 놀라울 따름이다.

2

별을 낚다

바닷가재 — 우주의 대변동을 관찰하는 망원경

"눈은 빛으로 인해 생겨난 것이다.
빛은 별다를 것 없는 여러 장기조직 가운데 하나를
빛에 감응하는 특별한 존재로 만들었다."

J. W. 폰 괴테, 시인

2012년, 미국 국립공영라디오에서 한 남자에게 거울맨이라는 별명을 붙였다. 거울을 주물럭거리며 일평생을 보낸 사람이니 그럴 만도 하다. 그의 손을 거친 거울은 더 튼튼하고 더 크고 더 가벼워진다. 그는 거울을 이리저리 돌리기도 하고 달구기도 하고 깨끗이 닦을 도구를 따로 만들기도 한다. 어떤 요구를 하든 그가 못 해내는 건 없다. 제임스 로저 프라이어 앤절(본인은 그냥 로저 앤절이라 불리는 걸 좋아한다)은 말 그대로 거울 박사다. 다만 그가 다루는 거울이 우리가 매일 아침 세수하고서 보는 그런 종류가 아닐 뿐이다. 그렇다. 앤절은 저 멀리 우주의 속살을 들여다보는 망원경을 위한 거울을 만든다.

천사angel라는 이름을 물려받은 그가 인류로 하여금 천상을 더 잘 바라보도록 돕는다니 더없이 잘 어울린다. 앤절은 얇은 금속테 안경을 쓰고 점잖게 느릿느릿 이야기하는 천문학자다. 그가 내는 아이디어는 늘 그다우면서 감탄할 만큼 기발하다. 우주 팽창이 점점 빨라지고 있다는 사실을 발견해 노벨물리학상을 수상한 브라이언 슈밋도 라디오 방송에서 얘기한 적이 있다. "앤절은 톡톡 튀는 아이디어가 넘쳐납니다. 최고인 것도 있고 별로인 것도 있지만, 어쨌든 그가 놀랍도록 창의적인 인물인 건 분명해요. 그렇게 창의성과 천재성을 모두 갖춘 사람은 상당히 드물죠."[16]

어린 시절, 앤절은 천체관측에 푹 빠져 망원경을 직접 만들 계획에 시간 가는 줄 모르던 소년이었다. 그는 전쟁 직후 런던 외곽에서 유년기를 보냈는데, 그의 집 뒤창을 열면 도심까지 겹겹이 늘어선 수많은 주택이 보이고 앞창을 보면 에핑 포레스트 국립공원이 드넓게 펼쳐졌다. 집 근처에는 선박이 다니는 좁은 물길이 하나 있었는데 여기가 바로 그의 생애 첫 망원경을 완성한 곳이었다. 당시 그는 다른 데서 사온 렌즈를 속이 빈 통에 끼운 뒤에 그것으로 수로를 관찰했다. 그러면 오가는 배들의 이름을 정확하게 읽을 수 있었다. 시간이 흘러 옥스퍼드대학교에서 물리학 박사학위를 딴 그는 컬럼비아대학교로 가서 교수 생활을 시작했다. 애리조나대학교로 이직하고 나서는 정교수로 승진하고 맥아더 장학금을 받는 등 백색왜성(수명을 다해 핵연료를 소진한 별이 수십억 년에 걸쳐 천천히 식어가는 잔해) 전문가로서 입지를 다졌다.

앤절의 이름이 그나마 알려진 건 학계 울타리 안

에서 뿐이지만, 그는 애리조나대학교가 투손에 있는 5만 7000석 규모 축구경기장의 땅 밑에 지은 스튜어드 천문대 반사경연구소Steward Observatory Mirror Lab에서 계속 연구에 매진했다. 지하 연구소에서 그가 이룬 업적이 얼마나 중요한지 이해하려면 먼저 망원경에 대한 기본 정보 몇 가지를 알아야 한다. 망원경이라는 단어는 '멀리 본다'는 뜻의 그리스어 'teleskopos'에서 유래했다. 옥스퍼드 영어사전은 망원경을 '멀리 있는 물체를 가까이에서 크게 보게 하는 광학기구'라 정의한다. 뉘앙스가 좀 부족하다는 걸 무시한다면 설명은 그럭저럭 정확하다. 망원경은 여러 파장의 빛을 한데 모으기 위해 엄청난 지식과 기술이 집약된 결과물이다. 어떻게 설계하느냐에 따라 전파부터 가시광선, 감마선, 자외선까지 모든 종류의 빛을 집광할 수 있다. 망원경이 없다면 우리는 전체 우주 중 열쇠구멍만큼도 제대로 보지 못한다. 우주에 존재하는 모든 빛을 아우르는 전자기 스펙트럼 안에서 사람 눈의 가시 범위는 0.5퍼센트에도 못 미친다. 본디 눈먼 동물인 인간이 도구의 도움이라도 받아 눈을 밝히고 싶어서 있는 창의력, 없는 창의력 다 짜내 애쓰고 있는 셈이다.

망원경은 더 멀리, 더 잘 보도록 가시거리와 파장범위 면에서 오랜 세월 꾸준히 발전해왔다. 로마 황제 네로는 잘 닦은 에메랄드 두 조각을 겹쳐 눈앞에 대고 멀리서 검투경기를 관람했다고 전해진다. 1608년에는 네덜란드의 한스 리퍼시가 "먼 사물을 가까이 있는 것처럼 보여주는"[17]

소형망원경의 특허출원을 신청했다. 디자인은 단순했다. 앞뒤가 뚫린 긴 원통 안에 볼록렌즈 하나와 오목렌즈 하나를 끼운 게 다였다. 리퍼시의 망원경을 사용하면 피사체를 맨눈으로 보는 것보다 3~4배 크게 볼 수 있었지만 정부는 위조가 쉽다는 이유로 특허를 내주지 않았다. 똑같은 장치가 이미 예전부터 나와 있었을 거라면서 대신에 쌍안경 쪽을 더 개발해보라고 권했다.

이듬해 리퍼시의 발명품 소식이 이탈리아에 있는 갈릴레오 갈릴레이의 귀에 들어갔다. 둘째가라면 서러운 발명가였던 갈릴레이는 바로 더 튼튼하고 더 좋은 망원경을 만드는 작업에 착수했다. 천동설의 시대에 천체를 바라보는 인류의 시각을 근본적으로 뒤엎을 역사적 사건이 바로 이때 태동한 셈이다. 갈릴레이는 자신의 작품을 가지고 천체를 64배 크게 관측할 수 있었다. 맨눈으로는 보이지 않는 달빛은 망원경을 타고 흘러들어 그를 매혹했다. 목성에 네 개의 위성이 있다는 사실도 이때 밝혀졌다. 달을 거느린 행성이 지구 말고 또 있다는 소식은 당시 사람들에게 엄청난 충격이었다. 마침내 서막을 연 망원경의 시대는 천상여행이라는 신화에 가능성을 싹틔웠다. 1610년에 천문학자 요하네스 케플러가 갈릴레이에게 보낸 편지를 보면 이런 내용이 있다. "항해하는 배는 불어오는 바람에 몸을 맡길 뿐이니, 창공이 아무리 광활한들 위축될 필요가 있겠소. 마침 우리가 이 여정을 준비하던 차였으니 갈릴레이 당신은 목성을, 나는 달을 맡아 천문학을 일으켜 세워봅시다."[18]

망원경의 용도는 단 하나, 빛을 모아 한 곳에 집중시키는 것이다. 옥스퍼드대학교 출판부의 '아주 짧은 입문서VSI' 시리즈 중《망원경Telescopes》에서 천문학자 제프 코트럴은 빛을 잘 모으는 것을 망원경의 가장 중요한 조건으로 꼽았다. "비 오는 날 양동이에 빗물을 받듯 망원경의 조리개가 클수록 더 많은 광자를 불러들일 수 있다. 하지만 망원경은 빛을 집중시켜 영상으로 구축할 수도 있어야 한다."[19] 초창기 망원경의 경우 우주의 빛을 모으는 데에 유리렌즈가 사용되었다. 유리로 렌즈를 만드는 것은 까마득한 옛날부터 안경 제작에 사용되던 기술이다. 하지만 단순한 유리렌즈가 빚은 이미지에는 심각한 결함이 있었다. 갈릴레이가 활동하던 근세시대에 깨끗하고 균질한 망원경용 유리를 찾기란 하늘의 별 따기였다. 당시의 유리렌즈는 기포가 존재하거나 철분 불순물이 섞여 있기 일쑤여서 렌즈를 통과해 나오는 모든 이미지에 녹색 얼룩을 남겼다. 이 문제는 이후로도 수십 년이나 망원경 제작자들을 괴롭혔다.

1668년으로 오면 아이작 뉴턴이 렌즈를 금속 반사경으로 교체하는 시도를 하기도 했다. 그러나 기술이 미숙해 잘 더러워지고 반사율이 낮다는 단점은 금속 반사경도 마찬가지였다. 그로부터 다시 100년 넘게 흘렀을 때, 천문학자 윌리엄 허셜이 당시 최대 규모인 12미터짜리 망원경을 만드는 데 성공한다. 허셜의 망원경은 별빛을 그리워하는 인류를 우주에 한 걸음 더 다가가게 했다.

천문학계에는 예전부터 알 만한 사람은 아는 또 다

른 문제가 있었다. 우주가 폭발하는 광경을 우리는 오직 지구에 닿는 특정 강도의 빛을 통해서만 본다는 것이었다. 그런데 19세기 들어 천체사진 촬영 기법이 발전하면서 상황이 급변했다. 망원경에 카메라를 달고 조리개를 활짝 연 상태로 오래 노출시키면 맨눈에는 보이지 않는 우주의 신비로운 모습을 사진에 영원히 담을 수 있다. 그렇게 해서 1840년에 인류 최초의 천체관측 사진이 탄생했다. 사진에는 얼어붙은 사막처럼 황폐한 달의 풍경이 담겨 있었는데, 한때 화산활동이 있었음을 짐작하게 하는 흔적과 함께 지표면은 유성충돌이 남긴 홈들 때문에 울퉁불퉁했다. 별빛 총총한 아름다운 밤하늘의 모습이 처음 감광판에 새겨진 건 19세기 말의 일이다. 사진 속에서 하늘을 수놓은 별들은 마치 검은 종이 위에 풀로 고정된 먼지입자들 같았다.

1857년은 반사경의 성능을 혁신적으로 높인 신기술이 오랜만에 나온 해다. 카를 아우구스트 폰 슈타인하일과 레옹 푸코는 화학반응으로 유리 겉면에 은을 입히는 방법을 고안했는데, 이 기술을 이용하면 더 크고 안정한 반사경을 만들 수 있었다. 이후 일반렌즈 자리를 거대한 반사경이 대체하면서 망원경은 갈수록 커지고 정교해졌다. 망원경을 떠올리면 어쩐지 반사경이 작으면 안 될 것 같은 느낌이 든다. 반사경은 무조건 큰 게 좋지 않나? 적어도 그때까진 이게 맞는 말이었다. 반사경이 클수록 빛을 더 잘 모으는 건 사실이다. 그러나 큰 반사경은 무게가 많이 나가기 마련이고 무거우면 무거울수록 과열이 잘 된다. 즉, 망원경에

'좋지 않다'는 얘기다. 그런 사연으로 1970년대와 1980년대에 생산된 망원경 대부분은 크기 때문에 성능에 비해 수명이 짧았다. 당시 이 문제로 한참 고심한 앤절의 설명에 따르면, 반사경 지름이 4미터 가까이만 돼도 열기 때문에 영상이 손상된다고 한다. 게다가 반사경 지름이 커지면 초점거리도 늘어나 망원경을 덮을 돔dome형 지붕도 훨씬 크게 지어야 한다. 가령 지름 4미터짜리 반사경을 우주에서 날아오는 별빛을 모으는 데 쓰려면 '큰 성당만 한 돔'이 필요하다.

앤절은 벌집형 디자인으로 문제를 해결했다. 큰 거울 한 장 대신 작은 반사경 여럿을 벌집 모양으로 촘촘히 배치하면 개선된 광학적 특성을 가지면서 전체적으로는 원형에 가까운 거대한 반사경을 만들 수 있다. 벌집 반사경의 무게는 통짜 반사경 무게의 5분의 1밖에 안 된다. 앤절은 미국 발명가 명예의 전당National Inventors Hall of Fame에 인상 깊은 해설을 남겼다. "우리는 자연에서 우주의 섭리를 발견하는 동시에 공학 분야에 응용가능한 건축 기술도 배운다. 벌집 구조는 자연이 튼튼하고 가벼운 건축을 위해 발전시킨 기술이지만 망원경용 반사경에도 쓸모가 크다."[20]

벌집형 반사경의 바통을 이어 천문학을 다시 한번 도약시킨 사건은 우주망원경을 저低지구궤도에 올린 일이었다. 이후 지구궤도 망원경은 우주 사진에서 지구의 대기 때문에 피할 수 없었던 영상 왜곡을 말끔하게 걷어냈다. 대표적인 게 우주망원경들의 할아버지라 불리는 허블 우주망원경이다. 허블 망원경은 주 반사경의 중심부를 벌집형으로 만들어서 원래는 3630킬로그램이었을 반사경 무게를 815킬로그램으로 확 줄인 것이 특징이다. 성능이 얼마나 좋은지, 허블 망원경은 뉴욕에 있는 사람이 도쿄의 밤을 밝히는 반딧불이 한 쌍을 맨눈으로 보는 것과 같은 시력을 자랑한다.

물론 심연의 우주공간을 떠다니면서 별을 관측하는 우주망원경이 허블뿐인 건 아니다. 그 밖에도 수십 대의 우주망원경이 지구 대기권을 벗어나 진공상태의 우주를 눈으로 탐색한다. 닐 게렐스 스위프트 천문대Neil Gehrels Swift Observatory에서 관리하는 케플러 우주망원경도 그중 하나다. 케플러 망원경은 우리 태양과 흡사한 핵융광로 둘레를 공전하는 지구만 한 행성을 찾는다는 미션하에 가장 역동적인 우주 현상인 감마선 폭발을 감지한다. 지구 밖 우주망원경들은 인적미답의 우주를 엿보고 그 단편을 우리에게 보내온다. 사진 속엔 온갖 진기한 것들이 담겨 있다. 다만 이 망원경들도 보지 못하는 게 하나 있으니 바로 엑스선이다.

반짝반짝 빛나는 우편배달부

엑스선망원경이 세상에 나오기까지의 과정은 순탄치 않았다. 나는 정확한 배경을 알고 싶어서 NASA 고더드 우주비행센터Goddard Space Flight Center의 천체물리학자 주디스 러큐신에게 연락을 넣었다. 이곳에서 러큐신은 우주에서 가장 에너지 넘치는 전자기파인 엑스선과 감마선의 활동을 연구한다. 역동하는 우주의 오늘을 관측하는 과학자답게 목소리에는 생기가 넘치고 몸짓도 미묘한 표정 변화부터 시원시원한 손동작까지 다채롭다.

현대인은 엑스선에 친숙하다. 이 단어를 들으면 아마도 십중팔구는 병원을 처음 떠올릴 것이다. 그런데 온도가 매우 높은 천체 역시 엑스선을 내뿜는다. 무시무시한 속도로 블랙홀에 빨려들어가는 행성, 거대한 은하단, 폭발하는 별처럼 엄청난 양의 에너지가 일으키는 우주 이벤트들이 모두 엑스선을 뿜어낸다. 하지만 엑스선을 측정하는 것은 쉬운 일이 아니다. 고강도 에너지는 어떤 물체든 그냥 통과해버리기 때문이다. 의료기기와 공항 보안검색대에서 엑스선이 사용되는 것도 같은 원리다. 엑스선 광자 하나는 가시광선 광자 하나보다 수백 내지 수천 배 큰 에너지를 갖고 있다. 엑스선 광자가 얼마나 강력한지 보통 망원경 따위는 그대로 뚫고 지나간다. 그런데도 천문학자들이 어떻게 해서든 엑스선을 보고 싶어 하는 이유는 무엇일까?

엑스선은 별과 우주의 진화 과정을 어떤 것보다 완벽하게 펼쳐 보여준다. 가령 허블 우주망원경은 근적외선, 가시광선, 자외선 영역으로만 우주를 관찰하고 스피처 우주망원경은 오직 적외선만 감지한다. 우주에서 벌어지는 가장 극단적인 물리작용의 열쇠를 쥔 우주 엑스선은 얼마 전까지도 인류의 지식이 헤아리지 못하는 미지의 영역이었다. 태양계의 태양 같은 별들은 핵연료를 전부 소모하면 백색왜성이 됐다가 고밀도 핵만 남는 종말을 맞는다. 한편 우리 태양보다 최소 5배 이상 큰 다른 유형의 별들은 수명을 다했을 즈음 최후의 몸부림을 크게 한 뒤 중성자별이나 블랙홀로 수축하면서 자신의 모든 것을 우주공간에 흩뿌리는 장관을 연출한다. 바로 초신성 폭발이다. NASA의 설명을 빌려, 여기 지구의 100만 배 질량을 가진 가상의 천체가 있다고 해보자. 만약 이 천체가 고작 15초 만에 붕괴하면서 수축한다면 요란한 섬광과 함께 어마어마한 충격파로 온 우주를 뒤흔들게 된다. 지구의 뒷마당에서 초신성 폭발이 10여 광년에 걸쳐 일어나기만 해도 지구상의 생명체는 모두 증발해 멸종할 것이다. 우리 태양이 맞을 죽음이 이런 식이 아니라는 게 천만다행이다.

초신성이 진짜로 우주의 행성들을 몰살시켰는지는 알 수 없다. 하지만 초신성 폭발이 탄소, 질소, 산소, 규소, 칼슘, 철 같은 생명의 필수 원소를 수천 광년에 걸쳐 널리 퍼뜨린다는 건 분명하다. 초신성의 충격파가 먼지와 가스로 된 구름덩어리를 철렁 흔들면 그 충격으로 기체분자의 수축이 시작될 수 있다. 그렇게 100만 년쯤 흐른 뒤엔 가스구름이 압축돼 새로 태어난 별들이 우주의 암흑 속에서 봉화처럼 반짝인다. 수소와 헬륨을 제외하고 우주에 존재하는 모든 중원소는 본디 어느 덩치 큰 별의 핵이었다. NASA 자료실에 가면 초신성 사진을 여럿 찾을 수 있다. 초신성 폭발은 조명 아래서 알록달록한 광채를 내는 보석처럼 오색찬란한 빛을 발산한다. 망원경이 없다면 아무도 볼 수 없었을 광경이다. 별의 죽음은 광활한 암흑공간을 천상의 아름다움으로 물들인다. 그뿐만 아니다. 죽어가는 별이 우주로 흩뿌리는 금속 파편들은 새로 태어날 별과 행성의 재료가 된다. 어쩌면 당신과 나도 별의 먼지로 만들어졌는지 모른다. 인간의 몸은 거대한 별에서 나온 원소들로 되어 있으니 말이다. 인간의 행동은 마치 중력파처럼 시공간에 잔물결을 퍼뜨린다. 우리는 이렇듯 충돌하는 미스터리들과 환경과 시간의 비호 덕에 생존한다.

다행이기도 하고 불행이기도 한 것이, 지구에 있는 장비로는 엑스선을 볼 수가 없다. 러큐신은 그 이유가 엑스선 전자기파는 지구의 대기를 통과하지 못하기 때문이라고 설명한다. 지구 대기권은 투명한 담요처럼 우리 행성을 감싸 지구 생명체들을 보호한다. 대기는 우리에게 숨 쉴 산소를 공급하고 독한 태양복사와 우리 사이에서 방패가 되어주고 예고 없이 날아드는 유성을 지표면과 충돌해 대참사가 나기 전에 태워 없앤다. 그 대신 우주를 향한 우리의 시야를 살짝 가리는 것이다.

우주공간에서 흘러오는 별빛은 지구 대기층의 문지방으로 온갖 정보를 배달한다. 하지만 이 정보는 인간의 눈동자에 닿기 직전 우리를 보호하는 방어선에 걸려 비틀리고 망가진다. 반짝이는 별들은 사실 자장가 가사처럼 그저 귀엽기만 한 존재가 아니다. 별의 반짝임은 대기층의 난기류가 만드는 빛의 왜곡현상이다. 지구의 대기가 빛을 휘게 하고 구부러뜨리는 탓에 별이 실제와 달리 반짝이는 것처럼 보이는 것이다. 그런 까닭으로 우리는 최대한 정확한 이미지를 얻고자 난기류가 적은 지역의 산꼭대기에 망원경을 건설하지만 왜곡을 완전히 없애지는 못한다. 그래서 21세기에는 아예 망원경을 지구 대기권 밖으로 내보내 우주에서 사용하는 전략을 적극 활용한다.

그렇더라도 우주 엑스선을 제대로 관측하기에는 여전히 무언가가 한참 부족했다. 앤절이 전에 없던 망원경을 새롭게 고안한 것도 그래서였다. 1978년, 마흔넷의 앤절은 크리스마스 연휴를 영국에서 보낸 뒤 비행기를 타고 돌아오는 길이었다. 시간을 때우려고 〈사이언티픽 아메리칸〉 12월 호를 뒤적이던 중에 그의 시선이 한 곳에서 멈췄다. '반사광학기술을 탑재한 동물의 눈'이라는 제목의 기사였다. 글을 읽어 보니 달 표면보다도 탐사가 덜 된 곳인 지구의 심해에 아주 특별한 눈동자를 가진 생명체가 살고 있다고 했다. 바로 바닷가재다. 바닷가재의 시꺼먼 안구는 수정체를 버리는 대신 전혀 다른 집광기술을 발달시켰다.

이날 앤절은 훗날 수백만 광년 떨어진 엑스선도 잡아내는 망원경의 개발로 이어질 아이디어를 이 사소한 해양생물에게서 얻을 수 있었다. 그렇게 바닷가재는 대서양 해저에서 기어나와 천문학의 중심에 등장하게 됐다. 그의 아이디어는 허블 우주망원경보다 10년이나 앞선 것이었다. 하지만 당시 기술력이 달렸던 탓에 그의 비전을 실체화해 우주로 쏘아올리기까지는 수십 년을 더 기다려야 했다.

바라보는 눈들

공기도 산뜻한 10월의 어느 날, 나는 한 친구와 태평양 연안을 도보여행하면서 일, 장래계획 등 이런저런 얘기를 두런두런 나눈다.

"바닷가재?" 친구가 징그럽다는 듯 콧등을 찡그리며 말한다. "그게 어쨌는데?"

친구는 가파른 경사를 오르는 내내 투덜투덜한다. "온통 시뻘겋고(살아 있을 때는 그렇지 않다), 냄비에 넣으면 괴상한 소리를 지르고(바닷가재에게는 성대가 없다), 흉측한 집게발이 달렸잖아(이건 맞는 말이다). 그런 걸 왜 공부하려고 해?"

친구 입장에서는 먹는 입으로 배설하는 생물을 이렇게 얘기할 만도 하다. 과학 교과서들은 아이들에게 바닷가재가 볼펜 똥만 한 뇌와 형편없는 시력을 가졌다고 가르치니까(심지어 바닷가재는 뇌가 없고 신경절ganglia이라 부르는 신경말단의 집합체에 불과하다고 생각하는 과학자도 있다). 하지만 전부 뭘 모르고 하는 소리다. 바닷가재의 눈은 어둠 속에서 사람의 주간 시력보다 256배나 뛰어난 시력을 발휘한다. 그래서 사람이라면 한치 앞도 못 보는 자욱한 흙탕물 속에서도 먹이를 쏙쏙 골라낸다.

비행기 안에서 앤절을 한눈에 사로잡은 글을 쓴 주인공은 다름 아닌 신경생물학자 마이클 랜드다. 영국 서식스 신경과학센터Sussex Centre for Neuroscience 소속의 마이클은 깡충거미, 모기, 조개, 갯가재, 그리고 바닷가재의 시력을 수십 년 동안 연구해 리처드 도킨스가 '동물 눈 연구의 제왕'이라는 별명을 붙여주기도 했다.[21]

랜드는 "물리학에 존재하는 거의 모든 광학 이론이 진화에 활용됐다"라고 적고 있다. 진화는 함몰된 눈, 작은 구멍이 난 눈, 겹눈, 수정체를 렌즈로 쓰는 눈 등 다양한 형태의 눈을 만들었다. 눈동자 한 쌍으로 시야를 구성하는 시스템이 가장 흔하지만 이게 세상을 보는 유일한 방식은 아니다. 예를 들어 투망거미는 눈이 여덟 개가 있고 딱지조개는 등딱지 여기저기에 난 점들이 전부 눈이다. 또 불가사리는 팔 끝에 눈이 달렸고 잠자리는 수정체가 2만 8000개나 된다. 그뿐이 아니다. 연못에 사는 단세포 점액균인 어떤 박테리아는 자신의 몸뚱이를 렌즈로 사용해 빛을 감지한다. 세포 곡면에 부딪힌 빛이 굴절되어 세포 표면의 다른 지점을 때리면 박테리아가 빛이 들어온 방향으로 촉수를 뻗는 식이다.

친구와 둘이서 지그재그 굽은 길을 걸어가는 동안 나는 주변에 존재하는 눈들을 찾아보기로 한다. 황갈색 참새는 먼발치에서 쫑쫑 뛰어가면서 길을 넌지시 안내한다. 꼬리털이 풍성한 다람쥐는 나무 위로 허둥지둥 올라가서는 틈새로 머리만 빼꼼 내민 채 흑요석처럼 새까만 두 눈으로 우리를 훔쳐본다. 조금 떨어진 곳에선 사슴 한 마리가 동상처럼 미동 없이 서서는 눈 한 번 깜빡이지 않고 우리를 뚫어져라 주시한다. 나무덩굴 속에 몸을 감춘 방울뱀도 있다.

내가 시선을 돌리면 방울뱀은 들킬세라 순식간에 숨어버린다. 물론 가장 부산스러운 건 인간의 눈이다. 우리를 발견한 마주오는 사람들은 비켜서서 길을 내주면서 어린아이나 애인이 그러듯 낯선 행인의 얼굴을 은밀하게 읽는다.

그래, 세상에는 이렇게 많은 눈들이 있다. 새삼스러운 깨달음에 어쩐지 무서워졌다가 그 눈들 대부분이 나를 보지 못한다는 사실이 떠올라 금세 안도감이 찾아온다. 적어도 인간이 세상을 보는 방식으로는 보지 못한다. 이 눈들 대부분은 빛과 어둠만 구별할 수 있고, 다른 눈들도 겨우 움직임만 구별할 뿐이다. 왜 자연은 시력을 이렇게 다양화했을까? 그 답은 시각계의 구조와 달리 아주 단순하다. 동물이 눈을 갖게 된 것은 지구에 태양이 있기 때문이다. 눈은 햇빛을 모으고 주변 환경에 관한 정보를 수집하는 도구다.

지금으로부터 약 3억 6000만 년 전 데본기 말, 눈에 수정체 구조가 발달한 것은 진화사에 한 획을 긋는 큰 사건이었다. 작은 바늘구멍에 불과했다가 투명하고 유연한 젤리막으로 진일보한 수정체는 집광 효율을 높이고 세상을 보는 완전히 새로운 길을 열었다(현재 인간이 영위하는 삶은 갖가지 찐득찐득한 것들에 큰 빚을 지고 있다). 빛을 한 점에 집중시키기 위해 수정체는 가운데가 두껍고 테두리로 갈수록 얇아지는 모양새로 되어 있다. 가까운 물체를 볼 땐 안구근육이 수축해 수정체를 두꺼워지게 만든다. 반대로 먼 곳을 볼 땐 근육이 이완해 수정체가 얇고 편평해지므로 빛의 초점이 변한다. 이 모든 정보는 뇌로 전송돼 판독된다. 이것이 눈의 가장 기본적인 디자인이지만 다른 형태들도 존재한다. 특히 유독 희한하게 생긴 어떤 눈은 한때 과학계가 '생물학적으로 있을 수 없는 디자인'이라 여기기도 했다.[22]

여기서 바로 바닷가재와 가리비 눈에 있는 반사경이 등장한다. 가까이에서 본 바닷가재의 눈은 천문대의 돔 지붕 모양과 매우 흡사하다. 하지만 앤절은 〈사이언스〉 기고문에서 이를 "현미경 아래서는 딱 그래프용지다"라고 묘사했다.[23] 바닷가재의 눈은 그 자체로 거울인 아주 작은 관 수백만 개로 되어 있다. 이 '미세채널' 하나하나의 너비는 약 20마이크론인데, 1마이크론은 100만분의 1미터와 같고 이 문장 끝에 나올 마침표의 20분의 1 크기다. 바닷가재 눈의 반사관들은 모든 각도에서 빛을 최대한 끌어모은다. 빛이 매끄러운 거울 표면에 부딪히면 반사되어 망막의 한 지점에 꽂힌다. 사람이 빛의 굴절(세상을 반전된 모습으로 우리 뇌에 보여준다)을 이용해 사물을 볼 때 바닷가재는 반사를 통해 있는 그대로의 세상을 관찰하는 셈이다.

바닷가재의 눈은 자연이 허락한 몇 안 되는 직각의 실례다. 아무리 눈 씻고 뒤져봐도 숲, 호박벌, 귓바퀴의 굴곡, 씨앗, 문어 등 자연계의 존재 대부분에서 직각을 발견할 수는 없다. 반면에 책상, 골목길, 인쇄용지, 바닥 타일 등등 사람 손을 탄 디자인에는 널린 게 직각이다. 창문, 러그, 포장상자는 직각 일색이라 일부러 의식하지 않는 한 직각이 있는지조차 모를 정도다. 이처럼 인간이 직각을 선망할 때 자연은 곡선을 애호한다. 그래서 지난날 과학자들은 눈 속에 거울이 있다는 것은 말도 안 되는 얘기라고 생각했다. 우선 거울은 연마한 금속으로 만드는데 생물이 금속을 반사판으로 쓸 리가 없다는 것이다. 게다가 자연에서는 직사각형을 보기 드물다는 게 두 번째 이유였다. 그런데 나비 날개만 봐도 각도에 따라 색깔이 달라져 무지갯빛 광택을 내는 훈색暈色 현상이 의외로 흔하다는 것을 알 수 있다. 자연이 이 무지갯빛을 낼 때 애용하는 방법 하나는 세포질과 구아닌 결정을 이용하는 것이다. 물고기 비늘과 가리비의 눈이 대표적인 예다. 구아닌은 DNA와 RNA의 핵심 구성 성분이며 구아닌 결정형은 자연에서 가장 널리 발견되는 유기물 결정 중 하나다. 생물은 구아닌 결정을 이용해 빛을 조작하고 색깔을 만들고 시력을 개선한다. 진화의 관점에서 생각할 때, 야생에서 목격되는 구아닌 용액의 보편성은 구아닌 결정이 가장 큰 굴절지수(빛이 매질을 얼마나 빨리 혹은 느리게 통과하는지 가늠하는 지표)를 가진 생체물질이라는 특징에서 비롯된 게 아닐까 한다. 바닷가재의 눈도 정확히는 사이사이에 여러 겹의 세포질층으로 분리된 구아닌 결정 타일이 20~30장 두께로 쌓여 만들어져 있다.

1940년대에 업체들은 은이나 알루미늄을 한 겹만 바르는 전통적인 거울 제작 방식을 버리고 새로운 기법을 도입했다. 그렇게 해서 굴절지수가 높은 필름과 낮은 초박형 필름을 번갈아 씌워 만든 거울이 나오기 시작했다. 〈사이언티픽 아메리칸〉의 기사에는 랜드가 "바로 이것이 살아있는 유기체들이 지금껏 반사경을 만들어온 비결이었다"라고 외치는 대목이 있다.[24] 이런 디자인의 시각도구 때문에 처음으로 세간의 화제가 된 동물은 바닷가재였지만 곧 가리비와 실양태(일명 드래곤피시) 등도 마찬가지라는 게 줄줄이 드러났다. 가령 심해어종인 통안어桶眼魚(일명 브라운스노우트 스푸크피시, 배럴아이)는 위쪽을 향한 렌즈 눈 한 쌍과 아래쪽을 향하는 거울 눈 한 쌍을 가지고 넓은 시야를 확보하는 전략으로 바닷속에서 타의 추종을 불허하는 시력을 자랑한다. 그뿐만 아니다. 해파리와 비슷하게 생겼지만 훨씬 빠르고 독성이 있는 상자해파리 역시 내로라하는 시력의 소유자다. 상자해파리는 특이하게 빛에 민감하지만 움푹 들어간 원시적 형태의 눈 16개(반은 슬릿형이고 반은 구멍형)와 수정체에 망막, 각막까지 다 갖춘 정교한 눈 8개를 가지고 있다. 녀석에게는 영상정보를 처리할 뇌가 없다는 점에서 실로 기이한 현상이다. 상자해파리에게는 시각장치가 왜 이렇게 많은 걸까? 그 답은 아직 명확하지는 않다.

반면에 바닷가재의 눈은 확실히 특이한 케이스임에도 시원한 설명이 나와 있다. 보통 곤충 같은 동물들은 육각형 구조로 된 눈을 갖는다. 육각형이 충진율packing density을 극대화하는 형태이기 때문이다. 그런데 바닷가재 눈은 하나하나 길이가 너비의 2~3배인 직사각형 반사관들로 되어 있다. 그런 까닭에 광선이 기껏해야 두 반사면 사이에서만 왔다 갔다 하고, 거울이 코너반사경corner reflector(거울

두 장을 90도 각도로 결합한 것 – 옮긴이) 역할을 해 빛을 들어온 방향으로 다시 내보내기도 한다. 들어온 빛이 코너반사경에서 두 번 연속반사 후 입사경로 그대로 다시 나가는 것은 옷가게나 미용실에 갔을 때 누구나 알아챌 수 있는 흔한 일이다. 어느 방향에서 봐도 거울은 항상 내 뒤통수를 비춘다. 앤절은 이 현상이 흥미롭다고 생각했다. 정면에서 마주오는 엑스선은 기계를 그냥 통과해버리기 때문에 반드시 낮은 각도로 표면에 스치듯 들어오는 스침 입사grazing incidence를 거쳐야 한다. 바닷가재의 눈은 엑스선이 거울 벽 위에서 이렇게 미끄러져 한 점에 꽂히기에 딱 좋은 훌륭한 모형이었다. "비행기가 시카고에 내릴 때쯤 이미 논문 절반을 완성했죠."[25] "엑스선망원경인 바닷가재의 눈"이라는 제목은 논문의 내용을 다 얘기하고 있었다.

하지만 결정적인 문제가 하나 있었다. 이게 실물로 나오려면 그때까지 나왔던 어느 망원경용 반사경보다도 월등하게 매끈한 반사경이 필요했다.

발진 대기 중인 미션들

바닷가재에서 영감을 받은 앤절의 디자인은 시대를 한참 앞선 것이었다. 일단 반사관이 마이크론 단위로 작아야 한다는 게 걸림돌이었고 그런 크기의 반사경을 어떻게 제작해야 할지도 의문이었다.

러큐신의 기억으로는, 아이디어는 좋지만 빛을 깔끔하게 집중시키기에는 기술이 못 따라간다는 게 당시의 중론이었다고 한다. "반사경 코팅이 엄청나게 매끈해야 합니다. 조금이라도 울퉁불퉁하면 광자가 초점면에 깨끗하게 모이지 않고 사방팔방으로 튀거든요."[26]

가시범위와 감도는 어느 망원경이든 일반적으로 상충관계에 있다. 감도가 매우 뛰어난 망원경은 아주 좁은 면적밖에 보지 못하는 식이다. 국지 면적을 높은 해상도로 촬영하는 허블 우주망원경이 그 예다. 이와 달리 바닷가재 눈을 본뜬 앤절의 망원경은 전방위모니터처럼 온 우주에서 날아오는 신호를 잡는 게 목적이었다. 흙탕물 속에서도 180도 범위 내의 모든 이웃을 정확히 식별하는 바닷가재의 눈처럼 이 망원경은 엑스선이 빗발치는 우주의 풍경을 180도 광시야각으로 스캔할 수 있을 터였다.

그럼에도 엑스선망원경 연구는 무려 23년 동안이나 아무 진척이 없었다. 지금은 작고한 전前 레스터대학교 교수 조지 프레이저가 앤절의 비전을 간파하고 마침내 엑스선망원경 개발에 착수한 것은 2001년의 일이다. 프레이저가 엑스선 천문학의 새 시대에 거는 기대는 남달랐다. "바닷가재의 과학적 영향력은 천문학의 전 영역을 아우를 것이다. 엑스선을 방출하는 혜성부터 항성과 퀘이사 연구, 소박한 엑스선 쌍성과 현란한 초신성, 불가사의한 감마선 폭발 연구까지 전부 엑스선망원경 덕에 가능해질 것이기 때문이다."[27]

레스터대학교의 프레이저 팀과 유럽우주국ESA이 먼저 한 일은 포토니스Photonis와 파트너십을 체결하는 것이었다. 포토니스는 전 세계에서 유일하게 40단계 공정을 거쳐 정사각형 모양의 미세채널이 구멍처럼 송송 뚫린 유리판을 제작할 수 있는 기업이다. 원래 반사경처럼 소형화가 중요한 제품은 갈수록 덩치가 커지는 품목보다 훨씬 높은 기술 난이도를 요구하기 마련이다.

바닷가재 눈과 비슷하게 미니 반사경을 만드는 과정을 살펴보면, 먼저 네모난 유리블록을 가열해 잡아늘인다. 이 작업을 여러 번 반복하면 유리가 한없이 가늘어진다. 사실 유리블록은 성분 조성이 다른 두 종류의 유리를 하나는 안쪽, 다른 하나는 바깥쪽으로 덧댄 것이다. 그래서 유리블록이 너비 20마이크론 수준으로 가늘어질 때쯤이면 안쪽 유리의 화학성분은 녹고 바깥쪽 유리만 남아 두께가 고작 몇 마이크론에 불과한 관으로 변한다. 그러면 이 미세채널을 25개씩 한 다발로 묶고 90도 각도로 얇게 썬다. 그렇게 나온 미세채널다발 박판을 한 번 더 가열해 평평한 모양에서 커브형으로 압축성형한다. 마지막 단계는 이것을 이리듐 수조에 푹 담갔다 빼서 엑스선 반사율을 높이는 것이다. 만약 모든 작업이 아무 문제없이 순탄하게 진행된다면 전체 과정은 대략 6개월이 걸리고 최종적으로 박판 21장이 나온다. 언뜻 범접하기 힘든 딴 세상 이야기 같지만 의외로 이 기술은 다른 산업 분야와 접점이 많다. 프랑스군이 최첨단 야간투시경 납품업체로 포토니스를 낙점한 게 그 증거다. 어부들이 빛이 약한 물속 그물 상태와 물고기의 건강을 살필 때 쓰는 저조도카메라 역시 포토니스의 작품이다. 포토니스의 기술지원이 없었다면 엑스선망원경 개발이라는 앤절의 오랜 염원은 실현되기 어려웠을 것이다.

2018년, 유럽우주국과 일본우주항공개발기구JAXA가 손잡고 만든 탐사선 하나가 수성을 향한 7년의 여정을 시작했다. 베피콜롬보BepiColombo라는 이름의 이 탐사선에는 수성 촬영을 위한 엑스선 분광계Mercury Imaging X-ray Spectrometer(MIXS)가 탑재됐다. MIXS의 겉모습은 시꺼먼 1미터짜리 망원경과 별반 다를 바가 없다. 하지만 내부 구조를 보면 초미세 구멍이 1000여 개 뚫려 있고 각 구멍의 내벽이 거울 역할을 해 엑스선을 검출기로 집중시키는 최첨단 장비다. 거울 전면에 놓인 알루미늄 필름은 빛의 산란을 막아 영상이 흐려지지 않게 하면서 엑스선은 무사통과시킨다. 레스터대학교는 이 미션을 "실물 엑스선망원경이 행성학 연구에 활용되는 첫 사례"로 평가했다.[28]

베피콜롬보가 맡은 임무는 수성에 관한 정보를 수집하는 것이다. 수성은 태양에 가장 가까운 행성이자 명왕성이 행성 지위를 박탈당한 이후 태양계에서 가장 작은 행성(미국 대륙과 비슷한 크기다)이 됐다. 수성은 또 말 그대로 극한의 행성이기도 하다. 수성에 도착할 우주선은 펄펄 끓는 섭씨 350도의 열기를 견뎌야 한다. 이마저도 아무리 튼튼한 철갑 옷도 녹여버릴 정도로 뜨거운 지표에는 착륙하지 못하고 궤도상에서 공전만 하는 데 감당해야 하는 온도다.

게다가 낮엔 기온이 최고 섭씨 427도까지 오르지만 밤에는 섭씨 영하 179도까지 뚝 떨어진다. 수성에는 열기를 머금을 대기가 없는 탓이다.

바닷가재 눈에서 영감을 받아 두 번째로 탄생한 엑스선망원경은 MXS라는 이름으로 불린다. 본래 중국과 프랑스가 합작한 인공위성 SVOM(Space Variable Objects Monitor)에 실려 2022년 6월에 우주에 띄우기로 계획됐던 (이후 2023년 12월로 일정이 조정됐다 – 옮긴이) 이 망원경은 무게가 고작 1킬로그램에 불과하다. 망원경이 이렇게 작아질 수 있었던 것은 무엇보다 포토니스의 유리가공기술 덕분이다. 최소 무게와 최소 크기가 최우선 요건인 우주미션에 더없이 소중한 재능이 아닐 수 없다. SVOM 위성은 드넓게 펼쳐진 우주의 암흑공간 속에서 독보적으로 이글거리는 감마선 폭발을 조사하는 것을 목표로 한다. 감마선 폭발은 수명을 다할 때까지 100억 년에 걸쳐 가시광선보다 1조 배 강한 빛을 발하고 그 어느 항성보다도 많은 에너지를 방출한다. 위력이 이토록 엄청남에도 감마선 폭발 현상이 처음 관측된 것은 1960년대에 와서, 그것도 아주 우연한 계기를 통해서였다.

때는 냉전이 한창이던 시대, 핵전쟁을 우려한 미군은 소련의 핵실험을 감시하기 위해 스파이 위성을 하늘에 띄운다. 핵이 폭발하면서 나오는 감마선과 섬광, 방사성동위원소 붕괴의 흔적을 찾는다는 계획이었다. 그런데 미군의 레이더에 소련군의 움직임 대신 잡힌 것은 외계에서 날아온 기이한 신호였다. 이 신호는 그날부터 30년 동안 미스터리로 남아 있었다. 과학자들이 그 신호의 발신지가 60억 광년 떨어진 은하라는 결론을 내릴 때까지.

감마선 폭발에는 짧은 것과 긴 것 두 종류가 있다. 발생 원인은 서로 다르지만 최후에 맞는 결말은 두 폭발 모두 똑같다. 거대한 중력이 한 줄기 빛도 남기지 않고 주변의 모든 걸 빨아들이는 블랙홀이 되는 것이다. 짧은 감마선 폭발은 1초 남짓 지속되고 흔히 중성자별 2개가 충돌해 블랙홀로 변하는 과정에서 일어난다. 반면에 긴 감마선 폭발은 2초 넘게 이어지고 수명을 다한 별이 요란하게 붕괴하며 블랙홀이 되어가는 도중에 발생한다. MXS 망원경은 감마선 폭발 자체는 찍지 못하고 그 잔광을 포착한다. 우리는 에너지가 낮은 파장에서 오래도록 관찰되는 폭발의 흔적을 보게 될 것이다.

NASA는 만약 인간이 감마선을 볼 수 있다면 밤하늘은 지금과 사뭇 다른 생소하고 이상한 모습일 거라고 설명한다. "별자리들이 정겹게 반짝이는 평화로운 밤 풍경은 짧게는 찰나에 길게는 수 분 동안 이어지는 요란한 감마선 폭발 때문에 우주의 수많은 섬광 전구가 일순간 번쩍이다 곧 사라지는 듯한 광경으로 바뀔 것이다."[29]

러큐신은 SVOM 위성이 인간의 눈을 대신해 우주관측을 시작할 날을 고대하고 있다. 광폭 엑스선망원경으로는 "흥미로운 천체나 현상의 존재를 감지"하고 이것을 고작 1분 안에 고감도 엑스선망원경으로 추적관찰한다는 전략이다. 이 모든 과정은 자동화하여 진행된다. SVOM 미션은 우주에서 가장 섬세한 팀워크의 결정체이다.

우주만큼 인간의 상상력을 꽃피우는 주제는 없다. 우주는 우리가 어떻게 여기까지 왔는지에 대한 비밀을 품고 있기 때문이다. 만약 100년 전 사람들에게 요즘 일어나는 일들에 관한 얘기를 들려준다면 인간이 과학기술을 휘둘러 신에게 도전한다고 느꼈을 것 같다. 그동안 인류는 우주선을 궤도로 쏘아올리고 달에 발자국을 남겼다. 인간은 태양에너지를 길들였고, 우주공간에 별자리처럼 들어앉은 수많은 인공위성은 무선신호를 통해 지구촌을 하나로 연결한다. 생각해보라. 이는 모두 지난 250년 안에 이뤄진 혁신이다. 요즘에나 과학기술의 성과지, 예전엔 이런 일을 다들 한낱 공상으로 치부하지 않았던가.

동물의 왕국은 온갖 생체센서로 가득하다. 오리너구리의 전기장 감지 능력, 뱀의 적외선 감지, 문어의 편광 시력, 비단벌레의 화재 감지, 벌의 자성 탐지 등등. 일일이 다 열거할 수 없다. 상어는 살아 있는 고효율 전도체인데, 젤리로 채워진 얼굴 주변 모공들의 네트워크를 이용해 주변의 먹잇감과 바닷물을 구분해낸다. 살무사는 온도가 1000분의 1도 차이 나는 것까지 감지할 정도로 예민한 천연 야간투시경으로 적외선을 본다. 또 회충의 몸에 있는 특별한 신경세포는 지구의 자기장을 느낀다. 그런가 하면, 한때 인류의 조상이 그랬던 것처럼 별빛으로 방향을 구분하는 동물도 있다. 달이 꼭꼭 숨어버려 유난히 어두운 밤, 쇠똥구리는 거의 다 흩어져 새까만 캔버스 위의 희끄무레한 얼룩처럼 옅어진 은하수의 빛에 의지해 길을 찾는다. 과학자들은 밤하늘의 은하수를 LED로 재현해 이 곤충의 비밀을 밝혀낼 수 있었다. 미세한 빛의 점들을 불규칙한 무늬로 켜면 쇠똥구리들이 우왕좌왕한 반면, LED 점들이 부분부분 밝기를 달리한 은하수의 별자리 모양일 때만 제 갈 길을 잘 찾아갔다. 그 모습을 본 과학자들은 생각했다. 로봇도 똑같이 길을 찾도록 프로그래밍할 수 있을까?

더 이상 현대인은 길을 가기 위해 별을 읽거나 하지 않는다. 천체 지도는 인간의 기억에서 사라진 지 오래다. 그럼에도 인간은 그 어느 시대보다도 우주와 가까운 사이가 되고 있다. 잔뜩 찌푸린 눈을 망원경에 붙인 채 별 관측만 하던 천문학자들은 오늘날 우주의 골리앗을 부려 지구로 미지의 외계에 관한 사진, 문자, 데이터를 전송시키는 경지에 올랐다. 비록 몸은 지구에 묶여 있지만 우리는 인간의 눈과 귀를 대신할 로봇을 보낸다. 이 미니 과학자들은 우리의 손과 발이 되어 이웃 행성에 구멍을 뚫고 시료를 채취해 가져온다. 바닷가재는 지구 생명체들이 세상을 다른 시각으로 펼쳐 보여주는 문임을 상기시키는 상징적 동물이다. 거울로 빛을 반사시키는 바닷가재의 눈은 인간의 시야를 우주로 확장시켜 지구에 생명을 탄생시킨 우주 물질들을 탐구하게 한다.

작가 낸 셰퍼드가 말했듯이 인간은 "속기 쉬운 눈"으

로 세상을 돌아다닌다.[30] 주변을 유심히 관찰하면 우리는 인간의 시야와 사고가 얼마나 편협한지 알 수 있다. 다이앤 애커먼이 썼듯, "우리는 먼저 수많은 거울을 여러 각도에서 비춰 우리 스스로를 들여다볼 줄 알아야 한다. 그래서 우리가 축복이기도 하고 저주이기도 한 여러 재주를 가진 아직 어린 동물종임을 깨달아야 한다. 자연은 무시하거나 약탈할 대상이 아니라 그 속에서 우리의 제자리를 정립해야 할 곳이다."[31]

3

구름에서 길은 물

미국삼나무 — 안개 하프

"유엔 총회는 …… 안전하고 깨끗한 식수와 위생이

삶과 인권을 온전하게 영위하기 위한

인간의 기본 권리임을 잘 알고 있습니다."

2010년 국제연합 총회 결의안 64/292

페루 리마 근교에 있는 안데스산맥 구릉지에 한 여인이 어린 세 남매와 함께 살고 있다. 마을에는 상수도 시설이 없어서 여인은 양동이에 든 더러운 물에 감자를 씻는다. 맨땅에 구멍을 파면 그대로 화장실이 되고 아이들은 시멘트 욕조에서 찬물로 씻긴다. 어느 하루, 여인은 흙투성이가 된 막내아들을 욕조 안에 넣는다. 차가운 물이 아이의 검은 머리카락을 따라 졸졸 흘러내리고 물줄기가 맨어깨에 닿자 아이는 눈을 질끈 감는다. 목욕물을 찾는 건 어려운 일이 아니다. 깨끗한 식수를 구하는 것에 비하면 말이다. 강수량이 일 년에 2.5센티미터밖에 안 될 정도로 워낙 건조한 지역인 탓이다. 게다가 이 여인뿐만 아니라 마을 전체가 가끔씩 와서 요란하게 온 동네를 도는 급수트럭에만 의지하는 형편이다. 마시기에 안전한지 확실하지 않고 비싸기만 한

데 말이다.

지금 이 순간에도 세계 인구의 40퍼센트에게는 이런 일이 일상이다. 모로코 남서부의 시골 아낙들은 식구들이 쓸 물을 길어오기 위해 매일 새벽 4시에 일어나 하루에 3시간 반을 보낸다. 그나마 한여름에는 뙤약볕에 우물이 말라버려 빈 양동이를 들고 발걸음을 돌리기 일쑤다. 아낙들은 '물의 수호자'로 알려져 있지만 그들의 희생은 아무 보람이 없다. 어린 소녀들은 집안일을 도우려 학업을 포기하고 그렇게 가난은 악순환된다.

아낙들이 사는 마을에서 잠시 뒤로 물러나 시야를 대륙 전체로 넓혀볼까. 아니, 아예 우주 저 멀리서 우리 지구를 내려다본다고 치자. 그러면 이 모든 사달이 도대체 무엇 때문인지 금세 알게 된다. 흔히들 지구 표면의 4분의 3은 물이라고 한다. 이 정도면 모두 먹고 쓰기에 충분하지 않나? 안타깝지만 아니라는 게 정답이다. 물은 이미 충분하다는 생각은 간절히 믿고 싶지만 진실을 간과한 착각이다. 지구에 존재하는 물 대부분은 사람이 마시기에 부적합한 소금물이고 담수는 3퍼센트에 불과하다. 그나마도 담수의 3분의 2는 극지방 같은 곳의 빙하 속에 꽁꽁 얼어 있다. 즉, 식수만 따지면 우리가 눈, 개울, 호수 등에서 얻을 수 있는 먹는 물은 고작 1퍼센트라는 계산이 나온다. 왠지 옛 선원들의 탄식이 귓가에 생생하게 울리는 것 같다. "사방이 물 천지지만 마실 물은 한 방울도 없구나."

국제연합의 조사에 따르면, 약 40억 인구가 해마다

최소 한 달 이상을 심각한 가뭄으로 고생한다고 한다. 안전한 식수관리 시스템의 혜택을 받지 못하는 사람은 22억 명에 달한다. 그러니 개발도상국에 흔한 질병의 80퍼센트가 비위생적인 물 때문이라는 통계가 나오는 것도 당연하다. 놀랍게도 딱 고대 로마 시절의 상수도 시스템 정도만 있어도 30억 가까운 현대인의 생활이 훨씬 나아질 것이다. 깨끗한 식수 공급은 인도주의적 측면에서 21세기에 무엇보다 하루빨리 해결해야 할 숙제다. 이때 잊지 말아야 할 건 먹고 마시고 씻을 물만 필요한 게 아니라는 사실이다. 오늘날 인간은 일상생활보다도 농업과 산업에 훨씬 많은 양의 물을 소비한다. 다각적 노력으로 염수의 담수화에 성공했지만 담수처리에는 너무나 많은 에너지와 비용이 든다. 게다가 물에서 나온 염분을 폐기하는 것도 골칫거리다.

그런 까닭에 최근 새롭게 떠오르는 담수원 후보지에 거는 기대가 크다. 나는 이곳의 물을 취재하기 위해 차를 타고 세계 최대의 미국삼나무숲이 있는 샌프란시스코 북쪽으로 6시간을 달렸다.

안개 먹는 거인의 동네

가을이 되면, 해안에서 가까운 샌프란시스코는 골목마다 바람이 매서워지고 안개에 잠기는 날이 점점 많아진다. 지금 나는 일Eel강을 따라 펼쳐진 캘리포니아 주립 험볼트 삼나무숲공원으로 동식물학자 존 그리피스를 만나러 가는 길이다. 험볼트 인근은 바람에 실려오는 특유의 풀 냄새만으로 지명을 맞출 수 있는 곳으로 유명하다. 이 지역의 대마 산업은 전국에서 최고 수준의 품질과 생산량을 자랑한다. 처음에는 금과 목재가 이 땅에 사람들을 불러모았고 40년 뒤에는 대마가 그들을 머물게 하고 있다. 하지만 주민들의 진짜 자랑은 따로 있다. 대마보다 훌쩍 큰 키로 파수꾼처럼 위풍당당하게 마을을 지키는 삼나무다.

이번 방문은 일주일 전 버지니아공과대학교의 디자인학과 교수 브룩 케네디와 대화를 나누다가 갑작스럽게 성사됐다. 말하는 소리가 부드럽게 노래하는 것처럼 들리는 케네디는 어느 날 아침 조깅을 하면서 머릿속으로 '안개 먹는 거인의 동네'를 거닐던 몇 년 전 일이 떠올랐다고 한다. 그곳의 오래된 미국삼나무는 키가 100미터를 넘기도 한다. 당시 그는 물이 귀한 지역에 사는 사람들을 도울 묘안을 찾다가 이곳을 떠올리고 직접 견학을 갔다. 그리고 얼마 뒤, 그의 이름은 전 세계 각종 언론보도 1면을 장식하게 됐다. 나는 케네디의 발명품과 아이디어를 제대로 이해하고 싶었고 그래서 주립공원 방문객안내소에서 그리피스를 만나고 있다.

7대째 캘리포니아에서 살고 있다는 수염 덥수룩한 그리피스가 숲길을 요리조리 안내한다. 동식물학자에게 딱 어울리는 챙 넓은 모자를 쓴 그는 주머니 달린 셔츠와 카키색 바지 차림이다. 가슴 높이의 주머니에는 그의 이름이 바느질되어 있다. 해마다 이 작은 마을에 와서 직원을 채용하는지 수소문해가며 27년 넘게 기다린 끝에 그가 손에 넣은 유니폼이다. 그러다 2020년 1월, 마침내 자리가 하나 났고 그리피스는 기회를 놓치지 않았다.

숲 안쪽으로 들어갈수록 걸음걸음마다 나뭇가지가 밟히면서 내는 딱딱 소리가 우리 대화에 장단을 맞춘다. 그는 어릴 때부터 일명 '삼나무 전쟁'이라는 미국삼나무 보호 운동에 적극 참여했다. 당시 활동가들은 미국삼나무를 벌목하려는 목재회사 퍼시픽 럼버Pacific Lumber를 저지하기 위해 할 수 있는 모든 것을 했다. 누군가는 넘어가는 나무에 깔려 죽었고 누군가는 상대편의 차 아래에 폭탄을 설치하는 과격한 저항도 마다하지 않았다. 지역 보안관의 설득에도 아랑곳하지 않고 나무 위에 올라 고공농성을 벌이는 사람도 있었다. 그때 그리피스는 그들에게 먹을 것을 올려보내고 배설물 단지를 받아 치워주는 봉사활동을 했다. 그는 스스로를 생태계지킴이라 자부하고 있었다. 현재 그는 자연보호 교육과 여성 운동가 로라 퍼롯 머핸이 이룬 업적을 홍보하는 일에 집중하고 있다. 머핸은 일찍이 1920년대부터 삼나무 살리기의 중요성을 널리 일깨운 선각자였지만 생태공원 조성에 재산을 쏟아부은 남성 독지가들의 그늘에 가려 과소평가된 인물이다.

삼나무는 오래 살고 크게 자라는 품종 중 하나다. 이 숲에서 제일 큰 삼나무의 높이는 자유의 여신상을 뛰어넘는 116미터로, 하이페리온Hyperion이라는 애칭으로 불린다. 삼나무의 몸통은 지름 약 7미터까지 두꺼워지는데 수십 년 전엔 사람들이 그 속을 파서 차가 다니는 터널로 사용한 적도 있다. 그런 거인 나무라도 귀리 한 알 크기인 씨앗에서 생애를 시작한다. 이 작은 씨앗에는 인간 세대가 여든 번 바뀔 2000년 세월 동안 주변 세상과 소통하는 데 필요한 모든 게 담겨 있다. 지금 우리가 보는 이 삼나무숲은 중국에서 차가 처음 재배될 때도, 크레타 문명이 십진법을 발명했을 때도, 기독교가 기록한 예수님의 탄생 순간에도 이 자리에 있었다. 삼나무는 타닌tannin 성분이 풍부해 붉은색을 띠고 곰팡이에 강하다. 원래는 사람이 그러듯 나무들도 곰팡이균 감염에 기를 못 쓰는 게 보통이다. 게다가 어떤 균은 식물이 사람에게 옮기기도 한다.

미국삼나무는 이야깃거리가 워낙 많아 진짜 하고 싶은 말을 꺼내기가 쉽지 않다. 〈내셔널 지오그래픽〉에서 큰 키를 부각하기 위해 사진을 접지 인쇄해서 보여준 세계 최장신 나무에 대한 이야기도 있고, 삼나무의 천 년 넘는 생애와 유럽에서 신대륙으로 건너온 이민자들에 의한 무분별한 벌목의 역사도 있다. 알비노 변종이라 가지가 유령 손가락처럼 보이는 삼나무가 존재한다는 이야기도 있고, 숲속에서 자연의 장엄함에 압도된 인간의 심리를 해석한 논문도 있다. 심지어는 〈내셔널 지오그래픽〉에서 위치 미공개로 찍은 그 나무를 직접 찾아보는 퀘스트도 있다. 하지만 기자든 여행객이든 각자의 주 방문 목적에 밀려 이 거인들이 안개 속 물방울을 모은다는 사실은 못 보고 지나치기가 다반사다. 사실 이 물방울들 하나하나는 무지갯빛 잠재력으로 가득하다. 숲이 윤택하게 성장하는 데에 없어서는 안 될 각종 요소가 응집된 하나의 작은 세계다.

숲 안쪽으로 들어가니 나무가 한층 빽빽해지고 사방이 어둑어둑하다. 이제는 공기도 흙도 축축해 걸을 때 발소리가 별로 들리지 않는다. 고사리는 푸른 이파리를 다섯손가락처럼 활짝 펼쳤고 칙칙한 깃털색의 새들은 가로로 누운 나무 몸통 위에서 종종거리며 분주하게 움직인다. 숲의 정적을 깨는 건 녀석들의 발톱이 나무를 긁으면서 내는 틱틱 소리뿐이다. 어느새 안개가 깔리자 숲의 공기는 한층 서늘해지고 얇은 무채색 베일을 칭칭 감은 듯 전방의 나무들의 윤곽이 흐릿해진다. 지금 우리는 구름 속을 걷고 있다.

과장하는 표현이 아니다. 엄밀히 말해서 안개는 지상으로 내려온 구름이다. 삼나무는 이 지표구름을 이용해 숲에 비를 내린다. 안개가 자욱한 날의 땅바닥 습도는 폭풍과 똑같은 포화 수준에 이른다. 내가 삼나무와 해안안개 분야의 최고 전문가 토드 도슨에게 처음 연락했을 때, 그는 캘리포니아를 휩쓴 산불 진압을 돕느라 정신없던 와중이었다. 나중에 다시 날을 잡아 마련한 자리에서 그는 미국삼나무가 자신뿐만 아니라 스프링클러처럼 삼나무를 중심으로 형성된 식물 생태계 전체를 살린다고 알려주었다.[32]

숲 전체에 스며든 안개는 물처럼 약간 끈적끈적하다. 물이 끈끈하지 않다면 폭우가 쏟아질 때 차창 유리에 물방울이 맺히지도, 샤워하고 막 나온 피부에 물기가 송골송골

남지도 않을 것이다. 삼나무의 침엽은 이 사실을 이용해 안개 속 물방울을 콕 찍어 공기 중의 수분을 땅 밑으로 끌어내린다.

삼나무 표면은 고사리, 관목, 이끼 등의 착생식물着生植物이 덮고 있어 나뭇가지가 녹색 털북숭이 팔처럼 보인다. 미국삼나무 한 그루에는 착생식물이 무려 725킬로그램까지 붙어 살 수 있다고 한다. 이들은 기생하는 것이 아니라 건강한 생태계의 신호다. 삼나무는 자신의 그늘 아래를 보금자리 삼은 생태계 식구들의 든든한 버팀목이 되어준다. 창공을 향해 우뚝 솟은 이 생태계를 연구하려는 학자들은 화살에 낚싯줄을 꿰어 때로는 높이가 60미터도 넘는 가지에 쏘아올리고는 튼튼한 밧줄을 올린다. 밧줄이 잘 걸렸다 싶으면 밧줄 반대쪽 끝을 허리에 찬 안전벨트에 동여매고 양손엔 등반보조기를 든 채 나무를 오르기 시작한다. 밧줄에 걸어 사용하는 등반보조기는 체중이 실릴 땐 밧줄을 꽉 물어 제자리에 고정된다. 그러다 사람이 발에 걸린 고리를 밀어 체중이 분산되면서 살짝 느슨해졌을 때, 위로 끌어올려 위치를 바꾼다. 이렇게 애벌레처럼 느릿느릿 나무를 오르다가(등반가들끼리는 전문용어로 저깅jugging이라 한다) 중간에 두꺼운 가지가 나오면 밧줄을 다시 던져올려 다음 구간 등반을 시작한다. 그런 식으로 꼭대기에 이를 때까지 반복한다. 고도가 어느 정도 높아지면 갈라진 가지 사이에 둥지를 튼 도롱뇽이나 꽃과 열매 대신 종구種毬, cone를 맺는 고목 정상에서만 알을 낳는 멸종위기의 알락쇠오리를 종종 만난다. 거인 미국삼나무는 위쪽도 가지가 아주 널찍하기 때문에 이 바닷새의 알이 수십 미터 아래 땅바닥으로 굴러 떨어질 염려는 없다. 때로는 호랑이꼬리고양이가 소리 없이 다가와 모습을 드러내기도 한다. 2016년에는 삼나무 껍질에서 새로운 종류의 이끼가 발견된 일이 있었다. 이 신종 지의류는 '삼나무 수염'이라는 별명으로 불린다. 또한 수백 살 된 나무의 꼭대기에서 거의 평생을 내려오지 않고 살아가는 삼나무들쥐도 있다. 삼나무숲이 서늘한 안개에 잠기면 삼나무들쥐는 침엽에 맺힌 물방울을 핥아먹는다.

잔디밭에 누워 흘러가는 구름과 닮은꼴 찾기나 하며 여유를 즐길 땐 구름이 깃털보다 가볍다고 생각할지 모른다. 하지만 그건 단단한 착각이다. 바다에서 피어오른 뭉게구름은 100경(10^{18}) 개의 물방울을 품고 있어 무게가 450톤까지도 나간다. 게다가 코앞에서 보는 구름의 실제 크기는 상상외로 어마어마하다. 대강 뭉친 덩어리가 아니라 네모반듯한 상자에 들어 있다고 칠 때 가로세로 폭이 1킬로미터쯤 된다. 그럼에도 구름이 시시각각 모양을 바꿔가며 하늘 저 높이 떠 있는 것은 구름 아래 지표층에 있는 건조한 공기의 밀도가 구름이라는 드넓은 공간에 퍼져 있는 물방울들의 밀도보다 크기 때문이다.

흔히 사람들은 안개가 끼면 여러 가지로 불편하다며 투덜댄다. 비행기가 취소되는 것은 물론이고 샌프란시스코처럼 온 도시가 잿빛으로 변해 새파란 하늘 구경은 꿈도 못 꾼다. 하지만 케네디 교수는 안개가 반갑기만 하다. 알려진 바에 의하면, 삼나무숲이 필요로 하는 급수량의 3분의 1은 태평양에서 생성돼 들어오는 안개로 해결된다고 한다. 이야기를 들은 케네디는 궁금해졌다. "우리도 안개에서 물을 얻을 수 있을까?" 지구상에 안개가 끼지 않는 나라는 없다. 그러니 물이 귀한 지역에서 안개를 수원지로 활용한다는 아이디어는 인도주의 차원에서 꽤 그럴듯해 보인다. 도시공학자들이 수도 시스템 개발에 공을 들인 건 어제오늘 일이 아니다. 신석기 시대에는 우물이 있었고 고대 폼페이는 납으로 된 파이프를 수도관으로 사용했다. 그러니 안개에서 물을 길어 가뭄을 극복하자는 건 그다지 새로운 제안이 아니다. 애초에 인류는 곡식이며 과일이며 물고기, 목재, 에너지, 바닷물을 말리면 나오는 소금, 심지어 시체까지 온갖 것을 수확해 살아오지 않았던가. 그렇다면 안개라고 안 될 이유가 어디 있을까.

지구의 대기는 이 땅에 존재하는 물의 0.001퍼센트를 이슬, 안개, 증기의 형태로 보유한다. 혹자는 어깨를 으쓱하고는 "이게 모든 현안을 해결하지는 못한다"며 안개 수확 계획을 무시할지 모른다. 하지만 물 부족 위기는 다각적으로 접근해 해결해야 한다는 목소리가 높다. 예를 들어 같은 텍사스주라도 대도시에서는 안개 수확 전략이 통하지 않겠지만 인구밀도가 낮은 사막 한복판의 촌락에는 생활의 질을 크게 높이는 귀중한 자산이 될 수 있다.

안개 수확의 성과는 남아프리카공화국의 음푸말랑가에서 기록으로 처음 남겨졌다. 1969년, 이곳의 공군기지에서 상수 확보 차원으로 한 시도가 성공했다는 내용이다. 전형적인 안개채집망은 팽팽하게 당겨서 기둥 두 개 사이에 걸어두는 납작한 직사각형 그물 형태로 되어 있다. 방충망문을 떠올리면 대충 상상이 될 것이다. 습한 바람이 촘촘한 망사를 통과하면 안개 속 물방울이 접착테이프에 붙잡혀 옴짝달싹 못 하게 된 파리들처럼 격자 공간에 맺힌다. 그렇게 충분히 커진 물방울은 중력을 못 이기고 바로 밑에 놓인 집수통으로 떨어진다.

지금까지 알려진 가장 유명한 사례는 자원봉사단체 포그퀘스트FogQuest의 안개채집장치로, 1980년대 후반 칠레 충궁고에 설치됐다. 충궁고는 지구상에서 최고로 건조한 곳인 아타카마 사막 가까이에 위치한 어촌마을이다. 포그퀘스트의 안개채집망은 해변을 따라 형성되는 카만차카camanchaca라는 이름의 안개에서 식수를 채집한다. 마을 사람들이 낮에 생업에 힘쓰는 동안 한 방울 한 방울 모인 물은 매일 파이프를 통해 물탱크에 저장된다. 충궁고의 경우 그물이 100개 가까이 설치될 정도로 안개채집이 잘 활용된 사례다. 당시 이 안개채집망은 마을 전체에 매일 평균 1만 5000리터의 깨끗한 물을 공급했고 300여 주민은 한 사람당 하루에 50리터까지 여유롭게 물을 쓸 수 있었다. 초창기에 있었던 시도 중에 지역사회 규모로 출범해 이렇게 오래 지속된 모범 사례는 몇 안 된다. 충궁고에서는 이 사업이 10년 동안 이어졌고 그동안 마을 인구가 300명에서 600명으로 두 배나 늘었다. 구름에서 물방울을 모으는 기술은 마을 사람들에게 일종의 구원이었다. 깨끗하지도 않은 물을 뜨문뜨문 날라주던 급수차만 손꼽아 기다리는 처지에서 벗어날 수 있었기 때문이다. 21세기로 넘어온 뒤, 지역 정치인들은 근근히 고쳐 쓰던 채집망을 폐기하고 예산을 투입해 수도망을 새로 깔기로 결정한다. 그러나 2009년까지도 착공 기미는 보이지 않았고 망가진 채 방치된 안개채집시설은 흉물이 되었다.

그럼에도 안개채집은 여전히 기대를 모으는 기술이다. 물이 절대적으로 부족한 남아프리카나 아랍에미리트연합부터 서던캘리포니아의 대마 재배 농가에 이르기까지 세계 각지가 대상 지역에 포함된다. 그뿐만 아니다. 페루는 빙하가 급속도로 녹아내리고 있어 고민이고 예로부터 칠레에서는 아타카마 사막의 존재감이 어마어마하다. 모로코도 물이 부족하지만 다행히 안개가 낀다. 스페인, 포르투갈, 인도 일부 지방, 중동 지역 역시 더 많은 물이 간절하다. 오만은 사막을 녹지화하려는 노력이 한창이다.

케네디는 모든 대륙에 기회가 있고 특히 남미와 아프리카의 잠재력이 크다고 말한다.[33] 하지만 기획을 실행시키기 위해서는 같은 뜻으로 함께 움직일 동지가 필요했다. 그래서 그는 물방울에 관한 것이라면 사족을 못 쓰는 인재 한 명을 영입한다. 바로 버지니아공과대학교의 기계공학과 교수 조너선 보레이코다. 자연에서 영감받은 유체계면을 주제로 보레이코가 진행하는 모든 연구는 인류가 직면한 위기들의 답을 자연은 이미 알고 있다는 전제에서 출발한다. 케네디와 보레이코는 모든 면에서 확연히 다르지만 오직 한 가지에는 의견이 완벽하게 일치한다. 두 사람 다 구식 안개채집망보다 나은 걸 개발하겠다는 포부가 있는 것이다.

보레이코는 안개채집망 개량 연구가 정체기에 빠졌다면서 이를 타개하기 위해서는 우리가 궁금증을 더 가져야 한다고 지적한다. 와이어를 더 얇게 혹은 더 두껍게 만드는 게 나을까? 어떤 재질의 그물이 안개를 가장 잘 붙잡을까? 기존의 그물망은 이중의 궁지에 처해 있다. 그물을 너무 촘촘하게 짜면 격자공간이 물방울로 막히고, 그렇다고 너무 성기면 물방울을 붙잡기는커녕 안개가 그대로 통과해버린다. 이러지도 저러지도 못하니 진퇴양난이 아닐 수 없다. 이 난제를 신중하고 집요하게 파헤친 끝에 케네디와 보레이코는 새로운 실마리를 찾을 수 있었다. 결론부터 말하면 두 사람의 아이디어는 단순해 보이지만 매우 중요한 돌파구를 열었다. 이 이야기는 과거 어느 날 아침 안개 자욱한 미국삼나무숲을 거닐던 중 케네디의 머릿속에 떠오른 발상에서 출발한다. 미국삼나무의 침엽은 격자 형태인 테니스코트의 네트이나 방충망과 다르게 일직선 모양이다. 안개는 그런 침엽에 이슬로 맺히고 물방울 덩치가 불어나면 제 무게를 못 이기고 흘러내린다. 땅으로 떨어진 물방울은 토양을 적시고 나무뿌리에 흡수된다.

"세로 방향 날실에는 아무 문제가 없었습니다. 배수를 방해한 건 가로 방향의 씨실이었죠."[34] 보레이코의 설명이다. 이 과정을 가장 쉽게 이해하는 방법은 물방울이 단거리 육상선수라 상상하는 것이다. 기존 구조의 그물망에서는 장애물달리기처럼 선수들이 씨실이라는 허들을 넘으며 밑으로 내달린다. 그렇게 결승점까지 넘어야 할 허들은 수백 개나 된다. 설상가상 물방울 선수들은 허들을 한 번 넘을 때마다 제 살을 조금씩 깎아내야만 한다. 점프하면서 자신의 발에 손을 대야 통과로 치는 것 같은 요상한 경주다. 이 과정을 반복하던 물방울은 마지막 씨실을 지나 마침내 집수통으로 떨어진다.

이 점에 주목한 보레이코와 케네디는 완전히 색다른 그물망 디자인을 내놨다. 새로운 그물은 전혀 방충망처럼 보이지 않았고 악기인 하프와 흡사해서 "안개 하프fog harp"라 이름 지어졌다. 남은 건 성능시험뿐이었다. 그런데 먼저 짚고 넘어갈 게 하나 있다. 보레이코가 경고하듯, 흔히 사람들은 "물 응결과 안개를 헷갈린다"는 사실이다. "심지어 과학자들도 '안개'를 떠올리면서 '이슬'이라고 말하는 경우가 종종 있어요."

이게 무슨 소리인지 이해하려면 보충설명이 약간 필요하다.

이슬채집가 루크 스카이워커

보레이코는 자신은 〈스타워즈〉에 나오는 루크 스카이워커가 이슬채집가였다고 생각한다고 말한다. 제다이 수련을 시작하기 전, 작열하는 태양 아래 사방이 사막 천지인 행성 타투인에 살던 시절에 부모님이 외딴 황무지 전들랜드에서 작은 수분 농장을 운영했다는 것이다. 이곳에서는 물이 값비싼 자원이었기에 루크의 가족은 공기 중의 수증기를 응결시키는 장치로 물을 모아 생계비를 벌었다.

하지만 이슬채집(즉, 응결)은 안개채집과 엄연히 다르다. "응결장치는 제습기의 다른 표현이라고 할 수 있습니다. 정확히 응결은 열전달 과정인데요. 전기로 늘 차가운 상태가 유지되는 어떤 장치의 표면에 공기 중의 따뜻한 수증기가 닿아 물방울로 맺힐 때 응결이 일어났다고 얘기합니다. 얼음을 가득 채운 물병을 한여름에 밖에 가지고 나가면 병 표면에 응결된 물방울이 송골송골 맺히는 현상과 비슷하죠. 이런 방식의 수분채집은 에너지를 어마어마하게 잡아먹어요." 보레이코가 설명을 이어간다. "어떻게 하는지는 우리 모두 압니다. 다만 수증기가 물방울로 바뀌는 반응이 이어지게 하려고 장치를 계속 냉각하는 게 보통 일이 아닙니다. 에너지가 얼마나 드는지 알면 놀라실 텐데, 고작 수증기 1킬로그램을 물로 바꾸는 데에 2000킬로줄이 넘는 냉각 에너지가 소모되죠." 이 정도면 스마트폰 60대를 완전히 충전하고도 남을 양이다.

안개채집의 미덕은 이슬채집과 정반대로 에너지 부담이 전혀 없다는 것이다. 본디 구름이란 다량의 에너지를 요구하는 열전달 단계가 이미 완료된 결과물이기 때문이다. 구름 안에서는 국지적 온도 차 탓에 수증기가 대기에 떠다니는 작은 입자 주변에 몰려 형성된다. 이처럼 하늘 저 높이에서 알아서 제습이 되니 우리는 다 차려진 밥상에 수저만 올리면 된다. 다만 가장 좋은 방법을 아직 못 찾았을 뿐이다.

보레이코는 안개채집이 이슬채집보다 훨씬 손이 덜 가는 방법이라고 말한다. "자연이 응축 단계를 알아서 해놓도록 두는 겁니다. 우리는 그걸 모아서 마시기만 하면 돼요."

그러나 허허벌판에 세워둔 다공성 구조물, 그러니까 그물망에 물방울이 걸린다고 해서 안개채집의 원리가 그렇게 단순한 것은 아니다. 잡히는 족족 쓸어담기는 식이 아니기 때문에 중력이 표면장력을 이기는 임계 크기를 알아내고 물방울이 집수기로 원활히 흘러내리도록 조정하는 게 관건이다. 케네디와 보레이코는 안개 하프를 시험하기 위해 방충망 디자인의 기존 채집기들에 도전장을 던졌다.

- 무대: 버지니아주 블랙스버그의 켄트랜드 농장
- 1차전 상대: 스테인리스강 와이어로 하프와 비슷한 간격으로 짠 가로세로 격자형 그물.
- 승부 결과: 안개 하프가 날씨에 따라 5배에서 78배 많은 물을 모음. 안개 하프의 압승. 다른 비교 대상 필요.
- 2차전 상대: 첫 대결 때보다 굵은 와이어로 더 성기

게 짠 그물.

- 승부 결과: 안개 하프에서는 총 21일 기간 중 8일 동안 집수통에 물이 모였고 격자 그물에서는 고작 이틀만 모임. 21~25배 많은 물을 모은 안개 하프의 승리.

드디어 마지막으로 안개 하프와 오래전 검증된 포그퀘스트의 안개채집망을 나란히 놓고 비교하는 결승전. 박빙의 승부였고 바람이 약할 땐 포그퀘스트의 그물이 안개 하프를 앞질렀다. 하지만 전체 성적을 종합해 1등을 차지한 건 안개 하프였다. 시험 동안에 안개는 약하지만 바람이 강한 날이 적잖았는데, 이게 마침 하프에 유리한 날씨였던 것이다. 하프는 안개가 약한 날에도 기본 이상을 한다. 대부분의 격자그물은 물방울이 집수통으로 낙하하게 하려면 물방울 덩치를 10마이크로리터 정도로 키워야 하지만 하프에서는 물방울이 0.01마이크로리터만 돼도 와이어를 타고 흘러내려 집수통에 떨어지기 때문이다.

"우리는 미끄러져 흐르기 시작하는 물방울의 크기를 최소 100분의 1, 최대 1000분의 1까지 줄였습니다." 그렇더라도 만약 시험 기간에 바람이 약했다면 이긴 건 포그퀘스트였을 거라고 보레이코는 인정한다. 어느 채집장치를 선택할지는 그 지역의 기후가 좌우한다는 얘기다.

한편 안개가 짙을 때 하프가 두각을 나타내는 건 격자그물에서는 물방울이 구멍을 막기 때문이다. 구멍이 막히면 바람이 그물을 통과하지 못하고 옆으로 비껴간다. 바람이 없는데 그물망에 물방울이 새로 맺힐 리가 없다. "이와 달리 하프는 막히는 일이 없습니다. 언제나 물방울이 두 와이어 사이 공간보다 훨씬 작을 때 흘러내리니까요."

일각에서는 물방울이 흐르기 쉽게 발수코팅한 와이어를 사용하고 있고, 효과도 어느 정도 있다고 한다. 하지만 코팅은 시간이 흐르면 점점 벗겨져 식수에 유입될 가능성이 있다. 같은 문제를 보레이코는 화학이 아니라 기하학의 관점에서 접근했다. "애초에 코팅을 왜 할까요?" 그가 내게 묻는다. "물방울이 가로 와이어에 걸려 오도 가도 못하게 되기 때문이죠. 그렇다면 기하학적 해결책은 씨실 와이어를 다 걷어내는 겁니다."

동물이 지역 특색에 순응하는 것처럼 인간 역시 각자 터전의 환경조건에 녹아들 줄 안다. 어떤 기술이 한 지역에서 상당한 파급 효과를 낸다면, 지구촌 곳곳의 어려운 이웃들에게도 의미 있는 도움을 줄 수 있다. 안개에서 길은 물은 대기오염 정도에 따라 식수로 사용할 수도 있고 농사에 쓸 수도 있다. 마실 물이 절실하다면 정수장치를 추가로 활용하면 된다.

안개가 일상인 샌프란시스코, 특히 노이밸리나 선셋지구 같은 곳에서는 자동급수되는 작은 허브 정원이나 가정의 소규모 농업을 할 수도 있다. 케네디는 이 얘기를 꺼내면서 도시가 안개로 자욱해지면 하프가 물방울을 모아 똑똑 떨어뜨려 우리집 정원을 촉촉하게 적실 거라고 설명했다.

그 밖에 샌프란시스코의 트윈픽스 정상도 안개 하프를 설치하기 좋은 후보지라고 한다. "안개가 진해지면서 물방울이 와이어를 타고 흘러내리는 모습을 행인들이 직접 볼 수 있을 겁니다. 각자 가져온 물통에 그 물을 받아 목을 축이고서 하던 산책을 마저 즐겁게 하는 거죠."

케네디의 말을 받아 보레이코가 설명을 보탠다. "어쩌면 캘리포니아에서는 앞으로 물 부족 위기가 심각해지면 안개 하프 설치사업이 정부 주도로 진행될지도 모릅니다. 공공기업이 중앙관리하는 식으로요. 말하자면 정부기관이 다목적 용수 등급의 물을 판매하는 거예요."

그러면서도 케네디는 안개채집이 완벽한 묘책은 아니라고 경고한다. "안개채집은 잘 차려진 밥상 위의 반찬과 같아요. 이 기술 하나만 가지고 현대인이 문명의 혜택을 변함없이 풍족하게 누릴 수 있을 거라고는 절대로 생각하지 않습니다. 본인이 마시거나 텃밭에 줄 물과 기본적인 위생관리에 드는 생활용수를 얻는 정도라면 모를까."

고로 우리는 물을 어떻게 보전할 것인가라는 더욱 근본적인 문제를 직시해야 한다. 캘리포니아 샌트럴밸리는 오랜 세월 지하수를 흥청망청 끌어다 쓴 탓에 땅이 꺼지는 지경에 이르렀다. 조사에 따르면, 지난 100년 새 이 지역의 지반이 8.5미터나 침하했다고 한다. 지반침하로 골머리를 앓는 지방정부는 캘리포니아만이 아니다. 남부의 애리조나주는 1940년대와 비교해 지표가 약 3.8미터 가라앉았다. 지하수 개발은 아칸소, 미시시피, 루이지애나, 테네시에서도 수위를 급속도로 낮추고 있다. 그래서 남아프리카 같은 나라들은 수자원 보전에 집중해 수도가 마르지 않도록 관리한다. 씀씀이를 줄이는 단순한 실천이 직관적인 효과를 낼 수 있다.

"요점은 안개 하프가 수원을 확충할 유망한 기술이지만 호수를 대체하지는 못한다는 겁니다." 케네디는 말한다. "부디 사람들이 물 보호의 중요성을 진심으로 깨달았으면 해요. 당연한 말이지만, 물을 귀중한 자원으로 여기기를요."

동물들의 자구책

모든 생물은 생존을 위해 짠물이든 민물이든 물이 필요하다. 물은 생명의 영약이다. 동물들은 38억 년에 이르는 진화의 세월 동안 그런 물을 안개에서 얻는 기발한 방법들을 개발해냈다. 아프리카 남부 나미비아를 가면 연안을 따라 2000킬로미터 넘게 펼쳐진 나미브 사막에 특별한 딱정벌레가 산다. 운이 좋다면 이곳 모래언덕을 뒤뚱뒤뚱 기어오르는 검은 점 하나를 보게 될지 모른다. 딱정벌레의 홀쭉한 다리가 스치는 자리마다 모래가 바스러져 알갱이가 흘러내린다. 언덕 정상에 다다른 녀석은 잠시 움직임을 멈춘다. 여긴 물이 없는 듯하다. 아직은. 딱정벌레는 머리를 낮추어 의례를 시작한다. 엉덩이는 들어올려 양귀비 씨앗을 잔뜩 뿌린 것처럼 오돌토돌한 등껍질이 하늘을 향하게 한다. 그러고 있다 보면 사막에 안개가 깔리고 녀석의 온몸을 쓸어내리면서 흐른다. 이때 딱정벌레는 등에다가 물방울을 모은다. 과학자들은 이 곤충의 등에 난 돌기에 친수성hydrophilic이 있다고 표현한다. 친수성이란 '물을 좋아한다'는 뜻이다. 충분히 불어난 물방울은 등껍질을 타고 또르르 굴러 딱정벌레의 입으로 들어간다. 사막 딱정벌레는 친수성 돌기로 공기 중의 수분을 직접 채취하는 자동급수 물병의 모티프가 됐다. 현재는 바람에서 수분을 낚아채는 첨단 텐트가 같은 방식으로 개발되고 있다.

다음 선수는 아프리카 덤불코끼리이다. 덤불코끼리는 땀샘이 없는 까닭에 부채 부치듯 귀를 펄럭이고 피부 주름 사이에 물을 머금어 더위를 식힌다. 코끼리의 주름진 피부는 매끈한 피부에 비해 5~10배 많은 수분을 저장할 수 있다. 그런 한편, 멕시코의 황금술통선인장은 빨간 가시를 이용해 이슬을 모은다. 가시 끝에 맺힌 이슬은 라플라스Laplace 압력경사(곡면 안팎의 압력 차이)라는 원리를 통해 다육식물의 몸통으로 흡수된다. 선인장의 압력경사가 안개의 물방울을 중력을 거슬러 가시 끝에서 뿌리 쪽으로 이동시켜 식물에 흡수되게 하는 방식이다. 물리학 이론이 쉽진 않지만 라플라스 압력경사 원리를 모방해 새로운 집수 장치 개발에 도전해볼 충분한 가치가 있다.

그 유명한 호주 가시도마뱀 얘기도 빼놓을 수 없다. 척추를 중심으로 몸 전체가 가시투성이인 가시도마뱀은 건조한 모래사막에 서식한다. 툭 튀어나온 주둥이를 화난 사람처럼 꾹 다물고 움직이는 모습은 흡사 늙은 공룡을 연상시킨다. 이 파충류는 피부에 파인 홈에 수분을 모은 뒤 물방울이 중력을 거슬러 입으로 흘러내리게 한다. 이게 가능한 것은 모세관 현상 때문이다. 모세관 현상은 물이 좁은 통로를 이동할 때 응집력 혹은 '점착성'이 커져 표면장력이 중력을 이기면서 일어난다. 종이나 수건을 물에 담근다고 상상해보자. 그러면 물이 중력을 거슬러 종이를 타고 올라오는 모습을 목격할 수 있다.

끈적이는 물의 성질을 자신에게 유리하게 이용하는 생물은 가시도마뱀뿐만이 아니다. '연잎 효과'가 대표적인 예로, 연잎이 점착성 있는 물은 잘 달라붙지 않는 구조로 되어 있기에 생기는 현상이다. 이때 연꽃은 스스로 청결을 유지하고자 타고난 재능을 발휘할 뿐 세제 같은 건 따로 필요하지 않다. 만약 보통 나뭇잎에 물을 부으면 표면에 녹색 얼룩이 지면서 잎사귀가 물에 젖을 것이다. 그런데 연잎에 똑같은 실험을 하면 물방울이 잎을 적시지 않고 저희끼리 합체한다. 그러고는 또르르 굴러내리며 빗자루질하듯 먼지를 쓸어내린다. 연꽃에서는 어떻게 그리고 왜 이런 현상이 일어나는 것일까?

이유는 간단하다. 진흙이 덕지덕지 묻은 잎보다는 깨끗한 잎이 더 많은 햇빛을 흡수하기 때문이다. 척박한 환경에서는 스스로 비기를 갖춘 생물만이 생존하고 번식할 수 있다. 그중에서도 손가락 하나 까딱할 필요 없는 자정능력은 자연에 구현된 최고 경지의 기술이다. 야생에 숨겨진 비밀이 마침내 밝혀지기까지 수백 년 동안 인간이 했던 모든 상상이 보기 좋게 비껴갔으니 말이다. 연잎의 자정작용은 기술적으로 놀라울 뿐만 아니라 매우 세밀한 수준에서 일어난다. 연잎을 자세히 관찰하면 표면이 미세돌기로 뒤덮여 있고 돌기마다는 극히 가는 솜털이 돋아 있다. 그런 잎에 물이 튀면 울퉁불퉁한 굴곡 탓에 표면골에 생긴 작은 기포 위로 물방울이 얹히고 그것을 솜털이 떠받치는 모양새가 된다. 이 형태가 중요한 건 물과 공기는 물과 고체만큼 한 덩어리로 합쳐지지 않기 때문이다. 다시 말해 이 구조 덕분에 물방울이 연잎보다는 다른 물방울에 더 붙으려 하고 구르기 쉬운 공 모양으로 뭉친다. 여기에 연잎 표면의 미세돌기들이 왁스로 방수코팅되어 있다는 점도 한몫한다. 정리하면, 돌기와 코팅은 연잎 표면을 몹시 미끄럽게 만든다. 그래서 잎을 살짝만 기울여도 물방울이 스케이트처럼 주욱 흘러내리면서 먼지입자를 걷어내게 된다.

이걸로는 부족하다는 듯 보레이코가 찾은 연잎의 비밀병기가 하나 더 있다(연꽃은 징글징글하도록 위생에 철저한 식물이다). 연잎이 밤새도록 모은 이슬이 아침만 되면 다 어디로 가고 없는 걸까? 태양 아래 연잎은 마냥 보송보송하다. 거대한 잎 위에 밤새 머물렀을 물은 흔적도 찾을 수 없다.

"현미경으로 보면 잎 표면에 맺힌 작은 이슬이 점점 커지는 게 보입니다." 보레이코가 활짝 웃으며 설명한다. "그러다 물방울이 돌연 시야에서 사라지죠. 중력 때문에 떨어지거나 하는 게 아니라 그냥 없어지는 거예요."

가속하는 우주선처럼 미묘한 진동이 이슬을 표면 틈새에서 발사시키기 때문이란다. 연꽃처럼 줄기는 가는데 잎은 넓은 식물에 특히 이런 진동이 잘 생긴다는 게 그의 설명이다.

연잎 효과가 특이한 연구 주제냐 하면 그렇지는 않다. 물을 거세게 밀어내는 연잎의 이른바 '초소수성 superhydrophobicity' 성질은 교통관제시설에 장착되는 자정 기능을 갖춘 유리, 오염에 강한 섬유, 관리가 간편한 태양열에너지 수집장치 등 이미 다방면으로 응용되어 성과를 내고 있다. 병균 전파를 줄이는 물 없는 소변기와 자동세척 좌변기 역시 이 아이디어에서 비롯된 작품이다. 그 밖에 탈것, 빌딩 유리, 선박 등의 분야에도 소수성 표면의 활용가능성이 타진되고 있다.

비가 자주 내려서 나미비아의 사막이나 캘리포니아의 숲 얘기는 완전히 딴 세상처럼 느껴지는 버지니아주. 이곳에서 케네디와 보레이코는 안개 하프의 특허를 확보하고 현재 상용화를 목전에 둔 상태다. 발명가에게는 늘 생각을 실물로 형상화하는 것이 가장 어려운 일인데 이 고비를 넘기더라도 눈앞의 물건을 진정으로 중요한 무언가로 탈바꿈시키라는 숙제가 또 기다린다. 안개 하프의 경우 대량생산이 가능하려면 와이어가 꼬이지 않아야 하고 전체 구조가 튼튼해야 하고 가격 경쟁력이 있어야 한다. 하지만 두 사람은 완성된 형태로 제작하는 생산방식은 피하려고 한다. 그러면 부피가 커져 시골에서 사람이 직접 들고 다니기가 힘들기 때문이다. 그래서 케네디는 이케아의 가구처럼 부품들을 최소 부피로 포장했다가 현지에서 풀어 완성품으로 조립하는 방법을 고민 중이다.

이게 첫 번째 과제이고 또 다른 생각할 거리는 단순화에 관한 것이다. 고장 났을 때 쉽게 고칠 수 있는지를 생각해보자. 만약 동네에 복잡한 기계를 수리할 줄 아는 인물이 없는데 안개채집기가 망가진다면 쓰레기밖에 안 될 게 뻔하다. 케네디가 내게 말한다. "수출을 목표로 공격적인 해외진출을 시도했던 회사가 여럿 있습니다. 선진국의 기술을 개발도상국에 선보이면 처음에야 번쩍이는 신문물이 신기하죠. 하지만 몇 달만 지나면 꼭 고장이 납니다. 그걸 고칠 줄 아는 현지인은 아무도 없고요."

케네디는 화려하지만 비싼 기술과 안 예쁘긴 해도 저렴하고 더 많은 깨끗한 물 확보에 유용한 기술 사이에 팽팽한 기싸움이 있다는 현실을 인정한다. 그러나 근본적으로 중요한 건 겉모습이 아니다. "과학은 사람의 이야기입니다. 사물이 아니라요. 우리는 '이것 좀 봐. 3D 프린터로 출력했는데 너무 아름답지 않아?'라며 자화자찬해요. 하지만 사람을 돕지 못한다면 그 어떤 발명품도 빈 껍데기일 뿐입니다."

노던캘리포니아로 돌아와서, 그리피스와 나는 고목 수십 그루의 가지들이 저 위에서 얼기설기 어깨동무해 만든 천연의 지붕 아래를 걷고 있다. 구름에서 식수를 얻는 수원지로 이 삼나무숲을 활용한다는 희망이 갈수록 불투명해져서 마음이 좋지 않다. 지난 60년 사이, 벌목으로 인해 강가를 따라 숲에 안개가 드리우는 날이 3분의 1 정도 줄었다고 한다. 7년 걸려 완수된 한 연구에 따르면, 현재 이 숲에 남은 나무들은 헥타르당 2600톤의 탄소를 흡수한다. 태평양 북서부의 침엽수 지대나 호주 유칼리투스 숲이 처리하는 탄소의 2배를 넘는 양이다. 미국삼나무는 몸통, 뿌리, 심지어 토양까지 총동원해 온몸으로 탄소를 저장한다. 헥타르당 탄소 저장량 면에서는 지구상에 미국삼나무를 따라올 식물종이 없다. 아마존 우림도 이 방면에서는 한 수 아래다. 그만큼 삼나무 한 그루 한 그루는 진기한 탄소흡수력을 자랑하는 생물이다. 그럼에도 숲 전체를 따지면 약 9000제곱킬로미터 면적인 미국삼나무숲은 약 5000만 제곱킬로미터가 넘는 아마존 우림에 명함을 못 내민다. 울창했던 미국삼나무 대부분이 지금껏 인간의 손에 잘려나가 고작 5퍼센트만 남은 탓이다.

미국삼나무에서 합성되는 화학물질의 중요성이 간과되는 것도 문제다. 과학자들이 밝혀낸 바로, 이 나무의 뾰족한 잎에 들어 있는 테르펜terpene은 삼나무 같은 침엽수에서 특유의 상큼한 향이 나게 할 뿐만 아니라 대기에 퍼져 구름 생성을 촉진하는 불쏘시개 역할을 한다. 테르펜은 공기 중의 분자들과 상호작용해 연무를 형성한다. 이 연무는 지구 대기를 타고 상승하고 수증기와 만나 구름의 응결핵이 된다. 그렇게 뭉게뭉게 피어난 구름은 온 숲을 굽어

보면서 지표를 향해 쏟아지는 직사광선을 우주로 반사시켜 숲 지대의 기온을 낮춘다. 그런데 현재 농업에서 나오는 암모니아와 화석연료의 이산화황 배출이 증가하는 추세다. 암모니아와 이산화황은 테르펜처럼 향 나는 화학물질을 깨뜨린다. 쪼개진 연무 분자는 수증기를 응결시켜 구름을 만들기에 입자가 너무 작다. 과연 우리의 1000살 먹은 안개 거인들이 앞으로 몇 년이나 버틸 수 있을까?

그리피스가 나무 한 그루를 디딤돌 삼아 방문객안내소 뒤편 울타리를 획 뛰어넘는다. 시간을 거슬러 올라간 짧은 산책길이 방문객안내소 뒷문에서 끝나고 있다. 그가 열쇠로 나무문을 열어 주립공원 입구 밖으로 나를 안내한다. 나는 온기를 찾아 차에 몸을 싣는다. 안개가 가을바람에 실려와 한층 농밀해지고 나뭇잎이 파르르 떨어 마치 공중에서 춤을 추는 것 같은 저녁이다. 오늘 나는 차 뒷좌석에서 밤을 보낼 생각이다. 오랜 과거의 기억을 간직한 거대한 증인들에 둘러싸여서.

마침내 샌프란시스코로 돌아왔을 땐 또 다른 종류의 안개가 나를 맞이하고 있었다. 현지인들은 종종 이 안개를 귀엽게 칼Karl(불편하지만 신비하고 정겹기도 하다는 점에서 2010년에 누군가 SNS에서 영화 〈빅 피쉬〉에 나오는 거인의 이름을 따 언급했다가 유명해진 밈 – 옮긴이)이라 부른다. 캘리포니아다운 쨍쨍한 날씨를 안개가 '망친'다는 불평 섞인 애칭이다.

4

누가 책임자입니까?

개미와 벌 — 효율적인 라우팅 시스템과 로봇공학

"곤충과 땅에 사는 절지동물은 너무나 중요한 존재라서
만약 이것들이 전부 사라진다면
아마도 인류는 몇 달 못 버티고 멸종할지도 모른다."

에드워드 O. 윌슨, 생물학자

~

지난 1990년대, 사우스웨스트 항공에는 큰 걱정거리가 하나 있었다. 미국 애리조나주 피닉스에 있는 스카이하버 국제공항에서는 매일 항공기 200여 대가 세 탑승동 곳곳에 마련된 게이트를 통해 승객들을 분주하게 실어나르는데, 활주로가 고작 두 개뿐이었기에 비행기가 착륙한 뒤에도 게이트가 비워질 때까지 대기해야 하는 일이 너무 잦았다. 비행기 공회전은 시간 낭비, 에너지 낭비, 돈 낭비였다. 게다가 오랜 비행으로 지친 승객들은 한시라도 빨리 내리고 싶어 했다. 게이트가 열리길 15분만 기다려도 사람들은 짜증난 기색이 역력했다. 항공사는 고민에 빠졌다. 이 병목현상을 어떻게 풀어야 할까? 조종사가 게이트로 가는 가장 효율적인 경로를 고를 방법이 있을까? 궁리 끝에, 사우스웨스트 항공은 다름 아닌 개미왕국에서 해결책을 찾아냈다.

모두의 어머니, 그러나 아무 권력 없는 여왕

애리조나주 남부에서 뉴멕시코 방향으로 533번 국도를 지나 조금만 더 가면 치리카후아산맥이 모습을 드러낸다. 뜨거운 태양에 파삭파삭 마른 이 땅 아래 깊숙이 여왕이 알을 낳는 둥지가 있다. 무거운 몸의 여왕개미에게 명령권 같은 건 없다. 둥지는 분만실이지 사령 본부가 아니다. 여왕은 새 집터를 찾아 날아오는 동안 수컷들과 짝짓기를 하고 한 곳을 정해 정착하면 그곳에서 평생을 보낸다. 한때는 여왕에게도 날개가 있었다. 하지만 지금은 영양 보충을 위해 스스로 먹어버려 날개가 없고 어차피 더 이상 필요하지도 않다. 이제는 콜로니 154호의 어엿한 여왕이니까. 여왕이 낳은 수천의 불임 자식들은 동트자마자 일과를 시작해 그늘 한 점 없는 사막과 개미집을 하루 종일 들락날락한다. 음식이 있는 곳에는 일개미가 있다. 일개미들은 이른 아침부터 산개해 수색전을 벌이다가 누군가 먹을거리를 발견했다는 소식이 들리면 일제히 그곳으로 모인다. 정오 무렵엔 식량탐색과 순찰을 잠시 중단한다. 일을 하기엔 햇볕이 너무 강한 탓이다.

부웅. 개미 한 마리가 공중부양하듯 날아오른다. 부웅. 두 번째 개미가 이륙한다. 곧 두 마리는 세 마리, 네 마리가 되고 순식간에 수십 마리로 늘어난다. 생물학자 데버라 고든이 땅바닥에 무릎을 꿇은 채 흡인기로 개미들을 빨아들인다. 유리병으로 빨려들어간 개미들은 연구에 쓰일 예정이다. 고든이 스탠퍼드대학교의 사우스웨스턴 연구기지에서 붉은개미를 연구한 지는 30년이 넘는다. 쭉 끌어올린 양말 안으로 바지 밑단을 집어넣은 우스꽝스러운 차림새는 베테랑의 노하우다. 맨살을 개미에게 물리면 따끔하고 물집도 잡히지만 고든에게는 그저 가볍고 성가신 일일 뿐이다. 고든은 중앙사령관이 없는데도 집단이 유지되는 개미사회의 운영기전에 관심이 아주 많다.

저서《일하는 개미들Ants at Work》에서 그녀는 "개미사회의 근본적인 미스터리는 관리 시스템이 없다는 것"이라고 적고 있다. "관리자 하나 없이 멀쩡하게 돌아가는 조직은 인간사회라면 상상할 수 없는 일이다. …… 집단의 과업을 완수하려면 무엇을 해야 하는지 누구도 모른다."[35]

갈팡질팡하는 걸로만 보이는 개미가 어떻게 진두지휘하는 대장 없이 식량수송을 일사불란하게 완수하는 걸까? 사람 같으면 이렇게 대규모로 운집했다가는 너나없이 뒤엉켜 대형사고가 터질 게 뻔하다. (이슬람교 성지순례 기간에 메카에서 수천 명이 목숨을 잃은 지난 2015년의 압사사고를 생각해보라.) 한 마리의 개미는 그다지 똑똑하지 않다. 홀로 떨어진 개미는 갈피를 못 잡고 제자리만 맴돌다 죽기 십상이다. 군대개미 100마리도 형편은 비슷하다. 그러나 개미가 100만 마리 모이면 하나의 '초유기체'가 되어 복잡한 고난도 작업을 일심동체로 수행한다. 이른바 '집단지능'이다. 그래서인지 어류나 조류와 달리 곤충의 경우는 종종 '무리지능'을 연구한다고 얘기한다. 개미 수십억 마리의 움직임을 방대한 네트워크 안에서 추적하다니 상상만 해도 어지럽다. 여기서 쿵, 저기서 쿵 부딪히는 개미 한 마리 한 마리의 행동은 아무 의미 없어 보인다. 그런데 전체적으로는 갈팡질팡하는 개미들의 궤적 속에 엄청난 효율성이 숨어 있다. 어떻게 전체(개미집단)가 부분들(개미 개체들)의 합보다 큰 무언가가 되는 걸까? 이런 질문을 던지고 답을 찾는 게 고든이 하는 일이다.

사막에서 보내는 고든의 하루는 새벽 4시 반에 시작된다. 지금까지 찾은 개미집 수백 개를 둘러봐야 하기 때문이다. 이곳에는 개미집이 수 미터마다 하나씩 있는데, 개미 한 마리의 수명은 1년 남짓이지만 한 개미집단은 20~30년을 존속한다. 이 곤충 사회에서는 암컷이 건축, 식량조달, 영토방어, 양육까지 온갖 일을 도맡는다. 단, 상부 지시를 받는 게 아니고 동료들과 상의해 다음 할 일을 결정하는 식이다. 개미들은 몸을 비비는 촉각과 활처럼 휜 더듬이를 흔들어 냄새를 맡는 후각을 통해 서로 소통한다. 체취가 개체마다 미묘하게 다르기 때문에 상대방이 우리 식구가 맞는지, 내근직인지 아니면 외근직인지까지 알 수 있다. 그뿐만 아니라 얼마나 자주 맡은 냄새냐에 따라 상황에 대처하는 개미의 행동이 달라진다.

예를 들어 순찰개미는 언제나 가장 먼저 집을 나서는 선발대 역할을 하고 식량채집개미는 순찰개미의 출발 신호가 있을 때까지 기다리는 쪽이다. 전방에 위험요소가 없으면 순찰개미는 집으로 돌아와 식량채집개미의 더듬이를 만져 소식을 알려준다. 그러면 후발대끼리 10초 남짓 걸려 정보를 공유한 뒤 곧장 식량을 찾으러 길을 떠난다. 혹은 문가에서 대기하다가 먹을거리를 잔뜩 이고 귀가하는 자들과 마주칠 때도 조원들은 기꺼이 집을 나선다. 그렇게 점점 더 많은 개미가 산해진미 소문의 근원지를 찾아 외출한다. 개미들의 정보교환 활동은 바다에 이는 파도처럼 삽시간에 온 집단으로 번진다. 고든의 설명으로는, 개체 간의 이런 상호작용이 집단의 어떤 '행동'을 깨운다고 한다. 이 예시에서는 식량채집이 그 행동이다. 이런 식으로 개미사회에는 집단 전체를 협응시키고 여왕의 안위를 보장하는 역동적인 소통의 네트워크가 형성된다. 동료 사이에서 알음알음 이뤄지는 상호작용이 집단 전체의 공동체의식으로 승화되는 것이다.

고든은 "집단을 빼면 개미에 대해 어떤 얘기도 할 수 없다"라고 말한다.[36] 개미는 식량을 찾아다니면서 지나는 길목마다 향이 서서히 옅어지는 페로몬을 남긴다. 페로몬의 농도는 지나간 개미가 많을수록, 개미들이 자주 다닌 길일수록 진해진다. 만약 한 채집개미가 먹을거리가 있는 곳으로 가는 지름길을 찾아낸다면 이번에 그 길로 귀가할 뿐만 아니라 앞으로도 그 길을 더 자주 다닐 것이다. 그럼으로써 개미는 멀리 돌아가던 이런 경로보다 새 지름길을 애용하고 집에 있던 동료들까지 지름길 경로로 유인한다. 그렇게 양의 되먹임 고리가 형성된다. 그러다 보면 시간이 흘러 새 경로가 집단 전체의 주 이동로로 등극한다. 한마디로 개미사회에서는 특정 개체의 활약이 아니라 수천 마리의 상호작용을 통해 가장 효율적인 경로가 결정된다. 이 현상은 우리 주변에서도 일상적으로 목격되는데, 부스러기를 노리고 찬장을 향해 일렬로 행진하는 개미들이 그 주인공이다.

마르코 도리고는 브뤼셀자유대학교에서 인공지능연구소 공동소장을 맡고 있다. 그는 직접 개발한 개미군집 최적화 메타휴리스틱 알고리즘을 활용해 개미의 행동을 컴퓨터로 시뮬레이션했는데, 이 연구로 영업직을 괴롭히는 고약한 문제 하나를 개미군집의 단순한 규칙들을 통해 간단하게 해결할 수 있음을 증명했다. 발로 뛰는 외판원들에게는 여러 수송경로 후보 가운데 최선의 노선을 결정하는 게 버거울 때가 많다. 선택의 난도는 들르는 도시가 늘어날수록 올라간다. 뇌 주름을 늘리는 차원에서 잠깐 생각해보자. 담당 지역이 열 곳만 되어도 영업사원은 36만 2880가지 경로 중 하나를 골라야 하는 기로에 처한다. 빠듯한 회사 일정에 맞춰 컴퓨터에 분석을 시키기에는 너무 많은 정보량이다. 이런 경우, 과학자들은 휴리스틱heuristics(시간이나 정보가 불충분할 때 절차를 단순화해 의사결정을 유도하는 기술－옮긴이) 혹은 근사법을 활용해 컴퓨터의 작업속도를 높여 가장 적절한 해결책을 1초라도 빨리 내놓게 한다. 도리고는 시뮬레이션 속 가상의 개미군집이 지도를 따라 이동하고 이 집단에는 양의 되먹임 고리가 작동한다고 설정했다. 지나다니는 개미소대의 수가 많아지면 가까운 노선이 강화되는 식으로 말이다.

요즘 집단지능은 인기 있는 이야깃거리다. 이 주제만 다루는 〈스웜 인텔리전스Swarm Intelligence〉라는 잡지가 있을 정도다. 전 세계의 생물학자, 생태학자, 수학자, 공학자, 로봇학자가 새 떼와 물고기 떼, 영양 무리, 돌고래 무리, 개미군집, 벌떼에 이목을 집중한다. 이쯤에서 사우스웨스트 항공과 병목현상 얘기로 돌아와, 질문 하나를 다시 던지고 싶다. 비행기들이 공항에 착륙할 때 게이트에 몰리는 사태를 어떻게 예방할 수 있을까? 사우스웨스트 항공의 공학자 더그 로손 역시 같은 물음의 답을 찾고 있었다. 그는 개미에게 눈을 돌려 대형 항공사용 컴퓨터 시뮬레이션 하나를 고안했다. 항공기들이 개미처럼 행동한다는 아이디어에서 출발한 프로그램이었다. 시뮬레이션이 횟수를 거듭할수록 개미들(항공기들)은 가장 빠르게 이용할 수 있는 경로를 학습해갔다. 단, 페로몬을 인식하는 개미와 달리 항공기는 정거하기 가장 편했던 게이트를 외우고 오래 걸린 경로들은 기억에서 지우는 식이었다. 수많은 시뮬레이션을 거쳐 항공기들은 어느 게이트로 가야 가장 빠른지 충분한 정보를 갖출 수 있었다. 덕분에 매일 저녁에 다음 날 일정을 시뮬레이션 프로그램에 입력하면 컴퓨터가 최적의 경로를 내놓는 것까지 가능했다. 이 간단한 프로그램은 '개미 같은' 승객들이 비행기에서 내리기까지 허송세월해야 하는 시간을 크게 단축했다.

하지만 이게 끝이 아니었다. 로손의 성과가 흡족했

던 사우스웨스트 항공은 무리지능이 항공화물 관리에도 먹히는지 알아보기로 한다. 〈하버드 비즈니스 리뷰Harvard Business Review〉에 실린 분석에 따르면, 적재공간의 7퍼센트만 실제 화물수송에 사용되는 항공기가 있는가 하면 화물칸 자리가 부족해 수송 일정이 밀리는 공항도 있었다. 그런 탓에 목적지를 정확히 확인해서 제일 일찍 출발하는 비행기에 화물을 싣는데도 화물의 운송 경로를 지정하는 항공사의 라우팅routing 시스템에는 늘 병목현상이 생겼다. 직원들은 짐을 이리저리 옮기느라 많은 시간을 허비하면서 피로만 쌓여갔다. 물건을 실을 공간이 부족할 땐, 시스템 전체에 작업이 줄줄이 밀렸다. 엉망진창에 비효율적이기 짝이 없었다.

그런데 로손의 알고리즘은 때때로 일차 경유지가 엉뚱한 곳인 비행기에 화물을 실어두는 것을 최우선 경로로 추천했다. 에릭 보나보와 크리스토퍼 마이어가 〈하버드 비즈니스 리뷰〉에서 든 예처럼 "시카고에서 보스턴으로 보내야 하는 물건이 있다고 치면 짐을 내려서 보스턴으로 가는 다음 비행기에 다시 싣는 것보다는 먼저 애틀란타에 들렀다가 보스턴으로 가는 비행기에 계속 실어두는 게 실질적으로 나을 수 있다"는 뜻이다.[37] 로손이 만든 작은 변화는 운송비용을 최대 80퍼센트까지 절감했고 작업자의 업무부담을 20퍼센트 줄였다. 그 덕에 사우스웨스트 항공이 얻은 효과는 1000만 달러의 연간수익 증대였다.

소개한 사례는 특정 개미집단에서 영감을 얻은 것이

지만 지구상에 존재하는 개미종은 1만 2000가지가 넘는다. 그 가운데 불개미가 스스로의 몸뚱이를 재료 삼아 사다리나 사슬, 뗏목을 만드는 행동은 무리지능의 또 다른 증거다. 홍수가 났을 때 불개미들은 서로 다리를 걸거나 입으로 물어 뗏목을 짓는다. 그 상태로 수 주를 떠다니며 버틸 수 있다. 폭우에 휩쓸린 불개미 한 마리는 그대로 익사하지만 다수가 뭉쳤을 땐 부분의 합 이상이 되어 물난리에서 살아남는다. 이때 특이한 점은 뗏목이 잘 뜨도록 밑에 유충을 깐다는 것이다. 또 여왕을 반드시 중앙에 앉혀 다니다가 육지에 닿자마자 뗏목을 해체하고 바로 여왕경호 태세로 전환한다. 믿기 힘들게 '지능적인' 행동이다.

개미 관찰이라 하면 따분하다는 생각부터 들기 쉽다. 하지만 실제로 해보면 나도 모르게 빠져드는 묘한 면이 있다. 모하비 사막에 갔을 때 한 시간 동안 개미만 들여다본 적이 있었다. 마치 얇은 나뭇가지로 모래더미를 푹 찔러낸 것처럼 생긴 구멍으로 개미들이 집을 들락날락하는 와중에 개미 한 마리가 내 시선을 끌었다. 저보다는 왜소한 죽은 개미를 입에 물고 있었기 때문이었다. 나는 제대로 자리 잡고 이 친구를 계속 따라가보기로 했다. 집을 나선 녀석은 제 몸집보다 큰 돌멩이들을 요리조리 잘도 피해가며 길을 재촉했다. 동료 개미 여럿을 지나치는 동안 내 눈도 계속 녀석을 뒤쫓았다. 모랫바다 틈새로 비어져나온 잡초에 발이 걸려도 녀석은 죽은 개미를 포기하지 않았다. 그렇게 30분 정도 지나자 해가 지기 시작했고 나는 이제 일어설까

하는 마음이 슬슬 들었다. 바로 그때 개미가 마침내 짐을 내려놨다. 그런데 죽은 줄 알았던 작은 개미가 벌떡 일어나더니 오던 길을 더듬어 되돌아가는 것이었다.

이게 뭐지? 나는 개미집 입구로 돌아가 다른 개미들을 살폈다. 그랬더니 뒤따르는 몇몇 녀석이 똑같은 짓을 하고 있었다. 큰 개미가 (죽은 것처럼 보이지만 살아 있는) 작은 개미를 입에 물고 밖으로 나간다. 그러고는 근처 노지에 떨어뜨린다. 작은 개미는 신생아인가? 다른 종족인가? 잘 모르겠다. 당장 확인할 방법도 없다. 그저 멍하니 개미들만 바라볼 뿐이다. 불과 몇 시간 전, 나는 미국 국회를 뒤집어 놓은 시위대에 관한 글을 읽은 참이었다. 그들은 질서유지선을 뚫고 난입해 창문을 부수고 시설물을 훔쳐갔다. 잠깐이었지만 중간에는 무장한 일당이 상원의원들이 쓰는 층을 점령하기도 했다. 전해진 얘기로 국회의원들은 가스마스크를 쓰고 좌석 밑에 숨어 목숨을 보전했다고 한다. 민주주의가 공격을 받은 사건이었다. 그런데 지금 나는 여기 사막 한가운데서 개미들을 관찰하고 있다. 환각이나 깊은 명상에 빠진 것처럼 몹시 비현실적인 느낌이 들었다. 독일의 철학자 프리드리히 니체가 "개인이 광기에 빠지는 일은 드물지만 군중과 정파와 국가와 세대가 미치는 것은 차라리 규칙"이라고 기록했던가.[38] 그 말도 맞다. 하지만 선한 생각에도 운집하는 게 인간이다. 가령 위키피디아는 수많은 개개인이 지식을 품앗이해 이룩한 지식창고인 데다 꽤 정확한 정보가 거의 실시간으로 반영된다. 또한 인간의 언어가 무리지능의 산물일지 모른다는 결론을 내놓은 실험이 적지 않다. 자기조직화하는 인류문명의 성질이 인간 언어의 정교한 법칙과 다채로운 표현을 발전시켰다는 것이다.

무리지능을 이용하는 기업은 그 밖에도 많다. 유니레버Unilever는 이를 일부 생산설비에 적용해 작업 효율성을 개선했다. 한편 통신사들은 무리지능 기반의 원리로 통화연결 속도를 높이는 테스트를 오래전부터 계속해왔다. 개미로부터 배운 라우팅 기법을 적용한 프랑스 텔레콤France Télécom, 브리티시 텔레콤British Telecom, 휼렛-패커드Hewlett-Packard, MCI 월드컴MCI WorldCom 등이 그 예다. 영국에서 컴퓨터공학과 인지로봇학 교수로 활동하는 오언 홀랜드는 네트워크 노드에서 '가상의 페로몬'을 사용해 정체 없는 통화경로를 강화하는 라우팅 기법을 개발하기도 했다. 또 에어 리퀴드Air Liquide는 개미사회를 본뜬 기법을 통해 산업용 가스와 의료용 가스 배송트럭의 이동경로를 조율한다. 곤충 세계에서 목격되는 언뜻 단순해 보이는 습성들은 온라인검색 앱부터 서로 정보를 교환하면서 외계행성이나 오염된 건물을 조사하는 로봇무리까지 곳곳에 아이디어를 주고 있다. 마지막에 든 로봇 사례에는 또 하나의 장점이 있는데, 로봇 하나가 망가지더라도 전체 미션이 멈추지 않는다는 것이다.

이 이야기를 하는 것은 지난 1994년의 사건이 생각나서다. 무게 700킬로그램이 넘는 8족 로봇 단테 투Dante II가 알래스카의 활화산인 스퍼Spurr산을 비틀비틀 다니던 중 하마터면 대참사가 일어날 뻔했다. (안 그래도 단테 투는 앞서 단테 원과 관제센터를 연결하는 통신 케이블이 끊기는 바람에 전체 미션이 수포로 돌아간 뒤 그 막중한 책임을 이어받은 로봇이었다.) 《신곡》에서 지옥으로 내려갔다온 전설적인 시인의 이름을 딴 NASA의 로봇 단테 투는 화산의 분화구를 30미터 넘게 내려갔다. 목표는 우리 지구가 단전에서 끌어올려 토해내는 가스의 샘플을 채취하는 것이었다. 그러기를 닷새째, 레이저스캐너 반사경은 화산재로 더러울 대로 더러워졌고 처음부터 녹록지 않았던 여건은 눈이 녹은 융설수融雪水 때문에 한층 위태로워졌다. 로봇이 지형을 인식해 금속 다리로 바닥을 제대로 디디려면 시야 확보가 필수였는데 말이다.

결국 단테 투는 크레이터를 나가려고 기어오르다 한쪽으로 기우뚱하며 넘어졌고 완전히 속수무책이 되었다. 헬리콥터로 끌어올릴 수 있도록 로봇에 연결해놨던 견인줄이 끊어진 탓에 단테 투는 용암이 부글거리는 아래로 굴러떨어졌다. 어쩔 수 없이 사람이 위험천만한 분화구 속으로 직접 내려가 와이어를 다시 걸고 나서야 헬리콥터가 로봇을 당겨올릴 수 있었다. 당시 로봇 단테의 임무는 화산가스 데이터 수집이었지만, 이 프로젝트의 근본적인 목적은 외계행성 탐험에 쓸 수 있는 기술을 개발하는 것이었다. 우주에서 이런 사고가 발생하면 구조작업 따위는 애초에 불가능하다. 그렇게 되면 단테 투는 값비싼 고철덩어리밖에 되지 않는다. 만약 단테 대신 소형로봇 한 무리를 분화구로 보냈다면 사람이 나서지 않고도 임무를 무사히 완수하지 않았을까?

호주 태생 로봇학자 로드니 브룩스 같은 과학자들은 앞으로 로봇이 점점 더 작아질 거라고 전망한다. 진공청소 로봇 룸바Roomba®를 비롯한 그의 작품 다수는 곤충의 단순한 습성을 본떠 탄생한 것이다. 곤충은 인간보다 적은 수의 뉴런을 가지고도 식량을 찾고 짝짓기를 하고 자신을 압사시키려 날아드는 인간의 손바닥을 잽싸게 피한다. 곤충은 매번 상황을 분석해서 계획을 세우지 않는다. 단지 수백만 년에 걸쳐 진화해온 되먹임 고리의 본능이 이끄는 대로 행동할 뿐이다. 브룩이 〈영국 행성학회저널Journal of the British Interplanetary Society〉에서 언급한 것처럼 행성탐험용 미니로봇 한 무리를 상상해보자. "지표에 내린 로봇들이 행성 전역에 넓게 흩어진다. 로봇들이 전부 똑같이 생기는 않았다. 어떤 로봇은 동료들과 다른 임무를 맡아 (아주 작은) 도구를 특별히 탑재하기도 한다."[39]

개미와 마찬가지로 탐사로봇은 여러 개체가 미션을 분산해 맡아 탄력적으로 운용한다. 팀워크에 기대지 않고 혼자서 다 하게 나오는 요즘 로봇들과는 대비되는 전략이다. 미니로봇들은 프로세서가 작고 저렴해도 되기 때문에 훨씬 단순한 설계를 갖는다. 이처럼 우리는 자연계의 무리지능 현상을 로봇학에 적용함으로써 협동과 조화가 실현되는 유연하면서도 견고한 시스템을 창조할 수 있다. 집단지능의 면모를 갖춘 로봇 시스템을 연구하는 하버드대학교의 컴퓨터공학자 라디카 나그팔은 이렇게 말했다. "생태계가 아름다운 까닭은 우아하게 간결한 다수가 모여 불가능할 것 같던 일을 해내는 데에 있다. 어느 정도 이상이 되면 개체는 없어지고 집단이 그 자체로 하나처럼 보인다."[40]

몇몇 저널리스트는 무리지능의 또 다른 사례로 항암치료를 내게 소개했는데, 이 주제는 초점을 좀 벗어나는 것 같다. 암을 연구하는 전문가들에게 문의한 결과, 무리지능과 관계없다는 대답이 돌아왔다. 이유인즉 암세포는 클론이라서 스스로를 복제해 위협적인 암덩어리로 불어나기 때문이란다. 암세포는 서로 신호를 주고받지 않는다. 이동하거나 어떤 작업을 완수하기 위한 조직원들 간의 소통이 전혀 없다는 얘기다. 대신 그들은 무리지능과의 유사성이 훨씬 크다며 면역계를 파보라고 추천했다. 면역계는 총사령부 없이도 혈액, 골수, 림프절 같은 곳에서 효율적으로 협동하는 여러 가지 세포들로 구성되어 있다. 그 가운데 B 림프구에 주목해볼까 한다. 백혈구의 일종인 B 림프구는 저마다 특정 병원균에 반응하는 수용체를 갖고 있다. 이런 B 세포 100억 개쯤이 침입자가 나타나면 언제든 알람을 울릴 각오로 혈관을 상시 돌아다닌다. B 세포는 순찰 중에 병원균을 감지하면(수용체가 병원균의 일부분과 결합하면) 해당 병원균을 잡는 항체를 다량 분비하기 시작한다. 항체는 혈류로 쏟아져 들어와 수색 및 파괴 작전을 본격적으로 펼친다. 그러는 와중에도 B 세포는 엄청난 속도로 분열하고 새롭게 만들어진 딸세포들은 침입자를 없앨 항체

생산에 힘을 보탠다. 가끔은 돌연변이 때문에 모세포와 약간 다른 딸세포가 만들어진다. 그러면 병원균을 파괴하는 능력 차이에 따라 우월한 딸세포는 다시 더 많은 딸세포를 낳는다. 이런 식으로 B 세포의 분열이 지속된다. 컴퓨터공학과 교수 멜라니 미첼은 이 과정이 다윈의 자연선택과 흡사하게 B 세포의 침입자 퇴치능을 진화시키는 효과를 낳는다고 설명한다. 이때 전체 작전을 주도하는 단일 세포 같은 건 없다. 그보다는 세포 하나가 연쇄신호전달의 도화선에 불을 댕겨 결과적으로 전체 세포로 하여금 복잡한 반응을 이끌어내도록 하는 식이다.

단, 여전히 이해가 잘 안되는 구석이 있다. 어떤 위협이 존재하는지를 면역계 세포들이 정확히 어떻게 협력해 '학습'하는 걸까? 세포들은 어떻게 우리 몸을 알아보고 외부물질만 골라 공격할까? 만약 면역계가 고장 나면 무슨 일이 벌어질까? 면역계 세포와 달리 개미는 사람 눈에 보이기 때문에 과학자들이 관찰해 하나의 초유기체로서 어떻게 행동하는지 분석하는 게 가능하다.

과학 저널리스트 에드 용은 월간지 〈와이어드〉에 기고한 글에서 "일반적으로 과학은 작은 부분들이 어떻게 복잡한 하나를 이루는지 이해하는 것보다 복잡한 것을 부분들로 쪼개는 일에 훨씬 능숙하다"라고 썼다.[41] 그러나 위와 같은 곤충의 집단행동은 하이브마인드hive mind(집단정신, 군체의식이라고도 함 – 옮긴이)가 지배자의 명령 없이도 '생각'을 할 수 있음을 분명하게 드러낸다.

벌의 집단정신, 하이브마인드

개미가 식량을 모으는 행위로 무리지능의 일면을 보여준다면, 벌은 무리지능의 특징을 이해할 수 있는 또 다른 사례다. 그들은 살 곳을 오직 집단 구성원의 만장일치로만 결정한다. 벌들은 더위를 견딜 수 있게 통풍이 잘되면서 적당히 가려져 있고 비바람을 피할 수 있으며 충분히 높은 곳에만 집을 짓는다. 벌에게 이런 주거환경은 생사의 문제다. 그런데도 모래알만 한 머리를 맞대 만장일치의 결론을 짓는 데에는 고작 이틀밖에 걸리지 않는다.

벌의 집단정신을 1950년대에 최초로 해독한 인물은 독일의 동물학자 마르틴 린다우어다. 독일 쪽 알프스산맥 기슭에 자리한 시골 동네에서 농사꾼의 열넷째 아이로 태어난 그는 소박한 유년기를 보냈다. 몇 년 뒤, 히틀러가 일으킨 전쟁에 온 국민이 동원됐고 린다우어 역시 다샤우어 모스Dachauer Moos라는 늪지에서 참호를 파는 노동을 해야 했다. 당시 그는 히틀러 정권에 충성심이 부족하다며 괴롭힘을 당했고 어쩔 수 없이 독일군 대전차부대에 입대했다. 하지만 러시아 전선에서 지뢰가 폭발해 팔에 파편이 박히는 바람에 돌연 의병제대하게 된다. 부상 치료를 받는 그에게 담당 의사는 세포분열을 주제로 한 카를 폰 프리슈 교수의 강의를 들어보라고 권했다. 코넬대학교의 생물학 교수 토머스 실리가 기억하기로, 그날 린다우어는 폰 프리슈의 수업을 듣다가 두 가지 막연한 아이디어를 떠올렸다고 한다. “하나는 파괴보다는 창조를 지향하는 새로운 인간 세상이고, 다른 하나는 인간이 거짓이 아니라 진실에 기초해 매사 임하는 과학적 태도다.”[42]

곧 린다우어는 폰 프리슈 교수의 지도하에 박사과정에 들어가 꿀벌을 연구하기 시작했다. 벌을 관찰하고 노트에 기록하고 움직임을 추적하고자 벌들의 몸에 물감으로 작은 점을 찍는 근면한 일과가 하루하루 이어졌다. 그가 벌 집단의 의사결정 방식에 특별히 관심을 갖게 된 것은 뷔르츠부르크 동물학연구소에서 벌집을 나와 잠시 외출한 벌떼 한 무리를 우연히 목격한 순간부터였다. 여느 때라면 몸에 노란색 꽃가루를 잔뜩 묻히고 돌아다닐 녀석들이 이날은 웬일인지 수상한 행동을 보이고 있었다. 하나같이 몸을 떨면서 미친 듯이 돌거나 배를 씰룩였고, 몇몇은 온몸이 붉은 벽돌가루로 얼룩진 행색에 또 몇몇은 굴뚝에 들어갔다 나왔는지 회색 잿가루를 잔뜩 뒤집어쓴 채였다.

꽃가루를 옮기다가 온 벌들이 아니라는 건 확실했다. 린다우어는 생각했다. “녀석들이 새 둥지를 지을 후보지를 조사하고 와서 회의를 하고 있구나.” 그는 연구소의 벌집 관리인에게 이 벌들을 연구할 수 있게 허락해달라고 부탁했다. 담당자는 고민하는 기색도 없이 답했다. “그럴 수는 없어요. 우리도 이 벌떼가 필요하거든요.”[43] 하지만 끈질긴 협상 끝에 린다우어는 가까스로 허락을 받아냈다. 이사를 준비하는 벌이라니. 충분히 지켜볼 가치가 있는 주제였다. 처음에 벌들은 나뭇가지 위에 수염 모양으로 집합한다.

무리의 규모는 20~50마리 정도인데, 보통 가장 나이 많은 벌들로 구성되는 정찰대다. 정찰대는 새 집터 물색이라는 임무를 맡아 나와 있다. 주변을 한 바퀴 돈 정찰벌들은 집결지로 돌아와 요란한 몸짓으로 저마다 건져온 정보를 공유한다. 이 과정은 마치 클럽에서 단체로 원을 그리며 춤을 추는 것처럼 보인다. 모든 댄서가 둥글게 도는 동안 중간중간 하나씩 가운데로 들어와 자신의 장기를 뽐내는 식이다. 단, 벌들이 원 안에서 선보이는 것은 춤 솜씨가 아니라 각자 찾은 후보지의 분석 데이터다. 벌은 목소리를 낼 수 없으니 말이 아닌 다른 방법으로 이야기를 나누는 것이다. 정찰벌 한 마리가 배를 흔들면서 종종걸음으로 앞으로 나아간다. 벌은 춤 동작의 길이와 각도로 자신이 찾은 장소의 대략적인 거리와 방향을 동료들에게 알린다. 선발대의 춤은 뒤늦게 벌집을 나서는 후발대가 해가 떠 있는 위치를 확인한 뒤 날아갈 목적지를 알려주는 이정표도 된다.

정찰벌은 동료가 추천하는 후보지가 자신이 찾은 곳보다 낫다고 생각되면 직접 답사를 간다. 그리고 확신이 들면 무리에게 돌아와 함께 춤을 추면서 자신의 생각을 알린다. 이런 식으로 뜻을 같이하는 동료가 하나둘 늘어난다. 어디에도 동조하지 않는 정찰벌은 다른 후보지들까지 전부 둘러본 뒤에 최종 선택을 한다. 새 집터를 안건으로 걸고 국민투표를 하는 것과 비슷하다. 그렇게 꿀벌 정찰대는 2~3일에 걸쳐 가장 좋은 후보지를 엄선한다. 그런 다음엔 식구들을 전부 데리고 무리 전체가 새 보금자리로 이사한다. 뼛속까지 과학자인 린다우어라면 아마도 벌떼에 최대한 가까이 붙어 녀석들의 목적지까지 따라갔을 것이다. 벌들은 거의 항상 꼭 만장일치를 통해서만 이주할 장소를 정한다. "지금껏 참여했던 모든 프로젝트를 통틀어 최고로 멋진 경험을 하게 해준 벌들에게 감사 인사를 전해야겠습니다."[44] 훗날 자신의 평생 연구를 돌아보면서 린다우어가 한 말이다.

린다우어가 발견한 벌떼의 수상한 행동은 몇 년 뒤 어느 섬에서 실리가 진행한 간단하지만 기발한 실험을 통해 한층 분명해졌다. 벌은 본래 나무 위에 집 짓는 것을 좋아한다. 그런데 실험 장소인 미국 메인주 앞바다의 애플도어섬은 나무 한 그루조차 찾아보기 힘든 곳이다. 실리는 이 특별한 실험을 위해 섬 곳곳에 빈 상자를 미리 놔두고 배로 실어온 벌들을 풀었다. 나무가 없는 곳이니 벌들은 상자를 둥지로 삼을 게 분명했다. 이 과정을 주시하면 벌들이 여러 후보지 가운데 최종 선택을 내리는 원리를 속속들이 이해할 수 있을 터였다. 그는 합판으로 만든 상자 다섯 개를 준비했는데, 네 개는 비좁다 싶은 평범한 상자였고 나머지 하나는 공간도 넓고 재질도 좋았다. 그는 정찰대가 상자들을 꼼꼼히 살필 거라고 예상했다. 실제로 벌들은 한 시간 가까이 주변을 맴돌며 출입구를 탐색하고 구멍 크기를 재고 구석구석 철저하게 점검했다. 상자 안으로 들어가 각 방의 모서리 하나하나 빠짐없이 검사하기까지 했다. 실험 결과, 벌들은 천적이 쉽게 침입하면 안 되니 입구가 너무 크지도, 저희가 드나들기 편하게 너무 작지도 않은 집을 선호한다는 것을 알 수 있었다. 더불어 비가 들이쳐 잠기는 일이 없도록 대문은 꼭대기보다는 아래쪽에 난 게 낫고 집 안에는 전체 무리를 위해 넓은 공간이 있는 구조가 좋았다. 전에 살던 무리가 있어서 이미 방마다 밀랍이 발려 있다면 금상첨화였다. 그저 그런 후보지를 발견했을 때 정찰벌은 십수 번 만에 춤을 멈춘다. 반면에 후보지가 최상급일 경우는 뱅글뱅글 도는 동작을 100번 넘게 반복한다. 더 많은 동료가 자신의 춤을 보고 그곳에 가보게 하려는 것이다. 춤이 열정적일수록 관심을 보이는 동료 정찰벌이 늘어나고 만장일치 결정은 앞당겨진다. 벌의 집단 동태를 수학적으로 분석하면 거의 매번 최상의 후보지가 선택된다는 결론이 나온다고 한다. 이런 습성은 다양한 시각을 수렴하고 하이브마인드 같은 집단의 지혜에 의지하는 자연의 방식이 표출된 현상이다. 아리스토텔레스의 명언처럼 이런 식으로 "전체는 부분의 합 이상"이 된다. 극소수 개체만 생식에 관여하고 모두가 하나의 군집을 이뤄 사는 진정으로 사회적인(즉, 진사회성eusocial) 곤충만큼 이 구절이 잘 어울리는 대상은 없다.

그런데 만약 무리 안에서 의견이 갈리면 어떻게 될까? 정찰대 절반은 "난 여기가 제일 맘에 들어"라고 얘기하고 나머지 절반은 "아니, 저기가 백 배 나아"라고 말한다면? 그렇더라도 싸움이 일어나는 일은 없다. 처음으로 돌아와 모두가 만족하는 하나의 결론을 찾을 때까지 계속 노력할 뿐이다. 정찰대로 뽑히는 벌은 그저 동료들을 신뢰하기만 하는 게 아니라 스스로 새 후보지를 발굴할 줄도 안다. 이러한 개체 독립성은 누군가의 오류가 정찰대 전체로 확산되지 않도록 막는다. 마침내 집단 전체가 최종 합의에 도달하면, 묵묵히 기다려준 식구들과 함께 모든 구성원이 날개를 펴 새로운 보금자리를 향해 날아오른다. 그리고 그곳에 윤기가 잘잘 흐르는 황금빛 벌집을 지어올린다. 토머스 실리는 동료들과 공동집필해 〈아메리칸 사이언티스트〉에 실은 보고서에서 "벌 무리는 협동 본능이라는 타고난 특기를 십분 발휘해 선택 가능한 대안들을 엄청나게 빨리(종종 고작 수 시간 만에) 모은다"라고 적고 있다. "이 선택지의 규모가 클수록 최상급 건설부지를 놓치지 않을 확률이 높아진다. 벌 무리의 의사결정 방식에서는 분권조직화라는 중요한 특징이 드러나는데, 이 특징 덕에 집단이 다양한 선택지를 확보할 수 있다."[45]

이런 얘기를 들으면 지능의 현재 정의가 과연 정확한지, 혹은 우리가 모르는 다른 유형의 지능이 존재하는 것은 아닌지 진지하게 고민하게 된다. 하다못해 점균류도 집단지능을 가지고 있다고 하지 않는가. 물고기, 새, 메뚜기 같은 생물은 말할 것도 없다. 아메바 세포도 벌도 외떨어진 한 마리는 전혀 똑똑하지 않다. 그러나 무리지능은 얘기가 다르다. 학계 일각에서는 사람의 뇌 역시 이와 비슷하게 작동하지 않을까 하는 의문을 품고 있다. 뉴런 하나하나는 그다지 똑똑하지 않은데 뉴런이 모인 뇌가 똑똑한 것 아니냐는 것이다. 정말 뇌도 무리지능이 실현된 하이브마인드일까?

무리지능은 자율주행 자동차 개발자들이 고속도로를 알아서 달리게 하는 인공지능 기술에 적용할 수 있을지 가능성을 타진할 정도로 한계 없는 잠재력을 자랑한다. 벌과 개미는 다방면에서 인류의 생활을 윤택하게 하는 기술들을 탄생시켰다. 그렇다고 곤충들의 집단행동을 무슨 현자의 충고처럼 무조건 받아들이는 것은 옳지 않다고 전문가들은 냉정하게 말한다. 곤충의 방식에 배울 점은 분명 있다. 모든 구성원이 타인의 바람에 부응해야 한다는 압박을 느끼지 않고 독립적으로 행동할 수 있을 때 무리가 가장 현명하게 행동한다는 사실이 그런 예다. 하지만 대부분의 과학자들은 곤충의 행동을 보고 알아낸 것을 의학, 로봇학, 최적화기술 같은 학문의 발전에 잘 활용할 방법을 찾는 게 더 중요하다는 입장이다.

마크 커벨은 현재 인사이클Encycle로 이름을 바꾼 리젠 에너지Regen Energy의 창립멤버다. 그는 2003년 미국 북동부와 중서부를 암흑천지로 만든 사상 최대의 정전 사태를 경험한 뒤 친구들과 함께 회사를 세울 결심을 굳혔다고 한다. 미국에서는 전체 에너지의 40퍼센트를 건물들이 소비하고, 그 가운데 전력 사용이 76퍼센트를 차지한다. 한 건물이 쓰는 에너지의 약 35퍼센트는 냉난방과 환기를 위한 공조시스템을 돌리는 데 들어간다. 커벨은 또 다른 창립멤버 로먼 컬릭과 함께 중간 규모 건물의 공조시스템에서 에너지 낭비를 줄이는 알고리즘을 개발했다.

흔히 에어컨이나 보일러 같은 시설물은 건물 안의 다른 곳에서 무슨 일이 벌어지는지 알지 못한다. 그런데 커벨과 컬릭은 벌들의 소통 습성에서 아이디어를 얻어 이 관례를 깨는 엔바이로그리드 컨트롤러EnviroGrid Controller라는 장치를 만들었다. 공조기의 컨트롤박스마다 하나씩 설치하면 공조기끼리 몇 분마다 데이터를 교환해 전원이 켜지고 꺼지는 주기를 서로 학습하게 하는 기계장치다. 일반적으로 건물 하나에는 컨트롤러 혹은 노드를 10개에서 40개 정도 설치해 한 그룹으로 묶을 수 있다. 이것들을 무선통신기술인 지그비Zigbee를 통해 하나의 네트워크로 연결한다. 그러면 네트워크가 공조시스템을 켜고 끄는 가장 효율적인 시간을 계산한다. 맞춤식 알고리즘이 에너지 수요를 분산시키고 다른 노드들의 상황을 종합적으로 고려해 에너지 효율성을 극대화하는 결정을 내리는 것이다. 가령 냉장고를 켜두어 최소 온도 조건을 유지하는 상황을 상상해보자. 이때 냉각팬이나 냉매펌프에 연결된 컨트롤러는 건물 전체의 에너지 출력이 특정 한계치를 넘지 않도록 적절한 순간 잠시 전원을 차단한다. 국소적 제약(즉, 냉장고)뿐만 아니라 전체 시스템의 목적 모두에 부응하도록 시설물들끼리 조율하는 셈이다.

지금까지 한 얘기는 다들 징그럽다며 기겁하는 벌레들이 과학기술의 모태가 된 수많은 사례 중 일부에 불과하다. 게다가 연구가 이렇게나 진척됐음에도 궁금증은 끝없이 생긴다. 벌들은 계획을 미리 세울까? 과연 어떻게? 같은 의문을 가졌던 스위스의 곤충학자 프랑수아 후버는 시험 삼아 벌들이 집을 짓기 시작한 지점과 예상하는 완공 지점 사이를 유리막으로 가로막았다. 그러자 벌들은 경로를 틀더니 가장 가까이에 있는 나무틀에 벌집을 붙여 집짓기를 이어갔다. (참고로, 유리 표면에는 밀랍이 잘 붙지 않는다.) 아직 근처에 가지도 않았는데 어떻게 그곳에 유리가 있다는 것을 알았을까? 아마도 벌들에게는 인간이 이해하지 못하는 유연한 사고기전이 있는 것은 아닐까? 인류가 양봉을 시작한 지 어언 1만 년인데도 벌에게서 배울 게 여전히 얼마나 많은지 놀라울 따름이다. 인류가 꿀을 좋아한 것은 아주 오래 전부터다. 야생벌집에서 꿀을 채취하는 모습을 그린 벽화가 중석기 시대 유적에 남아 있을 정도다. 북아프리카에서 발굴된 9000여 년 전 토기에서는 화학분석 결과 미량의 밀랍 성분이 검출됐다. 4400년 전 고대 이집트인들은 특별한 의미를 담은 꿀벌 무늬로 벽면을 장식했고 투탕카멘 같은 파라오의 묘에서는 꿀을 담는 항아리가 발견됐다.

이처럼 인간은 벌을 애지중지하면서 벌들의 세상을 파괴하기도 한다. 오늘날 양봉 꿀벌은 사과, 아몬드, 블루베리 등 미국에서만 매년 150억 달러어치 먹을거리의 가루받이를 담당한다. 하지만 비영리단체 '벌을 제대로 알고 맺는 파트너십Bee Informed Partnership'이 진행한 15차 전미 실태조사에 따르면, 2020년 4월부터 2021년 4월 사이에 양봉농가들이 45퍼센트 넘는 꿀벌군집을 잃은 것으로 집계

됐다. 야생벌 사회에서는 개체수가 비교적 안정적으로 유지된다는 사실을 생각하면 엄청난 손실이다. 혹자는 현대식 양봉 산업을 콕 집어 비판한다. 몇십 미터씩 떨어져 사는 야생벌들과 딴판으로 다닥다닥 붙여놓은 벌통에 벌들을 가둬 키우면서 오직 꿀 생산량에만 온통 신경을 쓴다는 것이다. 실제로 양봉장에 가면 어른 키와 맞먹는 규모로 비대해진 벌군집이 종종 목격된다. 거대 집단은 병원균과 기생충이 번식하기에 더없이 좋은 타깃이다. 특히 치명적인 것은 진드기의 일종인 바로아 응애Varroa mites다. 바로아 응애는 빠른 속도로 전염돼 꿀벌을 집단폐사시킬 수 있다. 꿀벌은 인류의 농업에 없어서는 안 될 요소다. 오죽하면 생물학자들이 애정을 담아 "날개 달린 생식기"라고까지 비유했을까. 앞으로는 "컴퓨터 세상에 영감을 주는 존재"라는 더 고상한 별명으로 바꿔불러도 좋을 것 같지만 말이다.

곤충의 무리지능은 분명 흥미롭고 실용적인 특징이다. 그런데 유심히 들여다보면 개미와 벌의 세상에서 얻을 수 있는 정보는 이것만이 아니다.

벌레의 세상 저편으로

클린트 페닉은 펑크 음악을 하다가 개미가 의학 발전에도 기여할 수 있다는 희망을 품고 개미 전문가로 변신한 과학자다. 개미를 향한 그의 집착은 역사가 깊다. 처음 결성한 밴드의 이름이 아미 앤츠Army Ants였고(나중에 키즈 라이크 어스Kids Like Us로 바꾸긴 한다), 노스캐롤라이나주립대학교에서 박사후 연구원을 하는 동안에는 개미를 우주선에 실어 보내는 프로젝트에 참여했다. 당시 노스캐롤라이나의 작은 탄광마을 스프러스 파인Spruce Pine에서 뽑힌 개미는 역사상 가장 작은 우주비행사 중 하나로 지금까지도 기록되어 있다. 2014년 우주발사 프로그램에 개미를 포함시키는 것은 어린이를 위한 민간 과학 프로젝트의 일환이었는데, 우주정거장으로 옮겨간 개미와 학교 교실에 있는 개미를 비교하고 우주개미가 지구개미와 다르게 행동하는지 살펴보는 것이 목적이었다. 한편 뉴욕 브로드웨이의 개미를 관찰하는 실험도 있었다. 이 실험에서 페닉은 뉴욕 개미들이 해마다 약 6만 개의 핫도그를 먹는다는 것을 알아냈다. 그는 개미를 자신의 기타만큼 오래 아껴왔지만 응용 범위는 음악보다 그의 연구논문이 훨씬 넓다. 그는 이대로 만족한다고 말한다. 물론 무대에서 관객을 향해 몸을 던지던 뮤지션 시절도 여전히 그립다.

요즘 그는 케너소주립대학교에서 교수로 재직하면서 개미의 항균 기능을 연구하고 있다. 사회성 곤충은 수천에서 수백만의 개체가 한 팀을 이룬 고밀도 군집으로 살아가기 때문에 전염병에 몹시 취약하다. 심지어 개중에는 입에서 입으로 식량을 전달하는 종도 있다. 병원균에게 어서 옵쇼 하고 제 손으로 대문을 열어주는 격이다. 게다가 같은 군집 소속인 개미 개체 대부분은 서로 혈연관계인 탓에 만약 한 마리가 병에 잘 걸리는 체질이라면 십중팔구는 나머지 식구들도 마찬가지다. 이처럼 개미가 진즉에 멸종했어야 할 이유가 한둘이 아니지만 그중의 으뜸은 개미집이 미생물들에게 천상의 장소라는 것이다. 개미집은 따뜻하고 축축하고 먹을 것도 많다. 박테리아가 번식하기에 완벽한 환경이다. 그럼에도 개미는 이 모든 악조건을 거뜬히 이겨낸다. 자체 생산하는 항균물질들 덕분이다.

개미들은 수백만 년 동안 각지의 위험천만한 환경에서 살아오면서 진화를 통해 생존우위를 쟁취했다. 여기에 주목한 학계는 개미의 항균력이 새로운 항균제 개발의 단초가 되길 기대하고 있다. 미국에서는 해마다 280만여 명이 항생제 내성 병원균에 감염되고 3만 5000명가량이 그 결과로 사망한다. 전문가들은 아직 치료법 없는 감염병이 언제라도 전 세계를 휩쓸지 모른다고 경고한다. 그런 가운데 개미 연구가 신약 개발에 도움을 줄 수 있다는 게 페닉의 설명이다. 그는 개미의 항균력을 실험으로 직접 조사했다. 그의 연구팀은 특수용매로 개미들을 씻었다. 그런 다음 개미 몸에 묻어 있던 물질들이 녹아 있는 이 용매액을 박테리아 덩어리에 붓고 일정 시간 관찰했다. 대조군은 세척액을 붓지 않은 박테리아였다. 그 결과, 조사한 20종의 개미 가운데 12종이 외골격에 항균물질을 바르고 다니는 것으로 확인됐다. 특히 노란색을 띠는 도둑개미(학명은 솔레놉시스 몰레스타*Solenopsis molesta*. 다른 개미 무리 가까이에 집을 짓고 이웃집 식량을 훔치는 습성 때문에 이런 이름이 붙었다)가 가장 강력한 항균효과를 발휘했다. 도둑개미를 씻은 물에서는 박테리아가 조금도 성장하지 못했다. 결정적인 발견은 아예 항균물질을 필요로 하지도 않는 개미종이 존재한다는 것이었다. 이런 개미에게는 감염을 차단하는 다른 묘안이 있는 게 분명하다. "어떤 개미종은 병원균을 죽이는 물질을 만드는 대신 자신에게 유익한 미생물의 성장을 촉진하는 물질을 분비하거나 그런 신체구조를 갖고 있을지 모른다"라고 페닉은 논문에 적고 있다.[46]

한 가지는 확실하다. 세상에는 수천 종의 개미가 존재하고 저마다 각양각색의 방식으로 병원균을 상대한다. 어떤 개미는 곰팡이균에 감염되면 과산화수소 같은 독극물을 먹어 '자가 치료'를 한다.[47] 불개미속 개미들은 항균 활성을 가진 침엽수 진액을 채취해 모으는 동시에 체내 독샘에서 만들어지는 포름산을 둥지에 뿌려 방어력을 두 배로 강화한다. 또한 항균물질을 온몸으로 분비하는 개미종도 여럿 있다.

피렌체대학교의 미생물학자 마시밀리아노 마르바시는 곰팡이를 유충의 먹이로 키우는 개미종이 항균력을 잃지 않을 수 있는 비밀은 미묘한 '분자 변형'에 있음을 알아냈다. 쉽게 말해 항균물질의 분자구조와 성분조합이 조금씩 달라진다는 소리다. 그 덕에 기생하는 곰팡이균을 이 개미종이 완벽하게 통제하면서 무려 수백만 년이나 우위를 유지해온 것이다. 한편 어떤 개미는 동시에 여러 항균물질을 합성하기도 한다. 마르바시에 따르면 여러 항균성분을 섞거나 정기적으로 조합에 변화를 주는 게 항균제 내성을 억제할 훌륭한 전략이라고 한다. 개미의 항균 성분은 아직 의약품으로 개발된 전례가 없다. 하지만 기초연구 결과를 놓고 보면 전망이 밝다.

오늘도 데버라 고든은 사막에서 개미 관찰에 삼매경이고 토머스 실리는 애플도어섬에서 벌 실험에 매달린다. 마크 커벨은 오랜 암 투병 끝에 2017년 세상을 떠났다. 마르틴 린다우어는 2008년에 뮌헨에서 작고했는데, 조국 분단 시절에도 손을 놓지 않았던 그의 곤충 연구는 영원히 빛나는 유산이 되었다. 새로운 발견은 앞으로도 이어질 것이다. 하지만 인류가 새로운 종을 발견하는 것보다 빠른 속도로 수많은 동식물이 사라지고 있다. 마치 한 번도 펼쳐보지 않은 장서로 가득한 도서관을 불태우고 있는 것 같다. 지구상의 곤충들은 여전히 현대과학이 인류의 안녕을 위해 발굴할 만한 소재를 풍성하게 제공한다. 햇빛을 모을 수 있는 나비 날개를 본뜬 태양광 기술, 흰개미집을 보고 만든 실내환기시스템, 제 키의 몇 배 거리를 펄쩍펄쩍 뛰어다니는 곤충의 관절과 수백만 번 펄럭여도 끄떡없는 날개에서 발견한 단백질 레실린resilin 등등 끝도 없다. 특히 고무처럼 탱탱한 레실린은 에너지를 저장했다가 필요한 순간 확 쏟아내 고무줄을 튕기는 것과 흡사한 효과를 낸다. 하지만 탄성은 고무보다 커서 늘였다가 줄이기를 아무리 반복해도 흐늘흐늘해지지 않는다. 탱탱볼부터 척추수술용 보형제까지 다방면에서 각광받는 이유다.

할 얘기가 많지만 마지막으로 하나만 더 소개하라면 알고리즘을 빼놓을 수 없다. 동물이 무리지어 이동하고 일하는 방식은 오래전부터 온갖 컴퓨터과학자들에게 영감을 주었다. 가장 유명한 두 가지는 입자무리 최적화Particle Swarm Optimization 알고리즘과 개미군집 최적화Ant Colony Optimization 알고리즘이다. 그 밖에도 인공 벌군집Artificial Bee Colony 알고리즘, 뻐꾸기 검색Cuckoo Search 알고리즘, 메뚜기무리Locust Swarm 알고리즘 등 다양한 알고리즘이 존재한다. 멀리 갈 것 없이, 구글 검색엔진이 페이지를 중요도순으로 나열해 보여주는 것 역시 웹상의 집단지능을 활용한 결과다. 에드 용은 〈와이어드〉에서 이렇게 지적했다. "돌고래와 박쥐 모두 초음파로 방향을 식별하는 것처럼 완전히 다른 계통의 동물종들에게 유사한 적응 현상이 일어나는 것을 생물학에서는 수렴진화 이론을 들어 설명한다. 그렇다면 알고리즘에도 수렴진화가 일어나는가?"[48] 집단지능의 바탕에 어떤 기본 규칙이라도 깔려 있는 걸까? 그럴 수도 있고 아닐 수도 있다. 정답은 하나가 아닐 것이다. 그저 도서관이 너무 빨리 다 타버리지 않기만을 바랄 뿐이다.

5

다리맵시의 비밀

기린 — 림프부종 압박스타킹

"자연은 인간의 존속을 위해 필사의 노력을 하지만 인간에게 의지하지는 않는다. 우리는 실험대상일 뿐이다."

R. 벅민스터 풀러, 공학자이자 건축가

이번 이야기는 굉음과 함께 시작된다. 놀라게 해서 미안하지만, 좌절감에 주먹으로 책상을 내리치는 소리다. 망할 놈의 다리! 소시지처럼 통통 불어터져서는! 그녀는 한 번 움찔하면서 오른 다리를 의자 위로 올리고 부은 곳을 손가락으로 꾹꾹 누른다. 그러고는 살갗에 선명한 손가락 자국을 가만히 바라본다. 움푹 파였던 피부는 느릿느릿 솟아올라 원래 모양으로 돌아온다.

허사 피터슨은 1920년의 어느 겨울 아침 매사추세츠주 에버렛에서 태어났다. 여성참정권이 인정된 지 3개월이 다 돼가는 시점이었다. 스웨덴 출신 부모의 무남독녀로 자란 그녀는 고등학교를 우수한 성적으로 졸업한 뒤 캐서린 깁스Katharine Gibbs 비서학교에 들어갔다. 수천 명의 임원 비서를 배출한 이름난 교육기관인 이곳은 학생들에게 늘 모자와 구두와 흰 장갑을 착용하게 하는 복장 규정으로도 유명했다. 사무기술, 회사조직, 시간관리에 관한 전문적인 훈련을 받고 비서학교를 졸업한 허사는 제일중앙은행First National Bank 보스턴 지점에 취직해 지점장 행정비서가 되었다.

1943년에는 앞으로 63년을 함께하게 되는 프랭크 쇼와 결혼했다. 남편 프랭크는 전기공학 전공으로 터프츠 대학교를 졸업한 뒤 해군 장교로 제2차 세계대전에 참전했다. 허사의 다리가 붓기 시작한 것은 전쟁 종식 후 얼마 지나지 않아서였다. 셋째 아이를 출산하고 다리 감염의 후유증으로 림프부종lymphedema(부종의 한자 浮腫은 '부어올라 생긴 종기'라는 의미로 풀이되고, 영어 edema는 '부풀다'는 뜻의 그리스어에서 파생한 단어다)이 생겼다. 하지만 1950년대인 그 당시엔 이 병에 대해 알려진 사실이 거의 없어서 아무도 이게 림프부종인지 몰랐다. 그녀는 정확한 진단을 받기까지 30년 세월을 이름 모를 병을 안고 살아가야 했다.

마침내 1980년대에 들어서 의사는 그녀에게 고강도 압박스타킹 처방을 내렸다. 당시 최고 강도인 40~50mmHg 압력으로 눌러주는 제품이었다. 그럼에도 그녀의 부은 다리를 꽉 잡아주기에는 역부족이었다. 허사는 압박스타킹을 신고도 몇 시간마다 견딜 수 없이 퉁퉁 부은 다리를 올리고 누워 쉬지 않으면 안 됐다. 쉬고 있을 땐 종아리에 몰렸던 체액이 허벅지로 다시 올라갔다. 비록 그때뿐인 효과였지만 최소한 통증은 덜 수 있었다. 남편은 그녀의 고통이

제 것인 양 아내 곁을 지켰다. 프랭크는 힘들어하는 아내를 손놓고 지켜만 봐야 하는 자신의 처지가 괴로웠다. 그래서 나름대로 방법을 찾아다녔다. 이런저런 아이디어를 떠올려 적어두고 시험해 실패하면 하나씩 지우기를 무수히 반복했다.

림프부종 때문에 인생이 고달픈 것은 허사만이 아니었다. 전 세계에는 그녀와 똑같은 병을 앓는 사람이 1억 5000만 명이나 된다. 림프는 신체 건강을 유지하는 데 매우 중요하다. 정상적으로는 림프액에 들어 있는 각종 단백질이 림프관을 따라 몸 구석구석을 돌면서 박테리아와 바이러스를 포획하고 노폐물을 수거한다. 이렇게 모인 쓰레기를 일단 림프샘으로 가져간다. 림프샘은 전신의 600여 지점에 콩알 모양으로 형성되어 있는 일종의 중간 집결지다. 림프샘에는 림프구라는 면역세포가 있어서 쓰레기를 걸러 체외로 내보내는 일을 한다. 그런데 림프종 환자는 림프샘이 망가져 있기 때문에 체액이 배출되지 못하고 계속 쌓인다. 그런 까닭에 아플 정도로 다리가 땡땡 붓는 것이다. 허사는 통증이 일상이 된 지 오래였고 부어오른 다리를 근처 가구 아무 데나 올리고 쉬어야 살 수 있었다.

부부는 몇 년이나 전국의 이름난 명의를 찾아다녔지만 별 소득은 없었다. 뉴욕의 한 의사가 독일에 비탄성붕대 치료법이 새로 나왔다는데 가서 받아보지 않겠느냐며 권한 적은 있었다. 그러나 왕복 경비가 너무 많이 들었다. 앞으로 어떻게 할지 한참을 고민하던 프랭크는 소독약 냄새와 흰 가운 차림의 의료진만 가득한 병원에서 벗어나 잠깐 바람을 쐬러 다녀오기로 한다. 마침 가까운 동물원에서 기린 특별전이 열리고 있었다. 신선한 공기에 한결 상쾌해진 기분으로 그는 눈앞의 기묘한 생물체를 응시했다. 기린은 긴 속눈썹을 꿈꾸듯 반쯤 내리깔고 있었고, 노란색 얼룩무늬는 물감으로 칠한 듯했고, 굽이 갈라진 발바닥은 스테이크 접시만 했다. 물론, 압권은 기다란 목이었다. 그러나 프랭크가 눈을 떼지 못한 진짜 이유는 쭉쭉 뻗은 다리 때문이었다. 젓가락 같은 기린의 다리를 보면서 그는 아내의 다리와 다른 점을 골똘히 생각했다. 프랭크는 시선을 기린에 고정한 채 꼬마들을 가득 태운 기차가 몇 바퀴를 도는지도 모르고 그 자리에 꼼짝하지 않고 홀린 듯이 서 있었다.

기린은 지구상에서 가장 키 큰 현생동물이니 몸무게가 다리를 내리누르는 압력이 어마어마할 거라는 생각이 들었다. 그 정도 압력이라면 아파서 절뚝거리거나 다리가 퉁퉁 부어야 옳았다. 그런데 기린의 다리는 지극히 멀쩡했다. 이 키다리 발굽짐승은 육중한 몸뚱아리를 가는 네 다리로 지탱하는데도 어째서 다리에 물이 차지 않는 걸까? 그 비밀을 알아내면 아내에게도 도움이 되지 않을까?

프랭크는 연구에 착수했다.

실수는 꼭 필요하다

지구 반대편 사바나 초원. 기린 한 마리가 생선 가시 바르듯 혀로 나뭇가지를 쓸어 잎사귀들을 입안에 넣을 때마다 아카시아 잎이 바스락거리는 소리가 공기 중에 울려퍼진다. 이곳의 먹을거리는 기린이 먹기에 여간 불편한 게 아니다. 사람 손가락만 한 가시로 덮여 있거나 독수리가 교대로 순찰을 돌아 접근하기가 어려운 탓이다. 이런 악조건에서 살아남을 수 있었던 것은 기린에게 비장의 무기가 있기 때문이다. 계통분류상 기린과에 속하는 동물은 현재 오카피(얼룩말과 비슷하게 생겼지만 기린과에 속하는 포유류. 주로 아프리카에 서식한다 – 옮긴이)와 기린 딱 두 종류뿐이다. 그동안 고고학자들은 두 동물종의 공통조상을 찾는 일에 한참을 매달려왔다. 진화 과정을 역추적하는 것은 결코 간단한 작업이 아니다. 기린의 원시 조상은 오랜 세월에 걸쳐 여러 차례 외모 변화를 겪고 지금 같은 모습이 되었다. 그 과정에서 등장했던 기린종을 아무거나 하나 꼽자면 지금은 멸종한 시바테리움*Sivatherium*을 들 수 있겠다. 시바테리움은 튼실한 몸통에 귀가 굳어 뼈로 변한 것처럼 생긴 넓적한 뿔이 특징이다. 과도기 조상을 또 하나 꼽으라고 하면 세 개의 뿔이 달린 크세노케릭스 아미달라이*Xenokeryx amidalae*(〈스타워즈〉에 나오는 아미달라 왕에 대한 오마주로 붙은 이름)가 있다. 이 반추동물은 사슴만 한 몸집에 날카로운 송곳니가 돋보였다.

기린의 이름 역시 복잡한 변천사를 거쳐 지금에 이르렀다. 아주 오래전에는 히브리어에 뿌리를 둔 '제메르*zemer*'로 불렸다. 가지에서 잎만 긁어먹는 습성을 보고 '가지치기하다'는 의미로 붙은 이름이다. 그런가 하면 고대 그리스에서는 기린을 카멜로스*kamelos*(낙타)와 파르달리스*pardalis*(표범)를 합친 '카멜로파르달리스*kamelopardalis*'라 불렀다. 낙타처럼 목이 길고 표범처럼 온몸에 무늬가 있다는 뜻이다. 현대의 기린giraffe이라는 명칭은 '빠른 걸음'을 가리키는 아랍어 '자라파*zarapha*' 혹은 '매력적임'을 뜻하는 '제라파*zerafa*'에서 왔을 것으로 추측된다. 오늘날 기린의 이미지는 극과 극을 오간다. 마치 자라다 만 듯 엉성한 신체 비율에 몸은 근육질인 이상한 발굽짐승 같다가도 긴 다리로 울창한 수풀 사이를 여유롭게 누비는 모습을 보면 또 그렇게 우아할 수가 없다. 이런 괴리는 아마도 물을 마시는 자세 탓에 생겨났을 것이다. 앙상한 다리를 볼썽사납게 쩍 벌린 것이 얼음 위에서 자빠진 밤비와 똑 닮은 것이다. 기린은 키가 너무 커서 개울가에서 고개를 숙이는 게 몹시 불편하다. 물을 마실 때 사자의 공격을 받기 쉽다는 것도 큰 약점이다. 그럼에도 뼈만 남은 다리, 넓은 골반, 엄청나게 긴 목이라는 이 기이한 조합은 적자생존이 지배하는 진화의 격투장에서 수많은 경쟁자를 제치고 살아남은 디자인이다. 단, 동물의 세계를 본보기로 삼고자 할 때 주의점이 하나 있다. 그것이 경탄하며 수용할 만한 적응의 결과물인지 아니면 진화의 족쇄가 낳은 비효율적인 디자인인지

한 번쯤 의문을 품어야 한다는 것이다.

"흔히들 동물은 마치 미리 계획된 것처럼 항상 보기 좋고 세련된 쪽으로 진화한다고 생각하지요. 진화가 늘 완벽한 것은 아니고 오히려 불완전함으로 가득하다는 사실을 우리는 잊고 있습니다." TV 다큐멘터리 시리즈 〈자연 속 거인들Inside Nature's Giants〉에서 진화생물학자 리처드 도킨스가 청중석의 수의학과 학생들을 향해 한 말이다.[49]

이 에피소드에서 도킨스는 차가운 철제 책상 위에 눕혀놓은 기린 사체를 내려다본다. 그가 설명을 이어가는 동안 보조하는 해부학자들은 기린의 목에 메스를 가져가 두껍고 뻣뻣한 피부를 절개한다. 그러자 굵직한 인대와 팽팽한 근육이 드러난다. 하지만 지금 찾고 있는 것은 이런 게 아니라 훨씬 깊숙한 곳의 가냘프고 흐늘흐늘한 되돌이후두신경recurrent laryngeal nerve이다. 뇌에서 후두로 이어지는 되돌이후두신경은 가느다란 국숫발처럼 생겼다. 뇌에서 출발해 기린의 목을 따라 쭉 내려온 뒤 흉부 대동맥을 빙 돌아 다시 왔던 길로 올라가는데, 전체 길이가 4.5미터나 된다. 그런데 이상하다. 정작 뇌와 성대(후두 안에 성대가 존재한다–옮긴이) 사이의 거리는 고작 십여 센티미터이기 때문이다.

"어떤 공학자도 이런 실수는 하지 않을 겁니다." 도킨스가 부연한다.

하지만 이 불완전한 구조는 인체에서도 똑같이 발견된다. 사람의 목은 기린보다 훨씬 짧아 거리 격차가 그리

크지 않지만 말이다. 왜 이런 명백한 오류가 남아 있는 걸까? 현생동물은 그 동물종이 거쳐온 모든 진화사의 산 증거라서, 이중나선 DNA에 유전자 코드로 암호화된 옛 기록이 고스란히 보존되어 있다. 그중 대부분은 여전히 베일에 싸여 있지만 우리 인간의 옛날이야기는 DNA 정보로 미루어 어느 정도 추리가 가능하다. 현대과학은 디자인 오류가 우리 조상대에서 일어나 대대손손 전해진 거라고 말한다. 즉, 후두신경이 왜 이렇게 쓸데없이 길어졌는지 이해하려면 한참 전의 과거로 거슬러 올라가야 한다. 최초의 육상동물이 출현하기도 전, 바닷속으로 말이다.

모든 현생 포유류의 시초가 된 물고기 조상은 군더더기 없는 신경을 갖고 있었다. 뇌에서 곧장 성대로 이어지는 간결한 구조다. 물고기에게는 목이 없기에 가능한 일이었다. 그런데 진화를 통해 목이 조금씩 길어지면서 신경이 흉부 대동맥활 밑에 걸려 오도 가도 못하는 신세가 됐다. 결국 후두신경은 대동맥활 너머까지 더 내려가지는 않고 돌아 올라오는 모양새로 목과 함께 점점 길어졌다. 일례로 거대한 용각류sauropods 같은 공룡은 후두신경 길이가 27미터나 됐다고 한다. 전부 신경이 중간에서 동맥에 걸린 탓이었다. 학계에서는 이런 후두신경 구조를 '비효율성의 기념비적 증거monument of inefficiency'라 칭한다.[50] 돌아가도 너무 돌아가는 되돌이후두신경은 아주 중요한 진실 하나를 알려주고 있다. 바로, 자연도 실수한다는 것이다. 자연의 디자인을 마주할 때 우리는 과학자의 호기심을 발동시켜 탐구를 시작한다. 그런데 말이 안 되는 현상투성이다. 자연의 디자인 중에는 실수가 세대를 거듭하며 축적된 결과물도 있고 당면한 문제가 재까닥 해결된 눈부신 성과도 있다. 이때 과학자의 목표는 지금 보고 있는 것이 둘 중 어느 쪽인가를 알아내는 것이다.

진화는 '완벽한' 작품을 낳지 않는다. 주어진 환경에 적응하기에 '지금보다 낫게' 변화를 줄 뿐이다. 동물의 유전체는 말도 못 하게 복잡하고, 인류의 분자생물학 지식이 초보 딱지를 뗀 지는 이제 70년이 지났다. DNA가 발견된 때는 컬러텔레비전이 처음 등장하고, 흡연이 폐암을 일으킨다는 사실이 보도되고, 영국에서 엘리자베스 2세가 왕위를 계승한 것과 거의 같은 시기였다. 인체를 구성하는 30조 세포 중 대부분은 DNA를 갖고 있다(DNA가 없는 세포는 핵이 없는 성숙한 적혈구뿐이다). DNA는 복제 오류율이 매우 낮아 돌연변이가 염기 3000만 쌍에 하나꼴로만 생긴다. 독립적인 편집기전들의 복제 오류를 점검하는 기능 덕분이다. 사람이 직접 한 단어 한 단어 옮겨가며 책 한 권을 베낀다고 치자. 단 한 글자도 틀리지 않고 다 베낀 후에는 몇 사람의 검수를 거친다. 상상만 해도 엄청난 부담감이 짓누르는 작업 아닌가. 그런데 DNA가 한 세대에서 다음 세대로 전수될 때 새롭게 쌓이는 돌연변이는 고작 100~200개쯤이라고 한다. 이 정도면 경이로운 정확도다. 그럼에도 변화와 실수는 늘 일어난다. 과학자들은 DNA 유전코드가 돌연변이 발생을 매우 효율적으로 최소화하게 되어 있을 뿐만 아니라 이미 생긴 오류도 단박에 폭주하지는 않는다고 설명한다. 이를테면 진화의 완급을 조절하는 셈이다. 그렇게 생긴 돌연변이 중 개체를 죽이지 않을 정도의 오류는 잔류하고 개체에 유익한 오류는 재생산된다. 우리 모두는 지금껏 쉼 없이 세상에 적응해왔고 앞으로도 그럴 것이다. 어떤 생물도 진정한 완벽의 경지에는 이르지 못한다.

자연이 범하는 가장 표 나는 실수를 꼽자면 아마도 외모 변형일 것이다. 기린 두 마리가 각각 2015년과 2018년에 왜소증을 가지고 태어난 일이 있었다. 두 마리는 다 자란 키가 고작 2.7미터로, 친구들의 목 부분보다 조금 더 긴 정도였다. 이만한 덩치의 수컷이 평범한 암컷 기린과 짝짓기를 하는 건 물리적으로 거의 불가능하다. 이런 돌연변이와 진화 과정의 실수는 언뜻 지구 생명의 결점과 우둔함을 드러내는 증거처럼 보인다. 그러나 이와 같은 우연과 실수가 없었다면 생태계가 지금처럼 다채로워지고 대륙마다 개성적인 색깔을 띠는 행운은 일어나지 않았을 것이다. 가령 아몬드 나무의 경우 오히려 돌연변이가 결과적으로 축복이 된 사례다. 수천 년 전, 이 나무에 일어난 돌연변이 하나가 아미그달린amygdalin 유전자의 스위치를 껐다. 아미그달린은 체내에서 청산가리로 분해되는 독성물질인데, 돌연변이 덕분에 인류는 오늘날까지 아몬드 나무를 재배할 수 있었다. 한편 훨씬 희귀한 예로 유전자 돌연변이 때문에 에이즈의 원인 바이러스인 인간면역결핍바이러스에 자연내성을 갖게 된 사람도 있다. 또한 낫적혈구빈혈sickle cell anemia이라는 혈액질환은 흔히 '나쁜' 돌연변이의 결과로 언급되지만 이 병을 타고난 환자는 말라리아에 강하다는 반전이 있다.

기린은 여느 동물과 마찬가지로 복잡한 진화의 과거사를 겪었다. 인류는 그 내막을 미처 다 파악하지 못한 상태다. 기린의 목은 어쩌다 그렇게 길어졌을까? 몇 가지 가설은 나왔지만 모두가 인정한 이론은 아직 없다. 다만 수컷이 암컷을 쟁취하려고 몸싸움을 벌이다가 그렇게 됐다는 주장과 다른 초식동물들이 접근하지 못하는 높은 나무의 이파리를 뜯어먹으려고 목이 길어졌다는 주장이 경합 중이다. 전자에 반대하는 측은 암컷의 목도 수컷만큼 길지만 암컷은 다른 기린들과 다투지 않는다는 점을 반론의 증거로 든다. 의문점은 또 있다. 기린의 뭉툭한 뿔은 왜 있는 걸까? 이 부분에 주목하면 몸싸움 가설에 힘이 실린다. 그러나 뿔이 있는 다른 동물들과 달리 커지지 않고 뭉툭한 덩어리로 남아 있는 게 이상하다. 또한 기린의 혀가 일반적인 살굿빛이 아니라 검푸른 이유는 뭘까? 혹자는 햇볕에 타지 않도록 그런 색이 됐을 거라고 하지만 진실은 아무도 모른다. 상황을 종합해보니 현존하는 최장신 동물에 대해 우리가 아는 게 거의 없다는 것을 새삼 깨닫는다. 그렇다면 이야기는 프랭크 쇼의 발을 동물원의 기린 우리 앞에 묶어둔 원점으로 돌아간다. 기린의 다리에 물이 차지 않는 이유는 무엇일까?

실은 프랭크보다 훨씬 먼저 기린을 보고 비슷한 의구

심을 품은 인물이 있었다. 모세혈관 연구로 1920년 노벨생리의학상을 받은 덴마크의 생리학자 아우구스트 크로그다. 그는 "기린의 긴 다리에 부종이 생기지 않는 이유를 알게 된다면 무척 흥미로울 것"이라고 말했다. 기린 다리에는 많은 양의 혈액이 흐르기 때문에 이곳의 모세혈관은 엄청난 압력을 버텨야 한다. 여기에 중력까지 더하면 안에 들어 있는 액체가 다 빠져나올 정도로 모세혈관에서 체액을 쭉쭉 짜내야 한다. 하지만 무슨 영문인지 그런 일은 일어나지 않는다. 1929년 〈미국 생리학저널American Journal of Physiology〉에 실린 논문에서 크로그는 "생물학의 다양한 문제를 해결하려 할 때 연구 대상으로 삼기 딱 좋은 동물이 하나 이상 반드시 있다"라고 언급했다.[51] 이른바 '크로그 원칙'이다.

대표적인 예가 북대서양 오징어다. 이 오징어의 뇌신경 뉴런에서 가느다랗게 뻗어나온 축삭axon은 전기신호를 전달하는 역할을 한다. 뉴런들은 기다란 축삭을 따라 전기신호를 내려보내 '담소'를 나눈다. 인간의 뇌는 어마어마하게 복잡해서, 쌀알 크기 면적에만 활발히 교류하는 뉴런 10만 개와 축삭 200만 개가 존재한다. 다시 뉴런 하나를 확대해보면 각 뉴런은 수만 개의 시냅스(신경돌기 말단이 다른 신경세포와 연접한 부위 – 옮긴이)를 통해 다른 뉴런들과 소통한다. 즉, 뇌 전체에 이론적으로 존재할 수 있는 신경세포와 연결망의 경우의 수는 어마어마하다는 계산이 나온다.

북대서양 오징어의 신경 축삭이 인간의 것보다 거의 1000배나 크다는 사실을 신경생리학자 존 재커리 영이 발견한 것은 1930년대의 일이다. 당시 그는 호박이 넝쿨째 굴러들어 왔음을 직감했다. 섬세하고 복잡한 인간 뇌를 연구하는 과학자들에게 오징어는 하늘이 내린 선물이었다. 오징어의 축삭은 지름이 1밀리미터에 이른다. 일명 '천사의 머리카락'이라 불리는 아주 얇은 파스타 카펠리니 면과 거의 비슷한 너비다. 그런데 이게 얼마나 큰 것이냐 하면, 내부에 전극을 심어 전류를 측정할 수 있을 정도다. 사람의 신경 축삭으로는 엄두도 못 내는 일인데 말이다. 오징어 신경 연구는 1963년 앨런 호지킨, 앤드루 헉슬리, 존 애클스에게 노벨생리의학상 수상의 영예를 안겼다. 자극에 반응해 전기신호가 발생하는 기전을 밝힘으로써 두뇌 활동을 이해할 실마리를 제공한 공로였다. 훗날 호지킨은 우스갯소리로 일은 오징어의 거대한 축삭이 다했다며 노벨상을 오징어에게 줬어야 한다고 얘기하기도 했다.

다시 기린 이야기로 돌아가, 제2차 세계대전이 한창이던 시절 항공의학을 연구하던 의사들은 어떻게 동물들은 갑자기 일어날 때 어지럽거나 눈앞이 아찔해지지 않는지 궁금했다. 기린은 물을 마시려고 6미터 아래 개울로 고개를 숙인다. 그러면 머리에 피가 몰려 뇌졸중으로 쓰러지지 않을까? 이번엔 머리를 다시 번쩍 들어올린다. 그러면 피가 부족해 핑 돌지 않을까? 사람이라면 잔디밭에 누워 일광욕을 즐기다가 갑자기 일어섰을 때 십중팔구는 일순간 현기증을 느낀다. 기껏해야 2미터도 안 되는 높이로 올렸는데도 말이다. 하물며 기린은 혈압이 세상에서 가장 높은 동물이니 무엇보다도 혈압 관리에 만전을 기해야 마땅하다. 어쨌든 공룡 이후로는 이런 고난도 미션을 떠안은 지구 생물체가 또 없는 것이다.

아니나 다를까, 기린은 특별한 생체역학에 힘입어 고충을 해결하는 것으로 밝혀졌다. 처음에는 10킬로그램이 넘는 심장에 비밀이 있을 거라는 의견이 대세였다. 심장이 피를 펌프질해 머리끝에서 발끝까지 골고루 돌게 하려면 혈액이 상당한 중력을 거슬러야 한다. 현재 오르후스대학교와 코펜하겐대학교에서 인간과 기린의 심혈관계 생리학을 연구하고 있는 크리스티안 올키어 교수는 다들 기린이 엄청나게 큰 심장을 갖고 있을 거라고 착각한다면서 입을 열었다. "하지만 어느 문헌에도 실제 측정치는 없었습니다."[52]

올키어 팀의 분석에 따르면, 포유동물 대부분은 심장 무게가 체중의 0.5퍼센트를 차지하고 기린도 예외가 아니라고 한다. 다시 말해 기린의 심장은 전혀 "특별히 크지 않다"는 얘기다. 다른 동물과의 차이점이 있다면 심장이 월등하게 두껍다는 것인데, 그 결과로 근육벽이 심장을 쥐어짰다가 푸는 과정에서 다량의 혈액 송출이 가능한 높은 압력 조건이 만들어진다. 또한 경정맥(목 위쪽의 혈액을 심장으로 전달하는 혈관–옮긴이) 곳곳에 달린 판막 역시 한몫한다. 뇌에서 혈액이 너무 빨리 빠져나가지 않도록 판막이 턱 역할을 해 뇌혈관 안팎의 압력 균형이 늘 유지되는 것이다. 그런데 정작 자연이 기량을 한껏 발휘한 곳은 따로 있다. 바로, 비쩍 말라서 우둘투둘하기만 한 다리다.

"기린 다리는 왜 붓지 않을까요?" 마치 선생님이 수업하듯 올키어 교수가 내게 묻는다. "사람은 그렇게 큰 압력이 다리에 쏠리면 퉁퉁 붓지 않습니까? 그런데 기린은 다리에 물 차는 일 없이 어떻게 항상 늘씬한 다리맵시를 뽐내는 걸까요?"

그 덩치로 기린이 번성하기 위해 다리 정맥으로 견뎌야 하는 혈압(250mmHg)은 동물의 왕국을 통틀어 단연코 으뜸이다. 그럼에도 다리에 피가 고이지 않는 것은 피부가 영구적으로 사용 가능한 압박스타킹 기능을 하는 덕이다. 이때 기린의 뻣뻣한 피부는 탄성 없이 골격에 착 달라붙어 있으면서도 조직세포 사이사이 공간에 혈액이 들락날락할 최소한의 여유는 남겨둔다. 이런 사이 공간들에는 그물망 같은 모세혈관이 분포한다. 혈액이 순회하며 세포에 영양분을 전달하고 체액이 드나들도록 하기 위해서다. 조직세포를 마주 보는 모세혈관벽에서는 영양분과 노폐물, 산소와 이산화탄소의 교환이 일어난다. 성인 한 명의 몸에는 약 100억 개의 모세혈관이 존재하고 한 가닥씩 길게 이으면 지구 두 바퀴 길이와 맞먹는다고 한다. 기린은 이런 물질 교환이 일어나는 모세혈관이 다른 동물들보다 훨씬 많다. 드나드는 물질 일부는 모세혈관으로 다시 들어가지 않고 림프관으로 우회한 뒤에 심장으로 복귀하기도 한다. 부종은 사이 공간의 체액이 혈관으로도 림프관으로도 이동하지 않아 생기는 현상이다. 그렇게 해서 틈새에 물이 고이면서 다리가 붓는 것이다. 그런데 기린에게는 이런 걱정이 없는 것은 억세고 탄탄한 살가죽 덕분이다. 게다가 기린은 나이를 먹고 키가 자랄수록 피부와 혈관벽이 함께 두꺼워진다.

올키어는 기린 피부를 자르는 게 얼마나 힘든지를 리놀륨 장판 절단에 비유한다. 기린 피부는 베이더라도 진물이 찔끔 나오는가 싶다가 그걸로 끝이다. 원체 비탄성 피부라 담겨 있는 체액이 얼마 없기 때문이다. "처음부터 압박스타킹을 신고 태어나는 것과 비슷하죠."

직접 논문을 뒤져 이 귀중한 정보를 찾아낸 뒤 프랭크 쇼가 주저 없이 직행한 곳은 아내의 옷장이었다. 그는 적당한 장화 한 켤레를 골라 칼로 앞부분을 길게 갈랐다. 그런 다음 한쪽에 벨크로 테이프를 붙이고 반대쪽에는 D자 금속고리를 가지런히 달았다. 벨크로 테이프를 D자 고리에 걸고 접으면 잠기는 구조였다. 마지막으로 여기다가 한 번 더 조여줄 밴드를 종아리에 둘, 발목에 둘, 발가락 부분에 하나 총 다섯 군데에 추가로 달았다. 밴드끼리는 가장자리가 조금씩 겹쳐서 틈으로 살이 불룩 솟아오르지 않도록 했다. 그렇게 뻣뻣한 가죽 재질로 다리 전체를 조여 붓지 않게 하는 부츠가 완성됐다. 이 디자인이면 다리 사이즈를 정확하게 잴 필요 없이 부츠를 신은 사람이 각자 자신에게 맞게 조정할 수 있었다. 게다가 발가락 밴드를 종아리 밴드보다 단단하게 죄는 식으로 압력 차를 주는 것도 가능했다.

"절대 안 신어." 회심작을 처음으로 선보인 프랭크에

게 허사가 단호하게 못 박았다.[53] 자신이 가장 아끼는 부츠를 남편이 쓸데없이 망가뜨렸다는 생각만 들었다. 이미 전국의 내로라하는 의사들을 다 만나봤지만 뾰족한 수가 없다지 않은가. 그런데도 뭣 하러 이렇게까지 한단 말인가.

하지만 남편의 애원에 그녀는 고집을 꺾고 휴가 때 가져갈 짐에 부츠를 일단 넣었다. 그렇더라도 곧장 마음을 연 건 아니었다. 수시로 다리를 뉘어 쉬어야 할 때마다 남편이 끈질기게 권하는 바람에 마지못해 압박부츠에 다리를 맡기기로 했다. 그런데 이럴 수가. 그날 그녀는 하루 종일 자유롭게 걸어다닐 수 있었다. 부츠로 갈아신은 다음부터는 단 한 번도 쉬려고 멈출 필요가 없었고 통증에 인상을 찌푸리지도 않았다. 이런 벅찬 기분이 얼마 만인지 몰랐다. 그녀는 남편을 향해 돌아서서 입을 열었다. "이거 특허 내자."

1984년 11월 5일, 프랭크는 스스로 '치료용 부츠Therapeutic Boot'라 이름 붙인 품목에 대해 출원번호 제3845769호 특허의 주인이 되었다. 그로부터 4년 후에는 쇼 메디컬Shaw Medical이라는 회사를 차렸고 얼마 뒤 부부의 딸 샌드라가 경영진으로 합류하면서 림프부종 연구개발을 본격화했다. 샌드라는 1990년에 의료기기 전문 기업 써크에이드CircAid를 창업해 독립한 뒤, 아버지가 발명한 비탄성 압박기술을 1993년에 정식으로 인수했다. 이후 유사 제품들이 우후죽순 쏟아져나왔지만 허사는 남은 평생 오로지 써크에이드의 스타킹만 신었다.

요즘엔 살아 있는 기린을 보는 게 예전만큼 쉽지 않다. 지금까지 세월의 풍파를 다 이겨낸 기린이지만 인류 문명의 칼끝은 피하지 못하는 듯하다. 밀렵꾼들조차 기린을 식용으로 잡는 대신 요깃거리가 거의 안 되는 꼬리만 자른다. 털이 촘촘한 기린 꼬리는 권력의 상징이라 왕의 부채 장식으로 인기가 높다. 한때는 화려했던 기린의 가계도에서 또 한 가지가 끊어지는 것을 지켜보자니 인류의 몰락도 머지않은 것 같아 씁쓸하다.

기린은 가장 혹독한 조건에서 생존하는 방법을 터득했다. 프랭크 쇼가 기린의 멀쑥한 다리에서 답을 찾은 것처럼 인간이 기린에게서 배울 게 여전히 많다.

달에서 꽈당

인터넷 검색창에 '다바 뉴먼'을 치면, 흰색 우주복을 입고 운동선수 같은 자세를 취하고 있는 금발 여성의 사진이 금방 눈에 띈다. 혈관처럼 가는 줄무늬가 있는 우주복은 몸에 딱 달라붙어 있고 머리에 쓴 투명한 헬멧은 거대한 비눗방울을 연상시킨다. 검은색 무릎보호대와 깔 맞춤한 장갑을 낀 양손은 허리춤에 얹혀 있어 당당한 분위기를 풍긴다. 흡사 미래를 배경으로 하는 어느 영화의 한 장면 같지만 뉴먼은 배우가 아니다. 그녀는 버락 오바마 행정부 시절 NASA 부국장을 지냈고, 현재는 매사추세츠공과대학교에서 항공우주공학 교수로 재직하고 있다. 사진은 언젠가 화성에 갈 날을 꿈꾸며 개발 중인 우주복의 모델이 되어 찍은 것이다.

비행기 조종사 아버지를 둔 그녀는 아폴로 11호가 달에 착륙하던 날을 똑똑히 기억한다. 역사적인 순간을 몬태나주 헬레나에서 TV를 통해 지켜볼 당시 그녀의 나이는 다섯 살이었다. 뉴먼 박사는 어릴 때부터 탐험이라면 사족을 못 썼다. 2002년부터 2003년까지는 남편인 기예르모 트로티와 함께 3만 6000해리(약 6만 7000킬로미터)를 항해해 세계일주에도 성공했다. 그리고 지금, 내가 컴퓨터 화면에 띄워놓은 〈테드〉 강연 영상 속에서 그녀는 아폴로 미션 시리즈의 "실수들"을 소개하고 있다. 아폴로 17호 우주인 잭 슈미트가 거대한 마시멜로 같은 흰색 우주복 차림으로 달 표면에서 시료채취 주머니를 서투르게 만지작거리다가 앞으로 넘어져 슬로모션으로 배와 손이 땅에 닿는다. 아폴로 16호의 찰리 듀크는 공기가 거의 없는 달에서 콩콩 뛰다가 균형을 잃고 뒤로 넘어진다. 본인은 거의 죽을 뻔했다고 묘사했는데, 아닌 게 아니라 만약 생명유지장치를 보호하는 유리섬유 덮개가 깨졌거나 펌프 같은 기계부속이 하나라도 망가졌다면 바로 목숨을 잃었을 터였다. 우주비행사에게는 우주복에 아주 미세한 틈만 생겨도 진공 상태의 우주공간에서 자신을 지키는 유일한 보호막이 사라지는 것이다. 우주복 안의 공기는 사람이 달에서 살아남기 위해 반드시 필요한 압력을 유지한다. 대신 우주비행사는 움직임이

굼떠지는 걸 감수해야 한다는 게 NASA의 해설이다. 특히 우주장비 수리 임무에서 가스가 빵빵하게 찬 장갑을 낀 손으로 작업하려면 여간 곤욕이 아니다. 몸동작이 서툴러지는 건 우주복 설계상 불가피하게 따라오는 단점이다.

달에서 연출된 우스꽝스러운 장면들은 딱히 기밀사항도 아니어서 인터넷에서 영상자료를 쉽게 찾을 수 있다. NASA는 우주탐사라는 미명 아래 빵빵한 특수복을 입은 사람들이 달에 내려 뛰어다니거나 뒤뚱대다가 넘어졌다는 보고를 빠짐없이 기록으로 남긴다. 가령 아폴로 15호에 탑승했던 데이비드 스콧 사령관의 낙상사고 경위는 이렇게 적혀 있다. "약간 파인 곳에 오른발을 디디면서 균형이 살짝 흐트러졌다. 그런데 하필 다음 왼발이 작은 돌멩이를 밟았고 푸석푸석한 달 표면에서 그대로 계속 미끄러지기 시작했다. 다시 중심을 잡으려고 다리를 허우적대자 가속도가 붙어 활강 속도가 점점 빨라졌다. 결국 스콧은 멈추기 위해 일부러 양손을 뻗어 앞으로 넘어졌다. 왼쪽 옆구리로 착지한 그는 몸을 반시계 방향으로 구르고는 TV 카메라 프레임 밖으로 사라졌다."[54]

만약 지구에서도 이렇게 움직임이 서툴렀다면 애초에 우주비행사로 뽑혔을 리가 없다. 현재 NASA는 아폴로 16호의 비행사가 물건을 집다가 발생한 사고 네 건의 기록을 공개하고 있다. 여기에 낙상 사고 두 건이 더 있는데, 둘 다 우주비행사가 토양경도계를 땅에 꽂다가 일어났다. 막대기처럼 생긴 토양경도계는 지표를 뚫고 어느 깊이까지

들어가려면 힘이 얼마나 필요한지 측정하는 장비다. 보고서 일부분을 발췌하면 이렇다. "이 작업을 하려면 우주복을 입은 상태에서 몸을 최대한 굽혀야 하는 것으로 분석된다. 이런 유의 임무를 맡는 작업자에게는 힘을 최대한 쓰면서 자기 몸을 완벽하게 통제하고 있다는 느낌이 들 때까지 많은 경험과 연습이 요구된다."[55]

지금 얘기하는 우주비행사들의 실수는 중력 탓이라기보다는 둔한 몸동작이 낳은 결과다. 우주복은 하나하나가 초미니 격리생존장치와 같아서 사람이 우주선 밖에서 활동하는 데 필요한 압력, 산소, 온도 조건을 제공한다. 대기권 밖의 우주에는 지구와 같은 산소도 대기압도 존재하지 않는다. 표고가 약 8800미터인 에베레스트산 정상에만 올라도 공기는 눈에 띄게 옅어진다. 하물며 고도 1만 9200미터 이상에서는 체액이 전부 기체로 증발하지 않도록 막아주는 특수의복을 입지 않으면 살 수가 없다. 그런 목적으로 개발된 우주복은 4.3psi(프사이. 제곱인치당 파운드를 뜻하는 압력 단위)의 압력으로 사람 몸을 조여준다. 4.3psi면 지구 해수면의 대기압(14.7psi)보다는 훨씬 약하고 에베레스트 꼭대기의 기압(4.8psi)에도 약간 모자라는 힘이다.

우주복의 단점은 움직임을 둔하게 만들고 쉽게 지치게 한다는 것이다. 우주복의 장갑은 소근육운동을 방해해 걸핏하면 실수로 물건을 손에서 놓치게 한다. 만약 그렇게 놓친 물건이 우주 공간에서 동료 비행사나 우주선을 치는 방향으로 날아간다면 아찔한 상황이 아닐 수 없다. 그래서 우주비행사는 뭔가를 떨어뜨릴 때마다 해당 물건이 무엇인지, 낙하 속도가 대략 얼마였는지, 어느 방향으로 떨어졌는지 자세히 보고하는 게 규칙이다. 역대 낙하사고가 보고된 물건 중에는 1965년의 여분 장갑, 1998년의 보온 담요, 2006년의 주걱과 카메라, 2007년의 펜치, 2008년의 장비 가방, 2017년의 덮개 천, 2018년의 와이어 끈 등이 있다. 없으면 밥을 굶는 것도 아니고 웬 주걱이냐 싶을지 모르겠다. 과거 우주왕복선 컬럼비아호가 단열재에 균열이 생긴 것을 모르고 대기권으로 재진입하다가 공중분해 된 사건이 있었다. 이후 NASA는 지구 궤도상에서 방열타일을 수리하는 실험을 수행하고 있다. 주걱은 이 타일에 접착제를 펴바르는 데 쓰는 물건이다.

뉴먼은 우주복 디자인을 개선해 착용자의 가동성을 높이고자 한다. 필수 요구 조건은 4.3psi의 압력 유지와 더욱 자유로운 움직임, 이 두 가지다. 인터넷에 돌아다니는 사진 속에서 박사가 입고 있는 디자인은 프랭크 쇼가 아내를 위해 만든 부츠와 똑같이 기린으로부터 영감을 얻어 탄생한 작품이다. 뉴먼이 "자연은 위대한 스승"이라고 표현할 만하다.[56] 10년간의 연구 끝에 완성된 새로운 우주복은 바이오수트BioSuit라는 이름으로 세상에 소개됐다. 뉴먼이 디자인한 이른바 '두 번째 피부'는 얇은 와이어와 코일을 근육처럼 촘촘하게 엮은 형상기억합금으로 만들어졌다. 바이오수트의 플러그를 우주선 전원공급장치에 꽂으면 코일이 수축해 입은 사람 몸에 딱 맞게 변한다. 이때 우주복이 눌려주는 압력은 우주비행사가 우주의 환경을 버티기 충분한 수준이라는 게 뉴먼의 설명이다. 수트를 벗을 때는 코일 온도를 낮춰 헐겁게 만들면 된다. 기본적으로 입는 사람이 조절 가능한 압박복인 것이다.

바이오수트의 또 다른 특징은 '비신장 곡선lines of non-extension(LONE)' 설계다. 장력 유지 소재가 구부러지지도 늘어나지도 않는 신체부위의 굴곡을 따라 배치되어 있다는 뜻이다. 비신장 곡선은 1940년대에 미공군과 항공자문위원회NACA를 위해 물리학자 아서 이버럴이 처음 고안한 개념이다. 인체에는 몸을 어떻게 움직여도 거의 수축하거나 늘어나지 않는 지점, 즉 비신장 곡선 포인트가 여러 군데 있다. 이 사실을 알게 된 그는 우주복에 접목해 내압을 유지하는 혁신적인 기술을 개발했는데, 비신장 곡선 포인트들을 연결하면 우주비행사의 움직임을 방해하지 않으면서 안전에 딱 필요한 만큼 몸을 압박할 수 있었다. 테스트는 스콧 크로스필드가 맡아 새로운 우주복을 입고 초음속제트기 X-15를 비행했다. X-15는 1960년대 제미니 미션Gemini mission(아폴로 달 탐사 프로젝트의 사전준비 차원에서 진행된 NASA의 인간 우주비행 프로그램 – 옮긴이)에서 우주 승무원들을 태우기도 했던 유인항공기다. 하지만 압력 분포가 균일하지 않다는 문제점이 발견됐고 이버럴의 첫 작품은 실패로 남았다.

그러고 나서 새롭게 떠오른 뉴먼의 바이오수트는 다행히도 압력이 전신에 골고루 간다. 혈관 같은 붉은색 선들이 바로 비신장 곡선 섬유인데, 수트가 피부에 착 붙지만 입은 사람의 움직임은 방해하지 않는다. 화성 표면에 내린 우주비행사가 불편한 옷 때문에 작업을 망치면 안 되지 않겠는가. 언젠가 인류가 화성에 베이스캠프를 세우고 생명 탐사를 시작한다면, 허리를 숙이거나 계측장비를 땅바닥에 내려놓는 일이 우주복 탓에 힘든 일은 없어야 할 것이다.

바이오수트는 의외의 분야에서도 각광받고 있다. 현재 뉴먼은 보스턴 어린이병원을 비롯한 여러 연구단체와 협약을 맺고 뇌졸중이나 뇌성마비 등으로 운동기능이 온전치 않은 아이들의 치료를 돕는 데 바이오수트 기술을 활용할 가능성을 타진 중이다. 조만간 수트에 구동장치를 달아 동작을 직접적으로 보정할 수 있도록 할 계획이다.

세상에는 인간에게 영감을 주는 동물들이 차고 넘친다. 그 가운데 유제류(발굽동물)인 낙타 덕에 최근 또 하나의 신기술이 떠오르고 있다. 사막의 불볕 아래서 털북숭이 낙타가 체온을 유지하는 방법을 본떠 새로운 냉각기술이 개발됐는데, 훨씬 적은 에너지로 음식이나 의료용품을 보다 오랫동안 차갑게 보관할 수 있을 것으로 기대된다. 현재 매사추세츠공과대학교의 공학자 제프리 그로스먼이 낙타의 모공과 털을 모방한 하이드로젤과 에어로겔 막을 겹쳐 연구를 진행 중이다.

수많은 생물종이 진화가 벌이는 실험의 대상이 되어 생존능력을 시험받는다. 그 덕에 오늘날 극지방 동물은 혹한에도 온기를 유지하고 기린은 긴 목과 다리로 사바나를 누빈다. 우리가 지구상 생물의 역사를 아무리 연구해도 구하는 모든 답을 얻지는 못할 것이다. 그들이 살아가는 목적은 우리 인간의 목적과 완전히 다르기 때문이다. 그럼에도, 아리스토텔레스가 기록한 것처럼, 확실히 "자연의 만물에는 경이로운 무언가가 있다".

6

자연의 결합 본능

푸른 홍합 — 무독성 접착제

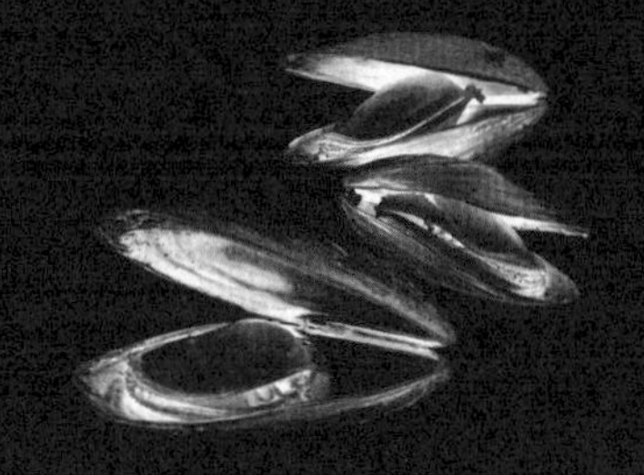

"세상에 접착제가 없다면

인간의 삶은 금은보화를 모두 잃을 때보다

훨씬 불안정하고 불편해질 것이다."

호러스 그릴리, 신문편집자, 1872년

~

바닷바람이 거센 어느 겨울 저녁, 캘리포니아 하프문베이의 필러포인트항 근처 해변에서 우리가 두 발을 고무장화에 욱여넣느라 낑낑댈 때, 사람들은 온몸이 햇볕에 시뻘겋게 그을은 채 모래 범벅이 되어 샌들 차림으로 차로 돌아가고 있었다. 파도가 흰 거품을 일으키며 높이 일렁이던 낮부터 일찌감치 와 있던 사람들이다. 비치타월 위에 누워 여유를 즐기는 동안 그들은 수평선에 떠 있는 배들과 습한 공기를 가르며 종이비행기처럼 나는 갈매기 무리를 봤을 것이다. 하지만 아마 생각도 못 했으리라. 같은 시각, 고작 몇 걸음 떨어진 얕은 웅덩이에서 또 다른 생명체 무리가 살아가고 있다는 사실을. 밀물과 썰물은 지구와 달 그리고 영향력은 훨씬 약하지만 태양의 중력이 서로를 잡아당기면서 생기는 현상이다. 그렇게 생기는 만조와 간조 사이의 공간은 이른바 조간대潮間帶, intertidal zone라는 독특한 생태계를 형성한다. 이곳의 생물들은 잡아먹을 듯 밀려오는 파도와 해변을 바싹 구울 만큼 뜨거운 한낮의 땡볕을 동시에 견딜 수 있게 튼튼해야 한다.

지금 우리는 자연사박물관인 캘리포니아 아카데미 오브 사이언스 관계자들과 함께 이곳에 나와 있다. 오늘의 임무는 해변을 관찰하고 찾은 것을 기록하는 것이다. 바람에 벗겨질 듯 재킷이 나부끼지만 다들 공부에 열중한 학생처럼 고개를 푹 숙인 채 돌멩이만 뒤진다. 곳곳에 파인 물웅덩이는 조각 난 황금거울처럼 석양을 반사해 눈이 부시다. 노란색 우비를 입은 한 남자가 자신의 발끝을 잠시 쳐다보더니 한쪽 무릎을 굽힌다. 강풍으로 수면에 잔물결이 일든 말든 그의 시선은 얕은 물속의 생물체에 고정되어 있다. 조간대에서는 시시각각 풍광이 달라진다. 게들은 숨을 곳을 찾느라 옆걸음질로 허둥지둥하고, 불가사리는 촉수에 힘을 주어 통통한 다섯 팔을 들어올린다. 갈매기는 끼룩끼룩 울면서 요깃거리를 찾아 바위 근처를 선회한다. 심지어는 멍게조차 가만 있지 않고 조수의 리듬에 맞춰 미끌미끌한 몸뚱이를 흐느적거린다. 조간대는 지구 생태계의 분수령이 되는 역사의 현장이다. 태곳적, 바로 여기서 땅과 물과 공기가 만나 변화가 시작됐고 생명이 바다에서 육지로 올라와 인류의 먼 조상이 됐다. 조간대는 "조금씩 나아가면 멀리 갈 수 있다Poco a poco se va lejos"라는 스페인 속담을 떠오르게 한다.

나는 무릎을 꿇고 상체를 숙여 유일하게 미동 없는

생물체를 가까이 들여다본다. 바위에 덕지덕지 붙은 검푸른 홍합들이다. 틈새마다 자리 잡은 홍합은 입을 꾹 다문 채 저희끼리 다닥다닥 뭉쳐 있다. 캘리포니아주립대학교 샌타바버라 캠퍼스의 해양생물학 교수 J. 허버트 웨이트는 홍합도 움직일 수 있는데 그 순간을 포착하려면 참을성 있게 기다려야 한다고 말한다. 눈빛 초롱초롱한 대학원생이던 1970년대에 홍합의 생화학을 연구하기 시작한 그는 축축한 바위에서도 홍합을 단단하게 붙어 있게 하는 비밀을 최초로 밝혀내 학계에 이름을 알렸다. 나는 2020년 겨울에 그를 처음 만났다. 거의 움직이지 않는 한 생물을 연구하는 데에 수십 년을 바친 이 인물에게서 그때는 무언가 답답한 면이 느껴졌었다. 하지만 이런 첫인상은 곧 사라지고 그가 훨씬 괜찮고 본받을 만한 사람이라는 것을 알게 됐다.

웨이트와 대화를 나누다 보면, 퉁명스러운 말과 몽상가적 생각이 마치 밀물과 썰물처럼 끝없이 철썩거린다. 그는 뉴저지주 바네가트만의 한 바닷가에서 자랐다. 물결이 늘 잔잔해 노 젓는 배나 소형 모터보트를 띄우기에 안성맞춤인 곳이다. 어린 시절엔 낚시하고 채집하고 자연 속에서 빈둥거리는 게 그의 일과였다고 한다. 대학에 진학한 뒤로는 적성인 생물학과 화학을 어떻게 진로로 연결할지를 궁리했다. 그땐 자주 혼잣말을 했다. "호모 사피엔스 따위 될 대로 되라지. 난 다른 생물들이 어떻게 사는지 알고 싶다고." 그래도 그는 "호모 사피엔스를 설득해야 연구비를 딸 수 있다는 사실"을 알 정도로는 현실적이었다.[57]

그는 연구하는 생물들만큼이나 조용한 성격이다. 늘 말없이 해변을 보살피거나 과학 연구를 한다. 자신의 아이디어에서 비롯된 발명을 남들에게 퍼주는 데에도 아낌이 없다. 그에게 호기심과 창작은 섬세한 탱고 같은 것이다. 그의 철학은 단순해서, 지식을 응용하는 방식에는 근본적으로 의미 있는 것과 별로 의미 없는 것 두 가지가 있다고 생각한다. 특히 서양에서는 그 가운데 많은 발명품이 필요가 아닌 편의의 결과물로 탄생한다는 것이다. 그렇게 인간은 편리함에 중독되어가고 편의가 현대인의 필수품이 된다고 설명하면서 그가 덧붙인다. "사실은 전부 짐 덩어리인데 말이죠."

웨이트가 홍합의 세상에 입문했을 때 완벽하게 방수되는 무독성 접착제는 세상에 존재하지 않았다. 바로 코앞에서 홍합들이 재생도 가능하고 5분이면 전부 생분해되는 접착제를 만들고 있었음에도, 비슷하게 흉내 내어 상품화하려는 인간의 도전은 번번이 실패했다. 웨이트는 홍합이 "과학의 꽃인 화학의 대가"이기 때문이라고 설명한다. 화학 이야기는 그 자체로 우주의 성서이며, 모든 것이 어떻게 만들어지고 배열되는지에 대한 분자적인 청사진이다.

그의 말로는, 홍합이 걷는 광경을 직관하려면 타이밍을 잘 맞춰야 한다. 홍합은 보금자리로 삼을 적당한 장소를 찾아다닐 때 껍데기에서 혓바닥 같은 발을 내밀고는 미끄러지듯 나아간다. 느릿느릿 더듬더듬 진행하는 과정을 구경하고 있자면 완전히 다른 세상에 와 있는 듯한 묘한 기분이 든다. 바닷가에 이렇게 진을 치고 있지 않은 보통 사람들은 방송에서 고속재생 녹화본으로 접할 수 있는 광경이다. 바위나 배 선체를 맞닥뜨린 홍합은 일명 족사足絲라는 가는 섬유를 길게 뿜어 텐트 고정줄처럼 바위나 선체 표면에 엮는다(요리사들이 '홍합의 수염'이라고 부르는 게 바로 이 족사다). 고정줄 수십 개를 박은 홍합은 단단히 고정되어 파도가 아무리 쳐도 바다에 휩쓸려가지 않는다. 홍합의 족사는 원래 길이의 1.6배까지 늘어날 수 있고 사람의 아킬레스건보다 5배나 질기다. 어린 홍합은 정착지를 탐색하면서 높은 데로 올라갈 때 족사를 등반 로프로 활용하기도 한다. 위로 던진 로프가 무언가에 걸리면 발을 껍데기 안에 쏙 집어넣어 몸을 끌어올리는 식이다.

홍합의 족사는 작열하는 직사광선과 바닷물의 부식 작용을 이겨내야 한다. 말 그대로 인고의 결정체다. 서핑을 하는 사람이라면 공감할 텐데, 육지와 바다 두 곳에서 동시에 살아가는 삶은 만만치 않다. 게다가 험난한 야생 아닌가. 그런데 그 와중에 스멀스멀 의문이 솟는다. 뼈대도 뇌도 없는 쌍각류 조개에서 인간이 배울 게 뭐 얼마나 있을까? 홍합의 접착성분이 사람이 만든 접착제들과 많이 다른가? 비슷한 게 이미 많은데 굳이 새 접착제가 필요할까?

접착제 전성시대

대부분의 사람들은 접착제가 없던 시절을 상상도 하지 못한다. 하물며 접착제의 발전 비화가 지저분하고 잔인했음을 아는 이는 더더욱 드물다. 현대인이 문명의 이기에 얼마나 길들어 있는지는 깊이 생각하지 않아도 금방 눈에 보인다. 우리는 여기저기에 풀을 발라 이어 붙이고 무언가를 만들고 밀봉한다. 상자에 음식을 담아 포장할 때도, 봉투를 닫을 때도, 항공기 부품들을 조립할 때도, 신발 밑창을 붙일 때도, 가구를 만들 때도 접착제가 없으면 안 된다. 내 책상만 둘러봐도 전부 다 접착제로 붙인 물건이다. 연필, 노트, 휴대전화, 머리끈, 심지어는 먹으려고 갖다 놓은 사과에 붙은 스티커까지.

인간은 옛날 옛적부터 뭐든 이어 붙여보려 했다. 20만 년 전, 네안데르탈인은 자작나무 껍질을 태워 꾸덕꾸덕한 검은 기름을 만들 수 있었다. 그들은 이 타르로 이것저것 이어 붙여 도구와 무기를 제작했다. 호모 사피엔스가 아프리카 대륙에 등장하기 전, 네안데르탈인이 10만 년 넘게 번성할 수 있었던 것은 이처럼 나무 수액과 황토를 활용하는 창의성 덕이었다. 네안데르탈인이 생각 없고 멍청한 원시인이라는 속설을 산산이 부수는 얘기다. 증거도 있다. 가장 널리 알려진 유적은 약 5200년 전의 미라 외치Ötzi와 함께 발견된 자작나무 풀 자국이다. 1991년, 이탈리아와 오스트리아 사이의 국경을 이루는 외츠탈알프스산맥에서 엎드린 자세로 꽁꽁 얼어 미라가 된 외치를 등산객들이 발견했다. 그런데 정밀분석 결과, 전문가들이 화살 끝에 반으로 가른 깃털 세 장이 자작나무 타르로 발려 있었다는 사실을 알아낸 것이다.

역사가 기록되기 시작한 즈음으로 수천 년의 시간을 되돌리면, 마른 뒤엔 방수되는 접착제 역할을 한다는 점을 이용해 인류가 동물 피를 애용했다는 자료가 존재한다. 또 한때는, 늙어서 쓸모를 다한 말과 소는 일종의 '접착제 공장'으로 보내지는 게 관례였다. 발굽, 가죽, 뼈의 콜라겐이 종이와 가구 제작용 접착제의 재료로 탈바꿈할 수 있었기 때문이다. 동물 사체를 물로 씻겨 흙먼지를 제거한 뒤 물에 끓이면 콜라겐이 녹아 액체로 변한다. 그것을 증발시켜 농축해 풀을 만드는 것이다. 초창기 접착제 공장은 전혀 쾌적한 일터가 아니었다. 1925년에 화학자 토머스 램버트가 남긴 기록을 보면, 동물 뼈 처리 공장은 부지 선정이 굉장히 중요하다는 내용이 있다. "이런 작업장은 반드시 마을 외곽에 지어야 한다. 고약한 악취가 주민의 원성을 사기 때문이다."[58]

콜라겐이라는 단어는 '접착제'를 뜻하는 그리스어 'kolla'와 '생산'을 뜻하는 'gen'에서 나왔다. 콜라겐은 이름 그대로 유용한 물질이다. 젖어 있을 땐 탱글탱글하지만 마르면 단단해지는 젤라틴으로 가공할 수 있기 때문이다. 특히 제과업계는 콜라겐이 없으면 안 된다. 사탕 회사들은 돼지피부, 소뼈, 소가죽을 벗기고 조각내 뽑은 콜라겐으로 아기곰, 콜라병, 과일 모양의 젤라틴 사탕젤리를 만든다. 인간의 콜라겐 사냥터가 된 건 바다도 예외가 아니었다. 콜라겐으로 고무패킹과 종이를 강철에 붙이기 위해 수많은 해양생물이 살가죽과 방광을 인간에게 내주어야 했다. 요즘에도 시장에는 접착제 신제품이 끊임없이 등장한다. 심지어 고기조각을 이어 붙여 큰 덩어리로 만드는 미트글루 meat glue라는 것도 있다. 미트글루는 치킨너겟, 햄과 소시지, 게맛살 같은 재가공육을 생산할 때 널리 쓰이기 시작한 이래로, 베이컨으로 만 대구구이처럼 여러 출처의 동식물 식재료를 가지고 먹을 수 있는 예술작품을 만드는 셰프들 덕분에 다시 뜨게 됐다. 접착제는 현대사회의 발전에 묵묵히 힘을 보태온 숨은 일꾼이다. 피비린내 나는 탄생 비화를 화려한 실적 뒤에 숨긴 채 말이다. 동물 피 접착제는 1910년부터 1925년 사이 전투기용 합판에 사용되면서 반짝 인기를 얻었다가 연간 소비량 약 2만 톤을 찍은 1960년을 정점으로 천천히 수요가 줄어 이제는 아무도 찾지 않는다. 그리고 그 자리를 대신해 왕좌를 차지한 것이 바로 포름알데히드Formaldehyde 풀이다.

포름알데히드는 시신을 방부 처리하거나 가구용 강화목, 철제장, 벽면에 덧대는 패널을 고정할 때 쓰이는 기체다. 아무 색도 없지만 특유의 냄새가 강한 포름알데히드는 석유와 천연가스의 부산물로 나오는 성분으로, 사람에게 암을 일으킬지 모른다는 의심을 받고 있다. 합판과 파티클보드를 제작하는 과정에서 배출되는 포름알데히드 증기는 눈, 코, 목, 피부에 자극을 주기 때문에 작업자와 소비자 모두에게 암을 비롯한 유해성 주의가 요구된다. 이러한 단점에도 포름알데히드가 산업에 기여하는 바는 무시할 수 없이 크다. 생산량만 해도 기록이 남아 있는 마지막 해인 1998년 기준으로 미국에서만 500만 톤이 넘는다.[59] 북미에서는 목공업에서 사용하는 접착수지의 90퍼센트 이상이 포름알데히드 기반 제품인데, 보통은 화석연료를 태워 생산된다. 포름알데히드 접착제 산업은 한창 호황 중이다. 1999년에는 미국과 캐나다에서 목공용 접착제 구매에만 74억 달러가 지출됐다. 내가 사막에 나가 있을 때 머무는 캠핑카만 봐도 포름알데히드의 손길이 곳곳에 닿아 있다. 캠핑카는 굴러다니는 잡동사니 상자라서 바닥재, 패널, 캐비닛, 가구, 조리대 어느 하나 포름알데히드 풀을 발라 만들어지지 않은 게 없다. 차 내부에 붙어 있는 세 개의 강렬한 빨간색의 포름알데히드 노출 경고 스티커가 그 증거다.

접착제에는 현대사회를 단결시키는 힘이 있는 것 같다. 특유의 '끈끈함'으로 빅 비즈니스를 가능하게 만든달까. 그러나 잘 나가는 요즘 접착제들을 모두가 마음에 들어하는 건 아니다. 세상에는 이 행성과 인류 모두에게 덜 유해한 새로운 접착제를 찾을 수 있다고 믿는 이들이 있다. 박사후 연구원 시절 무독성 합성물질을 연구한 오리건주립대학교 교수 리카이창이 그중 한 사람이다. 지난 1999년 어느 하루, 채집을 위해 오리건 해안에 나온 그는 거센 물살에도 꿈쩍하지 않는 푸른 홍합에 매료됐다. 친구들은 대충 긁어낸 터라 돌 부스러기가 여전히 덕지덕지 붙은 홍합들을 한 양동이에 때려넣고 덜그럭대며 다녔지만, 과학자인 리카이창은 나중에 연구할 생각으로 일부를 따로 잘 싸서 담았다. 연구실로 돌아온 뒤엔 홍합의 끈적끈적한 접착 성분을 조사하고, 웨이트를 비롯한 선배들의 연구를 훑었다. 곧 그는 우리가 이미 푸른 홍합과 홍합이 만드는 접착 물질에 관해 많은 것을 알고 있다는 사실을 깨달았다. 하지만 거기서 만족할 수는 없었다. 홍합 단백질을 자연에서 수확하는 방식은 비용 효율이 좋지 않았다. 접착성분 1그램을 정제하려면 홍합을 1만 마리나 캐야 했다. 홍합 단백질은 소젖 짜듯 나오는 게 아니고 그걸 원하는 것도 아니었다. 그렇다면 최선은 가장 비슷하게 합성하는 방법을 찾는 것이었다.

축축하고 꺼칠꺼칠하고 더러운 그곳에

홍합은 축축하고 꺼칠꺼칠하고 더러운 곳에 들러붙는 것을 좋아한다. 인간이 만든 접착제가 물기 없이 깨끗하고 매끈한 표면에만 잘 붙는 것과는 정반대다. 접착제 개발자를 애먹이는 최대 난제 중 하나는 물과 염분과 오염이 있을 때 접착력이 얼마나 잘 유지되는가다. 만약 이 모든 악조건을 극복하는 천연 접착제가 나온다면, 염분 있는 물이 묻은 상태에서 수술 상처를 봉합하거나 손상된 태아막을 신속하게 복구하는 게 가능해지고, 선박 제작 방식이 조금 달라질지 모른다. 또 어쩌면 친환경 접착제로 건강한 산호 조각을 이어 붙여 야생으로 돌려보내는 산호초 복원 작업이 활발해질 수도 있다. 아무리 골몰해도 늘 목표에 한 뼘씩 모자라는 인간과 달리, 홍합은 축축하고 더러운 곳들에 척척 들러붙는 재주에 통달한 지 이미 오래다. 바위에 딱 붙은 홍합에게 철썩이는 파도와 꺼끌꺼끌한 바닷물은 모래폭풍 속에서 깎이고 갈리는 연마 효과를 내게 한다. 자연의 혹독함은 홍합 껍질에 고스란히 흔적을 남겨 껍데기의 유기물질을 홀라당 벗겨내기 일쑤다. 반복되는 바다의 폭정에 홍합은 제 몸을 지키고자 껍질을 점점 두껍게 만든다. 그런데 이상하게도 족사의 모양에는 변함이 없다. 껍질 밖으로 거의 5센티미터나 삐져나와서 파도에 그대로 노출되어 있는데 말이다.

홍합의 방수성 접착제는 만들어지는 동안에도, 바위에 붙은 다음에도 그 성질을 유지한다. 어떻게 이게 가능할까? 그 비밀은 얼핏 연체동물처럼 보이는 홍합의 발에 있다. 그 속에는 길쭉하게 통로가 뚫려 있고 끄트머리가 뚫어뺑의 고무주둥이 역할을 하는 구조이다. 그런 까닭에 홍합의 발이 바위를 디디면 공기도 물도 새어 들어오지 않는 아주 작은 진공 공간이 만들어진다. 이 공간 안에는 바닷물 한 방울도 존재하지 않을 뿐만 아니라 액체 상태의 끈끈이 단백질을 흘러나오게 할 압력 차가 만들어진다. 이때 홍합은 펌프질을 반복해 끈적끈적한 거품 덩어리를 가느다란 실 모양으로 가다듬는다. 과정은 거푸집에 원료액을 주입하는 사출 성형과 비슷하다. 액체 상태의 폴리머를 거푸집에 붓고 한참을 숙성한 뒤 틀을 캔다. 그러면 짜잔 하고 충분히 단단해진 본품이 모습을 드러낸다. 마무리 보양 작업은 실제 자연환경, 즉 파도에 노출되면서 차차 이뤄진다.

웨이트는 "염도가 중요한 경우도 일부 있지만 대부분의 건조 반응은 pH 차이 때문에" 일어난다고 설명한다. 바닷물의 pH는 약 8인데 홍합의 세포 내 단백질은 거의 항상 pH 5 정도를 유지한다는 것이다. "이 pH 차이 때문에 족사 단백질이 엄청나게 잘 굳습니다. 홍합은 족사를 한 가닥씩 뽑을 때마다 이 양생 과정을 반복하죠. 효율이 아주 높은 초소형 도포기인 셈입니다."

이렇게 해서 '어떻게 붙는지'는 이해했고, 그렇다면 이 단백질의 정체는 뭘까? 어떤 화학성분들이 홍합의 발을 철썩 붙어 있게 하는 걸까? 홍합의 족사에 들어 있는 단백질은 홍합의 점착 단백질mussel adhesive protein, 일명 'MAP'라고 불린다. 단백질은 여러 아미노산이 모여 구성되는데, MAP의 경우 특정 아미노산 하나가 (특히 다른 MAP과 결합했을 때) 홍합을 더욱 끈적끈적하게 만드는 일등공신으로 지목된다. 바로 L-DOPA(엘-도파)다. L-DOPA는 기분과 쾌감을 조절하는 신경전달물질인 도파민과 매우 비슷하게 생겨서 그 전구물질 역할을 하는 아미노산이다. 홍합에서 이 아미노산이 처음 발견됐을 때는 L-DOPA가 거의 파킨슨병 치료제로만 유명하던 시절이었다. 손발이 덜덜 떨리고 온몸이 뻣뻣하게 굳고 걷기가 힘들어지는 파킨슨병은 도파민이 부족해져 생기는 뇌질환이다. 그런 까닭에 완치까지는 여전히 어렵더라도 증상을 억제하고자 도파민 생성을 돕는 L-DOPA가 의약품으로 개발된 것이다. L-DOPA는 수면병 환자들의 실화를 다룬 올리버 색스의 《깨어남》에도 등장한다. 책을 보면 이 약의 효과는 사람마다 달랐는데, 로즈 R 같은 환자는 잠에서 깨니 30년이 훌쩍 흐른 뒤라는 사실을 깨닫고 큰 충격을 받았다고 한다.

하지만 홍합의 L-DOPA는 단백질 분자 안에 들어가 있어서 파킨슨병과는 아무 상관이 없다는 게 웨이트의 부연이다. 홍합의 발에서는 L-DOPA가 촘촘한 교차결합을 형성해 접착력을 강화하는 역할을 한다. 특히 L-DOPA는 라이신lysine이라는 또 다른 아미노산과 시너지 효과를 일으켜 족사를 세상에서 가장 튼튼한 견인줄로 만든다. 만약 두 아미노산을 캐릭터에 빗대 L-DOPA가 스파이더맨이라고 치면 라이신은 믿음직한 조력자라 할 수 있다. 리신은 족사가 붙을 축축한 바위 표면을 미리 정리한다. 본격적인 접착제 도포 작업 전에 밑칠을 해두는 것과 비슷하다. 같은 극끼리 반발하는 자석처럼 라이신의 양전하가 바위의 양전하를 밀어내고 나면 깔끔하게 정돈된 표면에 L-DOPA가 등판해 접착력을 한껏 발휘한다. 재빠르게 치고 빠지는 완벽한 연타공격이다.

리카이창은 나뭇조각 실험을 통해 L-DOPA의 접착력을 직접 확인했다. 하지만 그의 탐구는 지금부터 시작이었다. 이제는 홍합의 접착성분을 실험실에서 최대한 똑같이 재현해야 했다. 제작 과정의 비용 효율을 높이는 것도 물론 중요했지만 그에게는 다른 문제가 더 큰 고민이었다.

액체 상태로 분비되는 홍합의 접착 단백질은 실온에서 금방 굳어버린다. 이대로라면 아무리 힘주어 튜브를 짜도 내용물이 나오지 않을 게 뻔했다.

홍합의 단백질 성분을 실험실에서 어찌어찌 합성해서 마지막에 굳지 않게 이래저래 처리한 다음 상용화 수준으로 대량 생산할 수 있다면……. 리카이창은 도전 가치가 있다고 판단했다. 다만, 그러려면 아직 한 가지가 더 필요했다.

콩이라고?

흔히 콩은 볶음요리나 두유를 만들 때 넣는 식재료로 더 친숙하다. 아니면 친환경 소이캔들 때문에 종종 들어봤을 것이다. 그런데 사실 콩에는 상당 기간 접착제로 사용됐다는 숨겨진 이력이 있다. 콩풀은 습기에 강하고 더 잘 붙는 화학접착제가 성행하기 전인 1930년대부터 1960년대까지 흔히 쓰였다. 석유에 딸려나오는 탓에 생산량이 한정된 포름알데히드와 달리, 콩 단백질은 식물성이고 매년 저절로 생성되며 독성도 없다. 그런 면에서 더 나은 접착제 성분을 고심하는 이에게 콩은 상당히 매력적인 후보다. 리카이창의 생각도 그랬다. 하지만 콩 접착제가 시중의 제품들과 겨루려면 엇비슷한 접착력 가지고는 부족했다. 평범한 접착제들보다 훨씬 뛰어난 성능이 필수였다. 그래서 그가 찾은 방법은 홍합 L-DOPA의 위력을 콩 단백질로 배가시키는 것이었다. 그 결과, 방수가 되면서 비용 효율적인 초강력 접착제가 새롭게 탄생했다. 당장 어느 시장에 내놔도 손색이 없었다. 콩과 홍합은 그야말로 환상의 콤비였다. 리카이창의 연구팀은 홍합 단백질을 처음부터 합성하는 대신 콩을 조작해 홍합에게 없는 단백질은 생성되지 않게 하면서 홍합의 아미노산 사슬이 콩 단백질 분자 안에 들어가게끔 만들었다. 그렇게 해서 나온 작품이 홍합의 힘을 가진 프랑켄슈타인 콩 단백질이었다. 이 접착성분은 몇 시간을 팔팔 끓여도 분해되지 않았다.

연구실에서 아이디어를 실체화하는 데 성공했으니, 다음은 시장을 정복할 차례였다. 시험관과 페트리 접시 안의 많은 현상이 보편타당한 과학으로 나아가지 못하는 것은 보통 이 단계에서 실패하기 때문이다. 이때 과학자는 두 가지 장벽에 가로막힌다. 하나는 변화를 거부하는 사회의 본능이고, 다른 하나는 성공이 보장되지 않은 혁신에 지갑을 열기 꺼리는 기업들의 속내다. 리카이창에게는 결단을 내려 업계에 새바람을 일으킬 정도로 그의 아이디어를 높이 사는 기업의 후원이 절실했다. 그러던 2003년, 스티브 평을 만나면서 마침내 기회가 찾아왔다. 그가 기술혁신 부사장으로 있는 컬럼비아 포레스트 프로덕트Columbia Forest Products는 1957년부터 활엽수 합판을 제작해온 북미 최대의 기업이다. 세계보건기구WHO가 포름알데히드의 발암 가능성을 공식 인정한 것을 계기로, 회사는 포름알데히드가 없는 새로운 접착수지를 물색하고 있었다.

그러다 연이 닿은 것이 리카이창이었고 곧이어 제지용 접착수지 공급업체까지 영입하면서 팀이 완성됐다. 컬럼비아 포레스트 프로덕트는 퓨어본드PureBond라는 리카이창의 신기술을 도입해 합판패널 제조 공정을 대폭 수정했다. 덕분에 예전엔 2만 톤 넘게 들어가던 포름알데히드 수지를 전부 퓨어본드로 대체하고 공장의 유해 대기오염물질 배출을 50~90퍼센트 줄일 수 있었다. 그 결과, 컬럼비아 포레스트 프로덕트는 포름알데히드 없이 콩 기반 접착수지를 사용해 제품을 생산하는 최초의 목재가공기업이 되었다. 이 접착제가 탄소 배출을 완전히 없애는 '넷제로 net-zero(탄소중립)'를 실현하진 못했지만 적어도 덜 독하고 재생 가능한 대안이 하나 더 생긴 건 사실이다. 그리고 신제품이 기존 제품들보다 못한 경우도 수두룩한 것도 사실이지만 콩 접착제는 건강에 심각한 위협이 되지 않는다. 콩이 영유아 같은 특정 집단에 소화기, 호흡기, 피부의 알레르기 반응을 일으킨다는 얘기는 있지만, 알레르기원 성분들은 접착제 원료가 수많은 공정 단계를 거치는 동안 전부 제거된다. 업계 일각에서 퓨어본드를 "성배급의 천재적인 신물질"이라 절찬하는 이유다.[60]

오리건주립대학교 명의로 새로운 접착제의 특허가 출원된 지 3년도 지나지 않아 컬럼비아 포레스트 프로덕트는 공장 일곱 곳을 무독성 콩 접착제만 사용하는 공정 체제로 완전히 전환했다. 2019년 7월에는 미국에서 재배

된 콩 성분의 퓨어본드로 합판패널 100만 장을 생산 달성한 소식을 알려오기도 했다.[61] 오리건주립대학교의 집계로는 오늘날 미국에서 제조되는 합판의 60퍼센트 정도에 리카이창의 콩풀이 사용된다고 한다.[62] 리카이창은 콩 접착제를 개발한 공로로 2007년 미국 환경보호국Environmental Protection Agency이 수여하는 녹색화학도전 대통령상Presidential Green Chemistry Challenge Award을 수상했다.

물론 이 끈적거리는 조개가 흥미롭다고 느낀 건 웨이트와 리카이창뿐이 아니다.

지속가능한 천연 소재

해양생물학자 에밀리 캐링턴이 학생들 맞은편에 서서 유리병 하나를 들어 보인다. 맨눈에는 보이지 않는 식물성 플랑크톤이 가득한 까닭에 병 속은 온통 거무죽죽하다. 캐링턴 교수가 홍합 하나를 퐁당 떨어뜨리고는 입을 연다. "한 시간도 안 되어 물이 투명하게 변할 겁니다."

현재 워싱턴대학교에서 후학을 가르치는 캐링턴은 수십 년째 홍합을 연구하고 있다. 시작은 동부 연안이었지만 중간에 밴쿠버 남단을 접한 서부해안의 샌완섬San Juan Island으로 옮겨와 연구를 이어가고 있다. "보통은 강어귀에 농지가 몰려 있고 거기에 퍼붓는 질소비료가 수확량을 크게 늘리죠. 좋은 일이지만 과하면 도리어 해가 될 수 있어요. 제 꿈은 농지 배수로 앞에 홍합으로 막을 치는 겁니다. 질소물이 바다로 가기 전에 홍합이 정화하도록요."[63] 그녀가 덧붙인다. "그렇게 되면 정말 멋질 거예요. 이후 거둬들인 홍합은 농토에 비료로 재활용하면 됩니다. 선순환의 고리가 안에서 계속 돌아가게 하는 겁니다. 지금은 질소 성분이 전부 바다로 흘러나가고 있지만요."

샐리시해Salish Sea 지역의 자연과 민속을 다루는 온라인 계간지 〈샐리시 매거진Salish Magazine〉은 홍합을 최고의 '바다 청소부'라 부르며 그 정화 능력을 극찬했다.[64] 홍합 한 마리는 매일 욕조 한 통만 한 바닷물을 한쪽 구멍으로 빨아들였다가 다른 구멍으로 내보낸다. 그 이유는 홍합이 먼지보다 작은 해양생물들을 골라 잡아먹기 위해서인데, 그 과정에서 물속의 온갖 독소까지 제거되는 것이다. 걸러진 독소는 홍합의 체내에서 분해되거나 연조직에 축적된다. 여기에 주목한 워싱턴주 자연생태보호국은 홍합을 퓨젓사운드Puget Sound(미국 워싱턴 주 북서부에 있는 만-옮긴이) 연안의 오염도 측정 지표로 활용하고 있다. 오늘날 홍합의 내장에서 가장 흔히 발견되는 오염물질은 원유, 휘발유, 불에 탄 쓰레기, 불이 잘 붙지 않는 소재로 만들기 위해 첨가하는 난연제 성분, 전선, 농약 희석제, 살충제 등이다. 이 물질들의 농도는 요트 정박지와 여객터미널처럼 도시화된 곳일수록 올라간다. 홍합은 거른 물질을 제 몸에 차곡차곡 쌓아둔다. 그러니 홍합을 어떻게 해야 먹을 수 있고, 어떤 홍합은 먹으면 안 되는지 까다롭게 정한 규칙이 있는 건 놀랄 일이 아니다.

스탠퍼드대학교의 한 연구에 의하면, 홍합은 물속의 대장균*E. coli*까지 제거해 무력화시킨다고 한다. 대장균은 대변에 의한 오염의 기준 지표가 되는 미생물이다. 한편 비료와 하수가 다른 수원지에 혼입되는 것도 걱정되는 일인데, 인산염과 질산염이 조류의 증식을 부추겨 산소를 고갈시키고 '생물이 살 수 없는 물'로 만들기 때문이다. 이때 홍합을 투입하면 인산염과 질산염을 빨아들여 조류의 과잉 증식을 막을 수 있다. 문제는 시간이 얼마 없다는 것이다.

캐링턴은 실제 실험 데이터에 수학모델을 결합한 분석을 통해 이산화탄소 농도가 높으면 홍합의 끈끈이 족사가 약해져 바람이나 파도에 쉽게 떨어져나간다는 것을 증명했다. 그녀는 홍합 족사가 사람의 머리카락과 비슷하다고 얘기한다. 사람은 영양상태가 나쁘면 머리카락이 빠진다. 마찬가지로 바닷물의 pH가 산성 쪽에 더 가까워질 땐 홍합의 족사에도 똑같은 현상이 일어난다. 특히 퓨젓사운드에서는 내일이라도 당장 닥칠 수 있는 일이다. 해수면 상승 탓에 다양한 유기성분이 넘쳐나는 차가운 바닷물이 미국 내 어느 지역보다도 빠르게 이곳의 육지를 점령하고 있기 때문이다.

"퓨젓사운드의 심해에서 채취한 바닷물은 느낌이 상당히 별로예요. 이산화탄소가 많거든요." 기후변화가 불러온 pH 변화 면에서 퓨젓사운드의 시간은 100년이나 빨리 흐른다. 이 현상은 당장 펜코브Penn Cove 홍합양식장에 실질적인 문제를 일으키고 있다. 시애틀에서 북쪽으로 두 시간 거리에 있는 펜코브에는 북미에서 가장 오래된 기업형 홍합양식장이 있다. 이곳에서는 거대한 뗏목을 물에 띄워놨다가 14개월 뒤 다시 가까이 끌어온 다음 홍합을 수확한다. 홍합은 일부러 먹이를 주거나 따로 성장촉진제를 뿌릴 필요가 없다. 발붙일 적당한 공간만 내주면 알아서 잘 자라기 때문이다. 뗏목 한 척은 다닥다닥 달린 홍합 900~2500열을 지탱한다. 무게로 따지면 열당 거의 22킬로그램 꼴이다. 워싱턴주에 있는 양식장 두 곳을 합해 펜코브가 매년 수확하는 홍합은 총 900톤을 넘는다. 그런데 만약 족사가 약해지면 밧줄을 당겨 뗏목을 끌어올 때 홍합이 나무에서 후두둑 떨어져버릴 것이다. 캐링턴이 표현했듯 "아직 수확기가 아닌데 나무에서 떨어지는 설익은 과일"처럼 말이다.

사실 이건 심각한 상황이다. 우리는 아직 홍합의 잠재력이 어디까지인지 제대로 모른다. 특히 의약학 쪽으로는 이제 막 걸음마를 시작하려는 참이다. 현재 학계는 홍합 접착성분을 신개념 자가치유 하이드로젤이나 수술상처 봉합제로 연결시킬 기대에 부풀어 있다. 홍합 단백질을 이용해 수술 마무리에 쓸 양막(자궁 안에서 태아를 한 겹 더 싸서 보호하는 막) 전용 봉합제를 개발할 생각은 캘리포니아주립대학교 버클리캠퍼스의 필립 메서스미스가 처음 떠올렸다. 그는 태아수술의 대가인 마이클 해리슨에게 공동연구를 제안했는데, 해리슨은 30년 전 캘리포니아주립대학교 샌프란시스코캠퍼스에서 개복태아수술을 최초로 성공시킨 인물이다. 수술하느라 절개한 부위를 실로 꿰매는 것은 나쁘지 않은 방식이다. 하지만 체내조직을 봉합해야 할 경우는 바느질보다 풀칠이 나을 때가 종종 있다. 바느질과 고정침 박기는 바르는 봉합제에 비해 환자가 느끼는 불편이 크다. 그뿐만 아니라 주변 조직에 미세한 상처를 남기는 탓에 감염의 위험성도 높다. 그렇다고 또 의료용 접착제는 습한 부위에는 잘 먹히지 않는다. 그런데 홍합의 단백질은 염도와 습도가 높은 바닷가에서도 끄떡없도록 자연이 수백만 년에 걸쳐 개량을 거듭한 희대의 걸작이다. 물론 바다와 자궁은 엄연히 다른 환경이다. 하지만 태아는 바닷물처럼 축축하고 짭짤한 양수 안에서 아홉 달을 지낸다. 그러니 이 아이디어에 정말 충분한 근거가 있는지 확인하는 차원에서라도 기초연구를 부지런히 해놓을 가치는 충분하다.

흥미로운 점은 같은 홍합이라도 종이 다르면 분비되는 접착물질의 화학적 특징도 제각각이라는 것이다. 홍합 중에도 어떤 종은 해초에 달라붙어 살고, 어떤 종은 심해 열수공 근처 바위를 보금자리로 삼는다. 또한 싱가포르의 에메랄드그린빛 홍합과 캘리포니아의 홍합은 고정시키는 데 사용하는 기술이 서로 다르다. 싱가포르의 바닷물이 훨씬 따뜻하고 산소도 많은 까닭이다. 이곳의 홍합에게는 캘리포니아 홍합과 달리 산화 방지가 훨씬 중요한 생존 과제다. 웨이트는 산화반응은 어느 생물종에게나 골칫거리기에 싱가포르 홍합이 훌륭한 참고자료가 된다면서 이렇게 덧붙였다. "항산화가 가능하도록 어떻게 적응했는지 알아낸다면 홍합 단백질을 상품화하거나 홍합의 생리기전을 이해하려 할 때 훨씬 직관적인 그림을 그릴 수 있을 겁니다."

갈색 홍합, 녹색 홍합, 시베리아 홍합을 비교해 밝혀진 바로, 접착 단백질을 쏘고 양생하는 방식은 홍합종마다 조금씩 다르다고 한다. 웨이트는 홍합이 다양한 기전과 전략을 연구할 훌륭한 모델이라고 치켜세우면서도 걱정한다. "멸종 위기가 시시각각 다가오고 있어요. 언젠가는 연구에 쓸 홍합이 남지 않게 될 겁니다."

이미 미국에서만 300여 종이 멸종위기종으로 지정됐고 이 목록은 해마다 길어지고 있다. 오렌지발곱사등 조개orangefoot pimpleback(학명 *Plethobasus cooperianus*), 뚱뚱수첩 조개fat pocketbook(학명 *Potamilus capax*), 자색고양이발광택 조개purple cat paw pearly mussel(학명 *Epioblasma obliquata obliquata*), 꺼칠돼지발가락 조개rough pigtoe(학명 *Pleurobema plenum*), 양코 조개sheepnose(학명 *Plethobasus cyphyus*) 등 재미있는 이름을 가진 수많은 홍합종이 언제 홀연히 사라질지 모른다.

철썩 붙을지어다

그렇다고 해서 시장가치가 점쳐지는 천연 끈끈이 공급처가 홍합뿐인 건 아니다. 자연에는 몸에서 접착물질이 나오는 생물이 꽤 많다. 가령 식충식물 끈끈이주걱은 현란한 빨간색 촉수로 곤충을 유인한 다음 끈끈이로 옴짝달싹 못 하게 함정에 빠뜨린다. 해삼은 국숫발 같은 하얀 물질을 꽁무니에서 발사해 천적을 포박한다. 달팽이는 끈적한 발바닥 덕분에 가파른 벽면을 잘도 올라간다. 또한 거미는 끈적끈적한 거미줄로 그물 같은 집을 지어서 먹이를 걸려들게 하면서 자신은 그 안을 자유롭게 활보한다. 한편 남아프리카 토종 검은비개구리는 '뭉쳐야 산다'는 구호를 너무나 성실히 실천하는 사례다. 검은비개구리는 몸통이 둥글둥글하고 다리가 짧아 교미할 때 상대방을 꼭 붙들고 있을 수가 없다. 대신에 접착제를 몸에 뿌려 일정한 자세를 유지한다.

또한 강이나 습지, 유속이 빠른 개울에 가면 끈적한 분비물로 돌멩이와 한 몸을 이룬 굴뚝날도래 유충이 있다. 욕조에 반창고를 붙여본 적이 있다면 물이 조금만 닿아도 반창고가 얼마나 쉽게 떨어지는지 잘 알 것이다. 그런데 굴뚝날도래가 흘리는 침은 유충을 강력테이프보다도 단단하게 물속 자갈에 고정시킨다. 타고난 건축업자인 이 곤충은 다 자라서는 가느다란 다리로 더듬거리고 다니면서 알을 낳기에 알맞은 장소를 찾는다. 산란 장소는 꼭 돌이 아니어도 된다. 유충이 모래, 나뭇가지, 이파리에도 척척 붙기 때문이다. 굴뚝날도래의 분비물은 탄력이 좋아 잘 늘어나고 물리적 충격을 너끈히 흡수한다. 하지만 고무줄처럼 막 휘거나 튀었다 그대로 돌아올 정도는 아니다. 과학자들은 수술용 접착제로서의 잠재력을 염두에 두고 이 물질의 화학적 특징을 분석해 똑같이 합성할 방법을 찾고 있다.

만약 접착력만 따진다면 단연코 세상에서 가장 끈적끈적하기로 '카울로박터 크레센투스*Caulobacter crescentus*'라는 박테리아를 따라갈 생물이 없다. 풋콩처럼 생긴 이 박테리아는 담수와 해수 모두에서 발견되는데, 힘이 얼마나 좋은지 그 접착성분을 축축한 표면 1제곱센티미터 면적에만 발라도 들소 한 마리에 맞먹는 680킬로그램의 무게를 지탱할 수 있다. 이 균은 배의 선체, 수도파이프, 의료용 카테터 안에서 무섭게 번식하는 데다 무슨 짓을 해도 절대 떨어지지 않기로 악명이 높다. 2006년에 한 연구팀이 카울로박터 크레센투스의 접착력을 시험했다. 그 결과, 물체 표면에 들러붙은 이 균을 제거하려면 무려 $70N/mm^2$(제곱밀리리터당 뉴턴. $1N/mm^2$는 대략 145psi와 같다 – 옮긴이)의 힘이 든다는 분석이 나왔다. 시중에 나와 있는 초강력 접착제들보다 거의 3배나 세다는 소리다.

물론 무언가를 온전한 한 덩어리로 붙여둘 천연재료는 끈적한 분비물 말고도 있다. 일명 찍찍이 벨트로 불리는 벨크로의 모델이 된 식물 씨앗이 대표적인 예다. 1941년, 스위스의 전기기술자인 조지 드 메스트랄은 사냥을 다녀온 뒤 자신의 바지며 사냥개 몸이며 온통 엉겅퀴 씨앗투성이인 것을 발견했다. 바지에 꺼끌꺼끌한 씨앗이 덕지덕지 붙었는데 잡아 뜯으면 올이 다 일어나 여간 성가신 게 아니었다. 집으로 돌아온 그는 씨앗 하나를 현미경 렌즈 아래에 놓고 유심히 살펴봤다. 그랬더니 씨앗 표면이 갈고리 모양의 미세한 후크 수천 개로 덮여 있었다. 그는 어쩌면 이걸로 단추나 지퍼 없이도 옷을 잠글 수 있겠다고 생각했다. 아이디어가 떠오른 그는 직접 손으로 작업하여 천 조각 한쪽에 현미경으로 본 것과 비슷한 작은 후크를 여러 개 달고 반대쪽 여밈에는 작은 올무 같은 루프를 달았다. 그는 새로 발명한 고정장치에 특허를 내고 벨크로Velcro라 이름 지었다. 벨벳velour(벨루어)과 후크crochet(크로쉐)를 뜻하는 두 프랑스어를 합친 말이었다.

드 메스트랄의 전기 대부분에는 벨크로의 발명이 순전히 행운 덕분인 것처럼 묘사되어 있다. 심지어 어떤 전기 작가는 그를 "운 좋은 조지"라고까지 불렀다. 하지만 이 이야기는 알려진 게 다가 아니다. 사람은 누구나 살면서 한 번쯤 무언가나 어떤 일에 호되게 시달린다. 드 메스트랄에겐 그게 엉겅퀴 씨앗이었고 그는 정면돌파를 결심했다. 그의 성공은 단순한 운이 아니라 호기심과 투지의 결실이었다. 씨앗을 본뜬 고정장치 견본이 나오기까지는 그리 오래 걸리지 않았다. 그래도 시장 판매는 다른 차원의 문제였다. 그는 직물회사 여섯 군데를 돌며 자신의 기획을 홍보했지만 돌아온 것은 모두 거절 의사였다. 자금이 바닥을 보일 무렵, 그는 스위스 알프스에 있는 산촌 커뮤니Commugny로 들어갔다. 작은 오두막에 칩거하면서 연구에 집중한 그는 마침내 대량생산 가능한 벨크로 고정장치를 완성했다. 처음 아이디어를 떠올린 지 거의 20년 만이었다.

후크와 루프로 된 벨크로 테이프는 안 쓰이는 곳이

없다. 1960년대에 아폴로 우주비행사들은 잡동사니가 선내에 둥둥 떠다니지 않도록 벨크로를 사용해 물체를 벽면에 고정하기도 했다. 오늘날 우리는 병원에서 혈압을 잴 때 팔에 두르는 띠에서부터 자동차 바닥깔개, 신발까지 구석구석에서 일상을 벨크로와 함께하고 있다.

배터리로 작동하는 접착제

접착제는 현대사회에 많은 기적을 낳았다. 그럼에도 합성화학의 시대를 사는 우리는 더 좋은 접착제를 만들 수 없을까 고민한다. 이건 쉬운 일이 아니다. 보통은 지금까지 본 적 없는 능력인 접착제가 자연에서 거의 접하지 못하는 상황을 감당할 수 있어야 하기 때문이다. 항공기에는 접착제를 사용하지만, 보고 똑같이 따라 만들 만한 풀로 붙인 쇳덩이 같은 거대한 새가 하늘에 날아다니는 것은 아니다. 그럴 때 인간은 물질의 화학을 생각한다. 쓸모 있는 아이디어를 어떻게 활용해 일상을 더욱 편리하게 만들지 고민하는 것이다.

최근 웨이트는 "살아 있는" 접착제의 화학적 성질에 새롭게 주목하고 있다. 홍합의 발이 바위에서 떨어지는 순간 홍합을 단단히 고정하던 L-DOPA는 순식간에 산화될 위기에 처한다. 그러나 신기하게도 그런 사태는 벌어지지 않는다. 세포 안에 보관되는 동안에는 물방울이 분자를 한 겹 더 감싸고 있어서 산화를 막아주기 때문이다. 웨이트가 큰 기대를 한 게 바로 이 부분이다. 누군가는 그게 뭐 어쨌다는 건지 의아할 것이다. 조금 첨언하자면, 어떤 L-DOPA 분자에 산화 반응이 시작된다고 치자. 그러면 보호막 안에서 보호받고 있는 다른 L-DOPA 분자가 마치 배터리처럼 보호막을 통해 전자와 양성자를 산화된 분자에게 공급해 이전의 온전한 상태로 복구시킨다. "계면화학과 계면 너머 구조 내부의 화학 사이에서 역동적인 교류가 일어나는 겁니다. 진짜 살아 있는 접착제죠. 그런 식으로 물방울에 폭 싸여 산화를 피하고 있는 L-DOPA가 부착면의 접착력을 전성기 기량으로 평생 유지합니다. 홍합의 플라크plaque(족사 안에서도 표면에 직접적으로 부착하는 부분 - 옮긴이)가 바닥날 때까지요. 오래 쓰면 배터리가 닳는 것과 같아요."

쓸모를 다한 부분은 몸체에서 떨어져나가고 조간대에서 서식하는 최하등생물들을 살찌우는 먹이가 된다. 낙엽이 바스러져 가루로 변해도 이듬해 새싹을 틔우는 중요한 자양분으로 쓰이는 것처럼 말이다. 웨이트가 덧붙인다. "불멸할 수 없는 것들을 엮어 지속시키는 자연의 설계가 참 아름답지 않습니까?"

그는 환하게 웃으며 다음 후보는 배터리로 작동하는 접착제라고 말했다. 조간대에는 또 어떤 생물체가 기인한 능력을 숨긴 채 기어다니거나 붙었다 떨어지거나 하면서 살고 있을지 모른다. 열정적인 웨이트의 모습이 그런 조간대에 푹 빠진 여러 과학자들을 떠올리게 했다.

7

콘크리트처럼 탄탄하게

산호 — 탄소 배출을 줄이는 시멘트

"내가 희망을 갖는 이유는

인간에게 발명이라는 능력이 있기 때문이다."

빌 게이츠

~

건물을 짓는 것은 아기를 낳는 것과 비슷하다. 적어도 어떤 면에서는 그렇다. 신축건물이 세상에 소개되는 자리에서 거대한 가위가 탯줄 비슷하게 생긴 끈을 자르면 사방에서 축하와 환호가 쏟아진다. 역사적인 순간을 포착하려는 카메라들은 일제히 플래시를 터뜨린다. 이런 날엔 샴페인 한 병 정도는 따줘야 섭섭하지 않다. 그동안 오늘을 얼마나 고대했나. 누군가의 꿈이 다음 단계로 도약하는 날 아닌가. 하지만 신나는 건 딱 여기까지다. 건축이 출산과 확연히 다른 점이 바로 여기에 있다.

잘린 리본은 바로 누더기가 되어 쓰레기통으로 직행한다. 묵직한 가위는 언제 또 빛을 볼지 모르는 채 창고에 처박힌다. 빈 샴페인 병은 재활용품 수거함에 던져진다. 이 콘크리트 "신생아"에게 미래 계획 따위는 없다. 그 누구도 건물에 쓰인 건축재료가 수십 년 뒤 어떤 운명을 맞을지 고민하지 않는다. 인류는 전기차 개발에 힘을 쏟고, 안 쓰는 전자제품의 콘센트는 뽑아두자고 외치면서 건설업을 기후변화와 연결 지어 생각해본 적은 거의 없다. 탈탄소화 운동의 마지막 기회가 건설업에 있다고 얘기하는 게 그런 까닭이다. 국제에너지기구International Energy Agency(IEA)는 건물들을 전 세계 탄소 배출 중 40퍼센트 정도의 원인으로 지목하지만, 그렇다고 처음부터 저탄소 건축이나 배출량 제로의 탄소중립 건물을 설계하는 건 엄두가 안 날 만큼 큰일이다. 건물을 짓고(태어나) 유지하는(살아가는) 데 필요한 모든 것을 설계 단계에서 미리 고려하고 탈탄소화해야 하기 때문이다. 이것은 엄청난 도전이다. 인간이 물보다 많이 소비하는 유일한 물질이 콘크리트라는 현실을 생각하면 더 그렇다.

칙칙하고 답답하고 무미건조한 콘크리트는 전 세계에서 가장 널리 사용되는 합성물질이다. 창밖으로 시선을 잠깐 돌려볼까. 도로의 연석이 보이는가? 콘크리트일 가능성은 99.9퍼센트다. 세계 최고층 빌딩이 떠오른다고? 마찬가지로 콘크리트다. 로마의 판테온 신전은 철근을 쓰지 않고 완공된 최대의 콘크리트 돔 건축물로, 1900년 전부터 같은 자리를 지켜왔다. 콘크리트는 없는 곳이 없다. 오죽하면 "확실하고 뚜렷한 무언가 혹은 구체적으로 보이거나 느껴지는 형태로 존재하는 것"이라는 정의로 사전에까지 올라 있을까. 영어권에서 '콘크리트한 증거'라든지 아무개에게 '콘크리트한 아이디어'가 있다는 표현도 흔히 쓰인다. 우리는 꽉 막힌 콘크리트 고속도로를 달려 직장으로 집으로 각자의 꿈을 좇아 나아간다. 콘크리트는 도시의 골격이다. 빌딩, 다리, 배관, 배수로, 댐 등 온갖 기반시설이 콘크리트로 만들어진다. 기본적으로 콘크리트는 생명 없는 건축자재지만, 인류의 구명줄이자 세계화의 초석이고 앞으로 언제 올지 모를 몰락의 불씨기도 하다. 물질로서만 얘기하자면 부식과 화재에 강하고 내구성이 좋고 저렴한 데다 썩지 않으니 이보다 훌륭한 소재가 없다.

하지만 콘크리트는 온실가스 발생의 주범이다. 심할 땐 전 세계 이산화탄소 배출량의 8퍼센트가 콘크리트에서 나온다고 파악되는데, 이는 어느 한 나라의 국내 이산화탄소 발생량보다도 많은 것이다. (중국과 미국은 예외로 쳤을 때 얘기다.) 시장분석기관 얼라이드 마켓 리서치의 조사에 따르면, 세계 콘크리트 생산은 2020년에 6170억 달러 규모의 경제 효과를 창출했다. 그래서인지 콘크리트 제조업은 여전히 여러 지역에서 규제가 가장 적은 산업분야로 꼽힌다. '샌드sand 마피아'들이 콘크리트의 주원료 모래를 불법적으로 채취한 다음 글로벌 기업에 팔아 돈세탁에 악용하는 게 그 예다.

국제연합 환경보고서는 요즘 태어나는 아이들이 중년이 될 때쯤엔 지구상의 빌딩 수가 지금의 두 배로 늘어날 것이라고 전망한다. 뉴욕 전체가 매달 하나씩 뚝딱 세워지는 셈이다. 그런데 새로 생길 건물은 현재 있는 것들과 마찬가지로 콘크리트로 건축될 게 뻔하다. 콘크리트는 수천 톤의 하중을 견디고 흰개미 떼의 공격에도 거뜬하다. 잘 갠 반죽을 틀 안에 붓기만 하면 되기 때문에 다루기도 쉬워서 공정이 하루면 끝난다. 일례로 샌프란시스코에서 가장 높은 빌딩은 지하의 지반에 4미터 두께의 콘크리트 슬래브를 만드는 데 약 18시간이 걸렸다. 약 4000제곱미터 면적에 2만 톤이 넘는 콘크리트를 타설하는 데 걸린 시간이었다. 당시 이 작업은 건축사상 콘크리트를 붓는 데만 가장 긴 시간이 걸린 공사로 기록됐다. 불과 2년 뒤 두바이에서 새롭게 착공된 주상복합건물이 순위를 뒤엎긴 했지만 말이다.

오늘날 콘크리트는 각종 산업 분야에서 유례없는 규모로 널리 활용된다. 아직은 소박하게 출발했던 초창기의 면모가 거의 그대로인 편이다. 하지만 완전히 다른 새 아침을 맞을 날이 머지않았다.

살아 있는 콘크리트

나는 두 사람이 겨우 들어갈 만한 크기의 공간에 내 몸을 구겨넣고 있다. 실내는 칠흑같이 까맣다. 빛 한 줄기 들지 않고 아무것도 보이지 않는다. 그 순간 딸깍 소리와 함께 붉은 조명이 들어온다. 산호 수족관 안에 켜놓는 바로 그 불빛이다. 좀 과한 설정이다 싶지만 이곳 연구원들 입장에서는 까다롭기로 유명한 산호가 안락하게 지낼 최적의 환경을 조성하려면 어쩔 수 없다. 산호는 자웅동체라 한 개체가 정자도 만들고 난자도 만든다. 그럼 번식이 아주 쉽겠다는 생각이 들겠지만, 알고 보면 산호만큼 로맨틱한 바다생물이 또 없다. 산호는 완벽한 분위기가 조성되어야만 몸이 동한다. 그래서 물 온도가 딱 알맞으면서 보름달이나 초승달이 비추는 날이 아니면 알을 낳지 않는다. 그렇게 공기가 충분히 달달해진 어느 날, 산호들이 난자와 정자를 우르르 방출하면 작은 씨앗을 닮은 알갱이들이 물속에서 둥둥 떠오른다.

내가 샌프란시스코 스타인하르트 수족관을 방문했던 몇 년 전엔 실험실 안에서 산호의 집단산란 유도에 성공한 연구기관이 몇 되지 않았다. 당시 조금도 야하지 않은 산호의 밀회 현장을 둘이 우두커니 서서 어색하게 지켜보고 있을 때 수족관장 바트 셰퍼드 박사가 입을 열었다. "흡사 아래에서 위로 내리는 눈발 같아요."[65] 나는 이 말이 무슨 뜻인지 나중에 인터넷에서 영상을 찾아보고 나서야 제대로 이해할 수 있었다. 영상 속에서는 수십억 개의 알이 수없이 많은 연분홍색 풍선처럼 수면으로 일제히 떠오른다. 스타인하르트 수족관에서 마침내 이 현상이 목격된 것은 2020년 4월의 일이다. 만약 이 결행의 밤이 바닷속에서 일어났다면 갓 태어난 유충들은 정착할 곳을 찾을 때까지 조류에 몸을 맡긴 채 몇 날 며칠을 이리저리 흘러갈 것이다. 산호 유충은 화학물질을 의사소통의 수단으로 사용한다. 그래서 산호초 지대의 위치를 서로에게 알리고 다 같이 바닥으로 가라앉기 시작한다. 사람으로 치면 생판 남의 아이가 하늘에서 뚝 떨어져 우리 집에서 먹고 자면서 커가는 것과 비슷하다. 단, 산호는 한 덩어리로 연결되어 영양분을 공유한다는 점은 사람과 다르다. 이런 특징 때문에 호주에는 현존하는 지구 최대의 산호초 군락인 그레이트배리어리프Great Barrier Reef가 존재한다. 전체 길이가 2300킬로미터로, 미국 땅 종단 거리에 맞먹는 규모다. 미로처럼 이어지는 이 산호초 지대는 워낙 광대해서 우주에서도 보일 정도다.

건축가 진저 크리그 도시에는 이런 산호초를 특히 아낀다. 그녀에게는 검은색 옷차림에 콘크리트 벽돌을 들고 찍은 사진이 유난히 많다. 직업을 생각하면 놀랄 일도 아니다. 도시에는 노스캐롤라이나주에 있는 생명공학기술 스타트업 바이오메이슨Biomason의 최고경영자인데, 이 생명공학기업이 하는 일이 콘크리트 벽돌을 기르는 것이기 때문이다. 정원에서 당근이나 오이 키우는 것과 비슷하다고 생각해도 괜찮지만 바닷속에서 자라는 단단한 산호초가 더 정확한 비유다.

도시에는 어린 시절 놀이터였던 모래사장에서 조개껍데기를 주우면서 조개는 어떻게 자랄까 궁금해하다가 벽돌을 기르자는 꿈을 품었다. 처음엔 어린애 같은 호기심과 밑도 끝도 없는 투지밖에 없었다. 그러다 건축학 석사과정에 들어가고 나서야 디자인과 바다를 향한 관심이 하나로 합쳐지면서 수백 년 역사의 산업 분야를 통째로 뒤흔들 첫걸음을 뗐다. 일단은 남편 마이클 도시에와 함께 사는 집 주방 한구석에 차린 작은 실험실로 출발했다. 그러다 곧 다른 방 하나를 통째로 비워야 할 정도로 규모가 커졌다. 시멘트 원료인 모래알과 궁합이 가장 좋은 균주를 찾아야 했다. 이 커플에게는 데이트를 하다가도 시멘트에 박테리아를 먹이려고 일찍 귀가하는 일이 다반사였다. 두 사람은 진짜 바닷속에서 산호가 어떻게 자라는지를 집 안에 차린 실험실에서 그대로 재현하고 싶었다.

산호는 깊은 바다 밑바닥에 가라앉은 죽은 돌덩이처럼 보일지 모른다. 하지만 산호는 호랑이나 코끼리와 다를 바 없는 엄연한 동물이다. 규모가 크고 복잡하기로 동물계에서 으뜸이고 얼마 전까지는 육욕의 최고봉이라는 소문도 자자했다. 현재 세상에 존재하는 산호는 3600종이 넘는다. 손가락처럼 길쭉하게 나오는 것, 둥글넓적하게 퍼지는 것, 해양지각에 갇혀 있던 거대한 뇌가 터져 삐져나온 모양으로 구불구불하게 자라는 것까지 생김새도 다양하다. 산호는 우리 인간이 그러듯 이산화탄소를 내뿜는다. 하지만 이 이산화탄소가 바닷물 속 칼슘과 만나 백악질 물질인 탄산칼슘으로 변한다는 점은 우리와 다르다. 산호는 탄산칼슘을 사용해 몸집을 키운다. 엄밀히 말하면 핀 머리만 한 폴립polyp 수십만 개가 모여 이뤄진 게 산호초다. 흡사 꽃처럼도 보이는 폴립은 햇빛을 에너지로 변환해 군체의 규모를 늘리는 데에 쓴다. 산호가 자라는 과정은 이렇다. 바위나 다른 산호에서 싹튼 폴립이 뿌리로부터 아주 조금씩 멀어지면서 틈을 만든다. 그런 다음 거기에 탄산칼슘을 채워넣는 것이다. 뇌가 따로 없는 산호들은 무리가 하나의 개체처럼 행동하며 톡 쏘는 세포와 촉수를 통해 주변에서 어슬렁거리는 먹이를 잡는다. 종에 따라 다르지만 폴립 하나하나는 해마다 약 1~17센티미터씩 성장한다. 충분한 시간이 흐르면 산호초 무리는 한 몸으로 합쳐져 거대한 하나의 군집을 이룬다. 그러다 생명을 다하면 사람이 죽어 백골을 남기듯 골격만은 고스란히 남는다. 수천 년 해저 역사의 기억을 간직한 채로.

이게 가능한 것은 나무의 나이테처럼 산호의 골격에 줄무늬가 매년 하나씩 늘기 때문이다. 줄무늬는 그해 수온, 오염 상태, 지질학의 기록이다. 심지어는 1950년대와 1960년대에 실시된 핵무기 실험의 흔적도 그대로 남아 있다고 한다. 산호의 핵을 추출할 때는 잠수부가 칼날이 회전하는 드릴로 깊은 구멍을 뚫어야 한다. 작업하는 동안에는 산호에서 나온 먼지 부스러기로 주변 수질이 잠시 탁해진다. 뚫린 구멍은 (짐작했겠지만) 콘크리트로 다시 막는다. 그러면 산호는 무슨 일 있었냐는 듯 계속 느릿느릿 자라날 것이다. 단, 장차 지구온난화의 영향으로 산호초가 죄다 말라 회색 돌덩이로 변하지 않는다면 말이다.

산호가 오색찬란한 색조를 띠는 것은 투명조직 안에서 살고 있는 수백만 종의 해조海藻 덕분이다. 1600여 종에 달하는 산호가 '살아 있는 물감'처럼 눈부시게 쨍한 분홍색, 주황색, 보라색, 노란색, 초록색으로 치장하고 심지어 어떤 산호는 빛까지 난다. 산호를 캔버스라고 치면 해조는 물감이고 바닷물은 화가라 할 수 있다. 이 삼각 공생관계는 산호가 가진 최대의 강점인 동시에 아킬레스건이다. 기후 변화에 유난히 민감하다는 점에서다. 폭염에 지나치게 뜨뜻해진 폴립은 해조를 자극물질로 인지하고 뱉어낸다. 그 결과, 산호는 알록달록한 색깔을 잃고 창백한 골격만 남는다. 허여멀건해진 산호는 생활력이 없기에 서서히 굶어 죽고 만다.

해조와 산호가 공생을 시작한 것은 2억 1000만 년쯤 전부터다. 산호가 세계 곳곳에 급속히 퍼진 것도 바로 이 무렵이었을 것이다. 스타트업 바이오메이슨은 그 긴 세월 바닷속에 숨겨져 있던 산호의 재능을 미래 설계의 청사진으로 내걸었다. 바이오메이슨 연구실에서는 정상적으로는 수천 년이 걸릴 성장을 촉진시켜 며칠 만에 바이오벽돌로 키운다. 순서는 이렇다. 모래를 채운 직사각형 틀에 스포로사르시나 파스테우리*Sporosarcina pasteurii*라는 박테리아를 주입한다. 그러면 스프링클러에서 내리는 영양수액을 먹고 반죽이 서서히 자라면서 단단해진다. 이때 모래는 박테리아가 자리 잡을 씨 역할을 한다. 스스로 모래이불을 뒤집어쓴 박테리아는 탄산칼슘 결정이 된다. 그렇게 모래알 사이사이로 바이오시멘트가 합성되고 벽돌이 속부터 단단해진다. 3~5일 뒤엔 실제 건축현장에 가져다 써도 무방할 만큼 강도가 센 벽돌이 완성된다. 이번에 쓴 물은 다음 배치 제조에 재활용해 전체 과정이 최대한 친환경적으로 돌아가도록 한다. 바이오벽돌의 성분 조성은 재활용한 원료에서 얻은 화강암이 약 85퍼센트, 박테리아로 키운 석회석이 약 15퍼센트다.

바이오벽돌 제작기술 연구는 이른바 생명공학적 생체재료engineered living material(ELM)라는 미래산업 영역에 속한다. 골자는 무생물에 생물을 더해 신물질을 창조하는 것이다. 메리 셸리의 《프랑켄슈타인》 얘기도 아니고 처음엔 이게 무슨 괴담인가 싶을지 모른다. 그런데 미생물세포 공장은 이미 오래전부터 우리의 일상에 알차게 활용되고 있다. 일례로 스위스 치즈에 뻥뻥 난 구멍은 프로피오니박테리움*Propionibacterium*이라는 박테리아가 만드는 것이다. 박테리아가 유제품에 들어 있는 젖산을 먹으면 부산물로 이산화탄소가 배출되는데, 이 기포의 흔적이 바로 치즈의 구멍이다. 박테리아는 제약업계의 항생제와 백신 생산에도 많이 쓰인다. 이처럼 세상에는 인류의 적이 아니라 아군인 박테리아가 은근히 많다.

반면에 우리가 흔히 아는 콘크리트는 미생물과 아무런 연이 없다. 모래와 자갈에 물을 붓고 결합제로 시멘트를 섞은 반죽이 전부다. 관계자들은 시멘트는 밀가루고 콘크리트는 케이크라고 표현하곤 한다. 현재 업계표준품인 포틀랜드 시멘트(마지막 분쇄 과정에서 석고를 첨가한 것)를 기준으로, 가장 처음 하는 작업은 점토질과 석회석을 채굴하는 것이다. 이 광물은 분쇄기 속에서 가루가 되어 컨베이어벨트에 실려 나온다. 그러면 그대로 거대한 가마로 직행해 최고 섭씨 1500도의 고온에서 굽는다. 마지막으로 분쇄 단계에서 석고(퇴적암에 윤광을 내는 흰색 광물)를 약간 첨가한다. 짜잔! 포틀랜드 시멘트 완성이다.

그렇다면 도대체 어느 부분에서 그 많은 이산화탄소가 나온다는 걸까? 시멘트는 보통 석회석으로 만들어지는데, 이 돌에는 (탄소, 산소와 더불어) 칼슘이 풍부하다. 석회석은 단단한 해양생물 외피의 주성분이기도 하다. 산호나 조개가 죽으면 그 껍데기와 골격이 바다에 가라앉아 저 깊은 바닥에 퇴적한다. 수백만 년 동안 이어진 지구의 지각활동은 해저 퇴적층을 단단하게 다졌고 오늘날 우리가 보는 형태의 석회석이라는 백악질 암석을 만들었다. 조개껍데기는 석회석의 원자재인 탄산칼슘 덩어리다. 그러나 칼슘만 시멘트의 핵심 성분이고 석회석에 섞인 탄소와 산소는 시멘트 제조에 쓸모가 없다. 그런 까닭에 원하는 물질, 즉 칼슘을 얻기 위해 돌덩이를 불에 굽는다. 가마 안에서는 화학반응이 일어나 석회석에서 탄소와 산소만 쏙 빠져나간다. 두 원소는 이산화탄소가 되어 대기에 유입된다. 공식은 단순하고 1 대 1 비가 정확하게 들어맞는다. 시멘트 1톤을 만들면 배출되는 이산화탄소도 1톤이다.

국제연합 환경계획의 조사에 의하면, 2012년에만 폭 27미터, 높이 27미터의 벽으로 적도를 빙 두르고 남을 콘크리트가 생산됐다고 한다. 콘크리트도, 이산화탄소도 어마어마한 규모다. 대기에 가득한 이 탄소를 처리할 방법은 없을까?

유령 사냥

색깔도 냄새도 없는 기체를 잡는 유령 사냥이라, 참 찰진 비유다. 이산화탄소라는 유령이 코앞에서 인류를 위협한다는 점을 생각할 때 특히 더 그렇다. 사실 이산화탄소에 들어 있는 탄소 원자가 원래 나쁜 건 아니다. 탄소가 없었다면 지구의 모든 바다는 통째로 꽁꽁 얼어 냉랭한 황무지가 됐을 것이다. 게다가 지구상의 생물치고 기본적으로 탄소로 되어 있지 않은 게 없다. 그런 한편 탄소는 헤픈 원소기도 하다. 탄소는 다른 원소들과 결합해 새로운 분자로 변신하는 것을 좋아한다. 그 가운데 탄소가 산소 원자 두 개와 만난 결과가 바로 이산화탄소다. 그리고 이때부터 일이 꼬이기 시작한다. 이 삼자결속 분자가 너무 많이 생겨 대기 중에서 저희끼리 충돌하고 다니면 지구가 주체할 수 없이 뜨거워진다. 이산화탄소 분자들이 햇빛에 실려온 열기를 대기권에 가두는 탓에 지구의 온도가 계속 올라가는 것이다. 공기 중의 원인을 제거하면 이 사태를 해결할 수 있다. 하지만 고정된 형태도 정해진 부피도 없는 기체를 붙잡으려면 상당한 창의력이 필요하다.

사실 탄소포집 기술은 이미 수십 년 전부터 나와 있었다. 대표적인 활용 사례는 우주정거장이다. 우주정거장에서는 우주비행사가 내쉰 숨 안의 이산화탄소가 갈 곳이 달리 없다. 그래서 알루미늄 합금으로 된 벽면에 기체가 들러붙는다. 만약 공기순환을 돕는 환기팬이 없다면 이산화탄소 뭉치가 선내 곳곳에 쌓이고 천장에 이산화탄소 구름이 피어날 것이다. 이산화탄소 농도가 10퍼센트를 넘으면 사람은 발작을 일으키거나 혼수상태에 빠지거나 심하면 목숨을 잃는다. 그렇다고 우주정거장에서 간단히 창문을 열어 신선한 바깥공기를 들일 수 있는 것도 아니다. 승무원들의 잠자리가 항상 환기팬 옆인 게 바로 그 이유 때문이다. 환기가 되지 않는 곳에서는 자다가 질식해 죽기 십상인 것이다. NASA의 에임스 연구소Ames Research Center가 파악하기로, 우주정거장에서는 매일 인체 대사산물(날숨의 이산화탄소, 증발한 땀, 대소변, 생활용수 등)이 1인당 4~6킬로그램 정도씩 나온다고 한다. 우주비행사 10명이 3년 동안 머물 경우 총 45톤이 넘는 양이다. 이 정도 규모를 수용하는 정화조 같은 게 있는 것이 아니라면 우주에서는 뒤처리를 어떻게 하는 걸까?

우주정거장에는 밖의 진공공간에 버릴 수 있도록 실내에서 발생하는 이산화탄소를 모아 처리하는 특수장치가 있다. 이 장치의 핵심은 미세한 구멍이 송송 난 제올라이트zeolite라는 광물 비즈beads다. 제올라이트는 돌덩이만큼 딱딱해진 스펀지처럼 생겼는데, 이산화탄소는 여기에 찰싹 붙는 반면 다른 분자들은 구멍을 그대로 통과한다. 우주왕복선 안에서는 상자처럼 생겨서 수산화리튬 화학반응 원리를 이용해 이산화탄소를 흡수하는 여과기를 사용하기도 한다. 하지만 수산화리튬 여과기는 수명이 짧은 탓에 한 달쯤 쓰면 가격 대비 효과가 제올라이트 장치보다 떨어진다. 두 가지 장치는 밀폐된 공간에서 여섯 명 정도의 날숨을 처리하기에 딱 적당하다. 그러나 지구는 우주정거장보다 훨씬 크고 치워야 할 이산화탄소의 양도 비교가 안 되게 많다. 게다가 이산화탄소가 대기층 전체에 엷게 희석되어 있어서 여과장치를 쓰려면 현실적으로 불가능한 대용량 제품이 필요하다. 무엇보다 마지막에 지하에 매립해야 한다는 것도 문제다. 즉, 우리에겐 일상에서 이 유령이 출몰하는 족족 퇴치할 새로운 해결책이 필요하다.

비행기 안에서 지상을 내려다본다고 이산화탄소 기체가 눈에 보일 리는 없다. 하지만 저 아래 끝없이 이어지는 도시의 전경은 건설에 환장한 생물종이 그곳에 살고 있다는 것을 미루어 짐작하게 한다. 현대 도시의 모습은 수천 년 전 과거의 풍광과 확연한 대조를 이룬다. 그 옛날에 같은 곳에 서서 같은 장소를 바라봤다면 콘크리트는 한 점도 찾아볼 수 없었을 것이다. 그뿐이랴. 수렵채집인의 세상에는 달리는 트럭도, 인간의 물건을 잔뜩 얹고 가는 가축 떼도 없었다. 옛 인류는 어디를 가든 전 재산을 직접 둘러메고 다닐 수 있었다. 비교적 최근까지도 대부분의 인간은 검소하고 소박하게 생활했다. 극소수 귀족과 왕족을 제외하면, 사람들은 없으면 없는 대로 가진 것을 나누고 옷이며 이불이며 다 해질 때까지 기워 썼다. 이미 누군가에게 있는 물건을 또 사는 건 생각할 수 없는 일이었다. 그런데 요즘 중산층은 각자 집과 차에서부터 커튼, 펜, 주방가전 등 온갖 잡동사니를 홀로 소유한다. 그런 중산층 인구가 수십억 명이니, 미국만 따져도 사람들이 사들이는 샴푸 통이 매년 5억 4800만 개이고 가정에서 쓰레기로 나오는 칫솔이 연간 10억 개나 된다. 그뿐인가. 현대 인류에게는 인파가 모여 즐길 장소도 필수다. 전 세계에 있는 약 5000개의 축구 경기장과 22만 개가 넘는 성당처럼 말이다. 심지어 기본 생필품조차 생산을 위해서는 더 많은 재료가 요구된다. 가령 플라스틱 칫솔을 대량생산 한다고 치자. 그러면 기계설비를 갖춘 대형 공장이 있어야 하고 이 공장의 기계들은 다른 공장에서 또 다른 재료를 가지고 만들어진다. 그렇게 생산은 또 다른 생산을 부른다.

인류문명은 물질이 물질을 낳는 식으로 지속되어 왔다. 하지만 언제 물질이 우리에게 정신적 물리적 대가를 청구할지 모른다. 잘못된 것은 물질을 향한 인간의 지나친 애호일까 아니면 이미 가진 걸 아낄 줄 모르고 일회용품 양산을 부추기는 우리의 가벼운 마음일까? 물질적 과잉은 궁핍만큼이나 지속력이 약하다. 분위기를 살리고 숙면을 돕는 화분 하나쯤 집 안에 두고 싶지 않은 사람이 어디 있을까. 하지만 그러다가도 이런 생각이 든다. 내가 소중하게 여기는 것들의 생명은 어떻게 되는 거지? 그런 것들에게 이 도시 안의 한 자리를 내어주는 것이 과연 시한부 선고의 충분한 변명이 될까?

유례없는 소비문화는 탄소 배출량을 천정부지로 치솟게 했다. 1980년대에 인간의 소비가 이 행성의 재생용량을 처음으로 능가한 이후, 새천년이 열리기 전 마지막 해에는 지구의 인류 수용력이 120퍼센트를 찍었을 정도다. 이는 곧 인류가 소비하는 만큼을 재생하려면 현재 지구의 1.2배가 필요하다는 뜻이다. 그리고 콘크리트는 이 수치에 상당한 지분을 갖는다. 탄소발자국을 전혀 남기지 않는 탄소중립 건물을 세우기 위해서는 설계를 기본부터 뜯어고쳐야 한다. 어떻게 짓고 어떻게 사용할 것인가까지 전체를 생각하는 것이다. 원료물질 추출, 건설자재 생산과 수송, 건축물 건립 과정에서 발생하는 모든 탄소를 일명 "내재탄소embodied carbon"라고 하는데, 이 탄소는 어떤 건축물이 남기는 탄소발자국의 절반을 차지한다. 나머지 절반은 "운영탄소operational carbon", 즉 건물이 사용되는 동안 배출되는 탄소의 몫이다. 내재탄소와 운영탄소를 합하면 지구 전체 연간 탄소 배출량의 10퍼센트쯤 된다.

일이 복잡해지는 건 이제부터다. 모든 건축물에 똑같은 콘크리트가 쓰이는 게 아닌 탓이다. 고밀도 콘크리트(원자력발전소), 철근에 미리 압축응력을 준 콘크리트(다리 건설), 급속경화 콘크리트(수중 건축물), 아스팔트용 콘크리트(고속도로), 압송 콘크리트(고층건물), 경화 속도를 높이거나 줄이는 첨가제를 넣은 콘크리트 등 콘크리트에도 종류가 수없이 많다. 그뿐만 아니다. 인간이 만든 탄소는 자연에서 나오는 탄소와 확연히 다르다는 점도 골치다. 가령 자연의 탄소 처리는 순식간에 감쪽같이 끝난다. 어느 생명체의 날숨에 실려나온 탄소는 다른 분자들과 섞여 나무의 일부가 되거나 다른 생물에 의해 에너지원으로 소비되는 식으로 자연스럽게 소멸된다. 인간의 창작물에서 나온 탄소가 대부분 고스란히 쌓여갈수록 태산을 이루는 것과는 사뭇 대조적이다. 폐기된 콘크리트는 완전히 분해되어 고운 모래알이 되기까지 수백, 수천 년의 시간이 걸린다. 인간도 재활용 같은 원시적인 노력을 하고는 있지만 자연이 구사하는 정교한 순환 기술을 따라잡으려면 한참 멀었다. 우리는 건축을 계획할 때 영원히 쓸 작정으로 건물을 설계한다. 그런데 앨런 와이즈먼의《인간 없는 세상》에서 드러난 대로, 현실은 전혀 그렇지 않다. 만약 세상에서 인간이 사라진다면 시멘트 위로 풀과 나무가 무성하게 자라나고 모든 건축물이 초목으로 뒤덮일 것이다. 콘크리트의 회색빛 영광을 연명시키는 것은 인간의 부지런한 '가지치기' 작업이다.

21세기에는 건축의 패러다임이 크게 달라질 것이다. 은퇴 후 기후위기 문제에 열정과 재력을 쏟고 있는 마이크로소프트 창업자 빌 게이츠는 말했다. "에너지 혁신에 대한 지원이 어느 때보다도 확실하게 절실한 상황이다."[66]

미래를 위한 변화

야광 콘크리트, 붉은 벽돌과 비슷하게 생긴 콘크리트, 광택이 나는 콘크리트, 시애틀 거리처럼 비에 젖으면 숨은 그림이 드러나는 콘크리트(비가 자주 오는 시애틀은 특수물감으로 콘크리트 바닥에 그림을 그려 비가 오는 날에만 보이는 스트리트

아트가 유명하다 – 옮긴이)……. 모두 바이오메이슨이 구상 중인 제품이다. 전통 시멘트는 탄소를 제거하려고 초고온에서 석회석을 태워 만들기 때문에 부산물로 이산화탄소가 생긴다. 하지만 바이오메이슨의 바이오시멘트는 이런 가열 과정이 없다. 게다가 제작 방법이 훨씬 단순하다. 모래와 균주를 거푸집 안에 깔고 칼슘 이온이 풍부한 물을 부은 다음 넓적한 판으로 꾹 눌러 다지는 것으로 끝이다. 그러면 산호가 자랄 때와 비슷하게 박테리아가 탄산칼슘을 가지고 모래를 한알 한알 이어 붙인다. 바이오메이슨은 탄산칼슘 합성이라는 중임을 박테리아에게 전적으로 맡기고 있다. 바이오메이슨의 바이오벽돌 제품 '바이오리스bioLITH'가 일반 콘크리트 블록보다 이산화탄소를 99.4퍼센트 덜 배출하면서 3배 튼튼해질 수 있었던 비결이다.

현재 클라우드저장소 전문 기업 드롭박스Dropbox의 본사 건물 안뜰에는 이 바이오벽돌이 깔려 있다. 골재와 대형 건축자재를 공급하는 마틴 매리에타Martin Marietta 역시 본사의 야외공간을 이 바이오벽돌로 꾸몄다. 2021년, 바이오메이슨은 새로운 저탄소 바닥재 개발을 목표로 미국 최대 의류업체 한 곳과 또 다른 협업 계약을 맺었다. 두 기업은 미국 국방부 후원하에 단시간에 제조 가능하고 별도 시공 없이 바로 깔 수 있는 바이오시멘트 타일을 연구 중이다. 만약 연구가 대량생산 단계까지 무사통과한다면 곧 일반 소비자도 이 신상품 타일을 만나볼 수 있을 것이다. 산업에서는 시간, 속도, 돈 모두가 화폐다. 시간을 단축하느라 오염이 심해진 대기를 복구하는 데 드는 소모비용을 생각하면 천천히 진행하는 게 낫기도 하지만 말이다.

지난 5년 새, 신생 시멘트 회사들이 여럿 등장해 두뇌로 겨루는 기술경쟁에 뛰어들었다. 적자생존의 치열한 전쟁터지만 그들에게는 중심을 관통하는 공통철학이 하나 있다. 바로 이산화탄소 배출량을 줄이자는 것이다. 일례로 카본큐어CarbonCure는 다른 업종 사업체로부터 폐기물로 나온 이산화탄소를 받아와 시멘트 생산 원료로 조달한다. 배출된 가스를 모아 정제한 뒤 고압탱크에 담아 콘크리트 공장으로 운송하는 방식이다. 카본큐어 기술의 요체는 이산화탄소를 포집해 걸쭉한 콘크리트 반죽에 주입하는 것에 있다. 이산화탄소는 시멘트 안의 칼슘 이온과 반응해 탄산칼슘으로 변하면서 콘크리트를 단단하게 만든다. 산호의 '날숨'에 들어 있는 이산화탄소가 바닷속 칼슘과 결합해 산호의 골격이 되는 것과 비슷하다.

이 기술은 기존 콘크리트 공장에 두 가지 장비만 추가로 설치하면 바로 적용 가능하다. 하나는 관제컴퓨터고 나머지 하나는 이산화탄소가 들어 있는 고압탱크다. 담당자가 관제실에서 "자, 이러이러한 조합으로 새 반죽을 한 트럭 만들어보자"라고 지시하면 카본큐어의 컴퓨터가 이산화탄소 탱크에 신호를 보낸다. 탱크에는 밸브가 달려 있어서 정확한 타이밍에 딱 필요한 만큼만 이산화탄소를 주입한다. 카본큐어의 기술은 현재 전 세계 300여 개 공장에서 콘크리트 반제품 생산에 사용되고 있다. 최근에는 빌 게

이츠의 투자를 받는 데 성공하기도 했다. 캘리포니아주 마운틴뷰에 있는 거의 7000평 부지의 링크드인LinkedIn 본사 역시 이 기술로 세워진 것이다. 기본적으로 카본큐어가 하는 일은 시멘트 산업 전반에서 배출되는 이산화탄소를 포집해 시멘트 가공 후반 단계에 재투입하는 것이라고 설명할 수 있다. 하지만 한편으론 인류가 기대를 걸 만한 몇 안 되는 희망이기도 하다.

그 밖에 시멘트 산업의 탈탄소화에 앞장서는 기업으로는 블루플래닛Blue Planet, 솔리디아Solidia, 카본엔지니어링Carbon Engineering 등이 있다. 똑같이 산호에서 기술 아이디어를 얻었다는 블루플래닛은 발전소 같은 곳에서 배기가스로 나오는 이산화탄소를 수거해 원료물질로 재활용한다. 여기에다 폐콘크리트, 가마에서 시멘트를 굽고 남은 부스러기, 비산재 등의 쓰레기에서 추출한 칼슘을 섞어 합성 석회석으로 탈바꿈시키는 것이다. 이 기법은 에너지와 자본 집약적인 정제 단계가 필요하지 않다. 블루플래닛의 골재 제품은 2016년 샌프란시스코 국제공항 공사에 사용되기도 됐다.

한편 솔리디아는 여전히 기존의 가마에서 콘크리트에 이산화탄소를 처리해 시멘트를 생산한다. 새로운 점은 이산화규소를 더 넣고 탄산칼슘 함량을 낮춘다는 것이다. 그러면 종전보다 낮은 온도인 섭씨 250도에서도 가마를 돌릴 수 있다. 솔리디아의 분석으로는 이 기법이 탄소 배출을 적어도 30퍼센트 이상 억제하고 경우에 따라 70퍼센트까지도 줄인다고 한다. 솔리디아의 기술은 현재 10개국의 50여 개 콘크리트 생산공장에서 사용되고 있다.

빌 게이츠는 이 기업들이 올바른 방향으로 가고 있지만 더 많은 노력이 필요하다고 지적한다. 콘크리트와 인간생활은 복잡하게 얽혀 있다. 콘크리트는 기후변화의 시대에 복잡한 운명을 앞둔 단순한 물질이다. 빌 게이츠는 말한다. "탄소 배출을 완전히 중단하지 않고 줄이기만 해서는 소용없다. 문제의 유일한 해결책은 제로를 목표로 하는 것"이라고.[67]

8

씨앗의 힘으로 달리다

석류와 전복 — 차세대 배터리

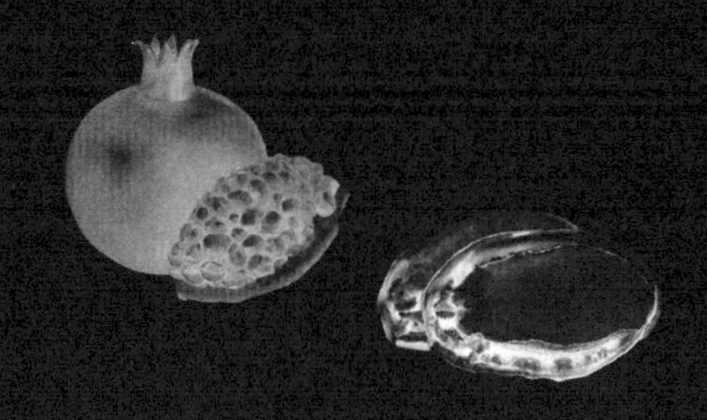

"과학자는 미지의 것에 중독될 수밖에 없다."

그레고리 모이세예비치 레빈, 식물학자

~

석류 과즙처럼 새빨간 테슬라 한 대가 도로를 가득 메운 차들 사이를 요리조리 빠져나간다. 운전석에 앉은 사람은 스탠퍼드대학교 출신의 재료과학자 추이이다. 그는 지금 직장인 실리콘밸리의 앰프리우스Amprius로 출근하는 길이다. 리튬이온 배터리라는 신세계에서 그가 쌓아가는 업적은 〈사이언스〉에 시시때때로 소개되고 있다. 추이이의 테슬라가 2016년 도로 위를 달린 최초의 전기자동차는 아니다. 전기자동차를 타는 사람은 그 말고도 전 세계에 200만 명이나 된다. 전기자동차는 내연기관자동차보다 월등하고 석탄연료 사용을 줄여줄 거라며 칭송받는다. 그러나 인류가 직면한 기후위기의 근본적 해결책은 되지 못한다. 추이이도 이 점을 알고 있기에 더 나은 길을 계속 모색 중이다. 최근 몇 년 새 컴퓨터칩 성능이 몰라보게 향상되는 동안 배터리 용량은 제자리걸음을 면치 못했다. 테슬라는 한 번 충전에 400킬로미터를 주행하지만 소비자의 눈은 갈수록 높아진다. 자동차 회사들은 그 눈높이에 맞춰야 하고 그러자면 더 좋은 배터리가 필요하다. 추이이 팀은 수 차례의 시행착오를 반복한 끝에 전혀 예상치 못한 곳에서 그들에게 필요한 것을 찾아냈다. 바로 즙이다.

고대 그리스 신화 속 석류는 아도니스가 흘린 피에서 꽃핀 '죽음의 과일'이었다. 아닌 게 아니라 열매를 가른 속은 더러운 양손으로 움켜쥔 망가진 심장처럼 보인다. 옛날이야기에서 석류는 은유적으로 많이 사용된다. 가장 유명한 것은 다산과 부활의 상징이고 때로는 가능성과 미래를 뜻하기도 한다. 동글동글한 이 진홍색 열매는 고대부터 재배되어 이집트 신화, 구약성경, 바빌로니아 탈무드에 단골 소재로 등장했다. 석류 열매는 질기고 단단한 공 모양 껍데기가 수백 개의 씨앗을 보호하고 있어서 생식능의 정수인 난소를 떠올리게 한다. 오죽하면 에덴동산에서 이브가 몰래 따먹은 과일이 석류라는 속설까지 있을까.

석류가 배터리가 된다니 말도 안 되는 얘기로 들리지 모르지만, 전혀 뜻밖의 곳에서 배터리 개발이 시작된 게 이번이 처음은 아니다. 배터리의 탄생은 루이지 갈바니가 개구리 다리를 황동고리에 걸어놓고 실험한 1780년대로 거슬러 올라간다. 한 번에 여러 직업을 가질 수 있었던 시대에 이탈리아에서 태어난 갈바니는 의사이자 물리학자, 생물학자이자 철학자였다. 그는 18세기에 흔히들 그랬듯 백지장 같은 흰색에 컬을 바짝 말아올린 가발을 쓴 모습으로 자주 묘사된다. (염소와 말의 털로 만든 이 가발은 냄새가 고약하고 이가 잘 꼬이는 탓에 유행이 오래가지 못했다.) 온 세상을 충격에 빠뜨린 개구리 실험에서 갈바니는 수술칼의 날 부분으로 죽은 개구리의 다리를 건드렸다. 그러자 다리가 순간 씰룩 움직였다. 세상을 영원히 뒤바꾼 바로 그 장면이다. 이후 학계는 두 편으로 갈렸고 여러 해 동안 논쟁이 이어졌다. 한쪽은 생체조직에 흐르는 전기가 경련을 일으켰다고 주장했고(갈바니파), 반대편은 황동고리와 수술칼이라는 두 금속 사이에 흐르는 전기가 양서류 사체를 단순히 지나갔을 뿐이라고 믿었다. 마침내 알레산드로 볼타가 개구리의 체조직이 아니라 금속이 전류를 발생시켰음을 증명했다. 1800년, 그는 세계 최초의 배터리로 유명한 볼타 전지를 발명했다. 볼타는 구리판과 아연판을 번갈아 쌓았다. 두 금속판 사이마다 염수에 적신 천을 끼웠다. 그런 다음 양 끝에 전선을 연결했더니 전류가 고르게 흐르는 것을 확인할 수 있었다.

당시 대중은 배터리를 무슨 연금술 같은 것으로 취급했다. 배터리의 잠재력을 타진하던 초창기 몇 년 동안에도 그런 분위기가 있었다. 에너지가 일으키는 현상은 맨눈에 안 보이는 경우가 많다. 현대인조차 배터리의 작동기전을 제대로 설명할 줄 아는 이는 손에 꼽는다. 아마도 이해할 필요성을 별로 못 느낀다는 게 더 정확한 표현일 것이다. 그런 의미에서 기본적인 원리를 잠깐 살펴보고 넘어가

자. 전자는 음전하를 띤 아주 작은 입자다. 그런 전자가 흐르는 것을 우리는 전기라고 부른다. 볼타 전지는 구리가 전자를 받는 양극이 되고 아연이 전자를 주는 음극 역할을 함으로써 작동한다. 금속판 뭉치 자체에는 전하가 없다. 금속판이 전하를 띠는 것은 양극과 음극이 전선으로 연결돼 전기가 통하면서부터다. 이때 전자가 음극에서 양극 방향으로 흐르면 금속 뭉치가 배터리로서 작동하게 된다. 이것이 원시적인 배터리 형태다.

요즘 배터리들은 엄청나게 뛰어난 성능을 뽐낸다. 덕분에 우리는 나중을 대비해 에너지를 모으고 배터리에 저장할 수 있다. 한밤중에 캠핑을 한다면 AAA 배터리를 손전등에 넣고 화학에너지를 전기에너지로 변환하여 어둠을 밝힐 수 있다. 휴대폰이나 노트북 컴퓨터에 끼우는 충전지는 더 편리하다. 다 닳아갈 때쯤 콘센트에 전원 플러그를 꽂아 다시 충전해 쓰면 된다. 역전류를 걸어 전자들을 반대 방향으로 흐르게 해 출발선으로 되돌려놓는 방식이다. 그러나 좁은 공간에 전자를 최대한 많이 몰아넣는다고 무조건 더 좋은 배터리가 되는 것은 아니다. 원래 전자는 양성자, 중성자와 함께 원자라는 하나의 완전체를 이룬다. 배터리가 작동하려면 그런 원자로부터 전자가 빠져나와야 하는데, 양성자와 중성자는 전자보다 무려 1800배나 무겁다. 납산전지와 리튬전지의 가장 큰 차이가 바로 이 핵입자의 양에 있다. 납산전지의 경우 전자와 함께 양성자 82개와 중성자 125개가 존재한다. 반면에 리튬전지는 양성자가 3개,

중성자가 4개뿐이라 훨씬 가볍다. 사실 자동차의 시대는 휘발유차가 아니라 전기차로 열릴 뻔했다. 이 이야기를 하려면 시간을 조금 거슬러 올라가야 한다.

거의 나올 뻔한 전기자동차

20세기 초에는 전기자동차, 휘발유자동차, 증기자동차가 모두 어깨를 나란히 하는 미래 교통의 유망주였다. 도로에는 통통거리는 증기자동차, 우르릉 시끄러운 휘발유자동차, 조용한 전기자동차가 어느 하나 우열을 가를 수 없이 어우러져 달렸다. 당시 자동차 산업은 모두가 선의로 똘똘 뭉쳐 앞만 보며 정진하고 있었다. 도시 인구가 급증하는 현실에서 자동차는 편의와 효율을 추구하는 도시민에게 선망의 대상이자 교통체증, 사고, 환경오염(즉, 거리의 말똥)을 없앨 약속의 증표였다.

"1870년대 미국에서는 직접적으로든 간접적으로든 말에 생계를 의존하지 않는 가정이 없었다."[68] 경제학자 로버트 고든의 분석이다. 도시발전이 거듭될수록 인구는 점점 늘어났고 말의 수도 비례해 증가했다. 스트레스에 찌들어 소심해진 말들을 먹이는 데에는 해마다 1.4톤의 귀리와 2.4톤의 건초가 들었다. 당연히 환경오염도 갈수록 심각해졌다. 사람들은 온갖 쓰레기에 질식할 지경이었다. 사방이 분뇨와 파리, 동물 사체투성이였고 더러운 길거리에선 악취가 진동했다. 뉴욕에서만 10만 마리의 말이 여기저기 똥을 뿌리고 다니는 하루하루가 이어졌다. 비가 내리면 온 시내가 똥물에 잠겼고 무더운 여름엔 빠짝 마른 똥가루가 푸석푸석 날리는 바람에 숨을 쉴 수 없을 정도였다. 공중위생 수준은 최악으로 치닫고 있었다. 시민들은 근심이 깊었다. 말은 수천 년 동안 인간의 발이 되어준 고마운 이동수단이다. 어디서부터 어떻게 손봐야 도시를 깨끗하게 만들 수 있을까?

말똥 같은 도시생활에 이력이 난 시민들에게 자동차는 구세주나 다름없었다. 그런 판단이 역설적이게도 더 큰 참사의 불씨였음을 깨닫는 것은 한참 뒤의 일이다. 자동차의 보급은 악마와 한 거래였을까? 눈짓 한 번에 너무 쉽게 넘어간 걸까? 그렇기도 하고 아니기도 하다. 증기자동차와 휘발유자동차와 전기자동차 삼총사가 처음 세상에 등장한 시절엔 셋 다 대기오염 개선 효과가 정말로 있었다. 단점이 아예 없는 건 아니어도 최소한 뒷구멍으로 똥을 싸지르지는 않았으니까. 자동차에 열광한 시민들은 구매를 앞두고 고민에 빠졌다. 휘발유자동차의 경우, 시동을 걸 때마다 크랭크(왕복운동을 회전운동으로 바꾸는 장치 – 옮긴이)에 쇠막대를 꽂고 빙빙 돌리는 육체노동이 필요했다. 자칫 삐끗하면 팔이 부러질 수도 있는 작업이었다. 게다가 휘발유자동차는 더럽고 시끄러웠다. 그게 싫은 사람은 증기자동차를 고를 수 있었다. 증기자동차는 셋 중에서 가장 빨리 달렸다. 쌍둥이 형제 프랜시스 E. 스탠리와 프리랜 O. 스탠리가 개발한 모델 '스탠리 스티머Stanley Steamer' 기준으로 최고 속도가 시속 200킬로미터까지 나왔다. 증기기관은 힘이 좋았고 수십 년 전부터 나와 있던 증기기관차와 증기선 덕에 모두에게 친숙한 교통수단이었다. 그러나 증기자동차는 소음이 심했고 추우면 얼어붙는다는 큰 문제가 있었다. 특히 한겨울엔 상당한 인내심을 요구했다. 물이 충분히 데워져 증기가 나오면서 엔진을 가동시킬 때까지 무려 45분이나 기다려야 했다. 마지막 선택지는 전기자동차였다. 배터리를 충전해 쓰는 전기자동차는 깨끗하고 사용법이 쉬우면서 조용했다. 시동을 걸려고 볼썽사나운 준비운동을 하거나 물을 데울 필요도 없었다. 키를 꽂고 달리면 그뿐이었다. 그럼에도 전기자동차에는 치명적인 단점이 하나 있었다. 바로 연비가 어처구니없이 나쁘다는 것이다. 50킬로미터쯤 가면 배터리가 완전히 방전돼 차가 서버릴 정도였다.

전구 발명으로 유명한 토머스 에디슨은 전기자동차의 도입을 주장한 열성팬이었다. 1884년, 그는 "중간 가열 장치, 보일러, 증기기관, 전력생성용 발전기를 전부 폐물로 만들 최고의 비밀 기술이 10년 안에 등장할 것"이라고[69] 예견했다. 하지만 그의 낙관론은 100년쯤 성급한 것이었다(실제로 상용화된 리튬이온전지가 나온 것은 1990년대 말이다 - 옮긴이). 에디슨이 얘기한 10년 동안 그의 배터리 개량 연구는 니켈과 리튬에서 마침표를 찍었고 진정한 리튬이온전지를 구현하지는 못했다. 리튬은 그가 마지막으로 고안한 설계에서 아주 작은 역할만 했을 뿐이다. 물론 기존 모델들에 비하면 새 배터리의 성능이 훨씬 좋았다. 하지만 곧 휘발유자동차용 자동점화장치가 나오면서 에디슨이 꿈꾼 전기자동차의 미래는 물거품처럼 사라졌다. 결국 삼파전의 최종 승자는 휘발유자동차가 되었다.

사람의 발이 되어주며 도시를 누비던 말들은 이후 1929년까지 대부분 자동차로 교체됐다. 오늘날엔 플랑크톤 같은 고대 생물들의 잔해에서 힘을 얻은 자동차가 도로마다 씽씽 달린다. 이 유기연료를 얻으려면 지하 깊숙이 구멍을 뚫어야 한다. 그곳에 죽은 지 워낙 오래돼 사체가 다 녹아 검은 물로 변한 이른바 '화석연료'가 묻혀 있기 때문이다. 화석연료 개발에 관한 한 우리는 보고도 못 본 체하는 일이 많다. 매번 "직접 봐야만 믿긴다"라는 판에 박힌 말을 앞세우지만 이제 그런 변명은 진부할 지경이다. 물론 이산화탄소 수치가 올라가고 그 영향으로 지구 대기가 변하는 게 사람 맨눈에 보이지는 않는다. 하지만 우리는 저기에 그 기체가 있다는 것을 일상의 경험으로, 전해 듣는 과학 수치로 안다. 깊은 땅속 지구핵에 화성만 한 거대한 쇳덩어리가 태양 표면에 버금가는 고온으로 활활 타고 있다는 걸 아는 것과 같은 이치다. 머리 위의 별들도 마찬가지다. 별이 밤하늘을 수놓는 로맨틱한 장식품 따위가 아니라는 것을 모르는 사람은 없다. 사실은 이미 죽은 별들이 수십억 년 전 모든 에너지를 소진하며 일어난 파괴적인 폭발의 잔상인 것이다. 지구라는 행성에서 인간이 무사태평하게 존재할 수 있는 것은 그야말로 천운이다. 태양열이 너무 많이 오는 곳이었다면 연약한 인간의 피부는 다 타버릴 것이다. 반대로 태양열이 너무 적은 곳에서는 온몸의 세포가 꽁꽁 얼어 손발가락부터 서서히 죽어갈 게 뻔하다. 인간을 살아 있게 하는 일등공신은 균형 잡힌 지구 대기층이다. 오랜 세월 지구를 감싸 보호막 역할을 해온 대기층은 생태계를 우주 방사선으로부터 보호하고 우리 폐를 신선한 산소로 채운다. 그런 대기층이 지금 과잉 이산화탄소로 미어터지려 한다.

리튬이온전지는 작금의 난국을 타개할 열쇠 중 하나일지 모른다. 오늘날 리튬은 조울증 치료제부터 항공기 배터리까지 약방의 감초처럼 안 쓰이는 곳이 없다. 순수한 리튬 금속은 순은과 비슷한 색을 띠고 버터나이프로 잘릴 만큼 무르다. 리튬은 빅뱅 후 몇 분 안에 최초로 만들어진 원소 삼총사 중 하나지만 그 양은 온 우주를 합쳐도 지구상의 어느 원소보다 적다. 지구의 오대양에 1800억 톤이 매장돼 있다고는 하는데, 고작 0.2ppm(1ppm은 기체나 액체 단위질량 혹은 단위부피의 100만분의 1과 같다.) 농도로 너무 묽게 희석되어 있어서 사실상 추출할 방법이 없다. 게다가 리튬은 반응성이 커 불이 잘 붙는다. 그런 탓에 리튬이온전지는 까딱 잘못하면 폭발하기 십상이다. 단, 우리 몸속의 리튬은 워낙 미량이라서 폭발 걱정은 붙들어 매도 된다. 하지만 배터리의 경우 리튬의 휘발성을 억누르기 위해 음극과 양극 사이 공간을 물리적으로 분리하는 장치가 필수다.

리튬이온전지는 1991년에 쓸 만한 형태로 상용화된 이래, 각종 개인용 전자기기에 선호되는 최고의 배터리로 등극했다. 노트북컴퓨터, 태블릿, 휴대전화 등 수요는 끝도 없다. 심지어 국제우주정거장에서도 리튬전지가 맹활약한다. 우주정거장의 구식 니켈수소전지를 리튬이온전지로 싹 교체하는 프로젝트가 이미 2017년에 완수됐다. 배터리 교체는 우주공간에서 하기에 쉬운 작업이 아니다. 업그레이드 프로젝트의 일환으로 노후 배터리를 교체하는 데에 무려 8년의 연구와 열네 차례의 우주유영 작전이 필요했을 정도다. 스웨덴 왕립과학아카데미는 리튬이온전지의 의의를 "화석연료로 움직이는 탈것에서 벗어나 전기로 구동되는 교통수단의 시대로 넘어갈" 중요한 전환점이라 표현한 바 있다. 종합적인 결과를 실감하려면 좀더 기다려야겠지만 "앞으로 줄 이을 기술발전들이 편의성뿐만 아니라 환경보전 측면에서도 인간 삶을 한층 풍요롭게 만들고, 나아가 이 행성 전체의 지속가능성을 보장할 게 확실"하다는 것이다.[70]

리튬이온전지는 우리 일상의 효율을 크게 높인다. 그러나 마냥 좋은 점만 있는 것은 아니다. 생산에 초고온 조건이 필요하고(많은 에너지를 투입해야 함), 채굴 과정에서 노출돼 분해되어 생기는 손실률이 상당하며, 리튬 추출에 엄청난 양의 물이 필요하다는 사실을 잊으면 안 된다. 전기자동차가 보이는 것만큼 환경친화적이지는 않다는 우려의 목소리가 일각에서 나오는 게 그래서다. 이어지는 맥락으로 아직 대부분의 차는 여전히 납산전지를 장착하고 도로 위를 달린다. 전기자동차에는 리튬이온전지가 들어가지만, 잘 살펴보면 조명과 오디오에는 아직 납산전지가 연결된다는 것을 알 수 있다. 납산전지는 제대로만 처리하면 최고 99퍼센트까지 재활용이 가능하다. 물론 납 자체는 강력한 신경독소라서 잘못 관리하거나 법규대로 처리하지 않으면 끔찍한 결과를 불러올 수 있다. 일례로 한때 납산전지의 세계 최대 생산자였던 엑사이드Exide는 불법 폐수방류 사실이 들통난 뒤 2015년에 로스앤젤레스 공장을 폐쇄해야 했다. 회사가 수십 년간 몰래 버린 납 폐기물은 인근 민가 수천 호에 흘러들어 천문학적인 피해를 입혔다. 정화에 드는 비용은 6억 5000만 달러에 달했고 보고된 건강 이상 문제는 일일이 열거할 수도 없을 정도였다.

현시점에 리튬이온전지의 음극재로는 흑연보다 나은 게 없지만 학계는 실리콘의 잠재력을 적극적으로 타진 중이다. 원자 하나가 리튬 이온 네 개와 결합하는 실리콘은 이론적으로 흑연보다 10배 넘게 많은 에너지를 저장할 수 있다. 단, 걸림돌도 만만치 않다. 무엇보다 실리콘전지는 몇 번만 충전해도 금이 가고 망가져버린다. 그런 까닭으로 추이이 팀은 실리콘이 불필요한 반응을 일으키지 않도록 나노입자를 보호할 방법을 찾아야 했다.

리튬이온전지의 발전사에 석류가 혜성같이 등장한 것이 바로 이 대목이다. 2013년, 추이이 팀이 최초로 완성한 도안은 고전도 탄소 외피 안에 흡사 '씨앗' 같은 실리콘 나노입자들이 들어 있는 형태였다. 그러다 바로 이듬해, 나노입자들이 석류씨처럼 무리지어 탄소 껍질에 감싸인 모양새로 디자인이 수정됐다. 석류의 내부가 지금과 같은 모습으로 생긴 것은 영양분과 과즙 덩어리인 씨들을 최대한 단단히 고정해야 하기 때문이다. 과학자들이 실리콘 '씨앗'에 하려는 일도 똑같다. 즉, 실리콘 나노입자를 가능한 한 많이, 최대한 안전하게 묶어두는 것이다. 문제는 실리콘이 배터리로 사용하기에 좋은 원소가 아니라는 점이다. 잘 부러지는 데다 다른 화학물질들과 엉뚱한 반응을 일으켜 전류를 먹통으로 만들곤 한다. 그런데 탄소막을 두르면 과육 안에 폭 싸인 석류씨처럼 실리콘 나노입자들을 지킬 수 있다. 실리콘 '씨앗'이 아무리 부풀었다 쪼그라들었다 한들 생채기 하나 내지 않고 말이다.

추이이의 이 연구는 2014년 〈네이처 나노테크놀로지〉 표지를 당당히 장식했다. 추이이 팀이 새로 개발한 배터리는 1000회 충전 후에도 최대 성능의 97퍼센트를 유지하고 있었다. 이 정도면 상용화해 쓰기에도 적합한 수치였다. 논문 초록을 보면 그가 석류에 공을 돌리는 대목이 있다. "이 배터리의 디자인은 석류의 구조에서 따온 것이다. 실리콘 나노입자 하나하나를 전도성 탄소막이 감싸고 있는데, 안에 실리콘 원자가 리튬이온과 결합했다가 분리되면서 팽창과 수축을 반복하기에 충분한 여유 공간을 뒀다."[71]

추이이 팀의 디자인 개량 연구는 지금도 지속되고

있다. 어떤 디자인은 석류씨 개념과 맥을 같이하고 또 어떤 디자인은 사뭇 다른 방향으로 전개된다. 과학자들이 어떤 아이디어를 밀고 나갈지 중간에 접을지는 끝까지 지켜봐야 알게 될 문제다. 자연의 수수께끼는 인간을 헤매게 만들기도 하고 올바른 길로 인도하기도 한다. 이게 맞는 길인지 아닌지 확인하기 위해서는 그저 계속 가보는 수밖에 없다. 수십 년 뒤 나올 최종 완성작이 지금 이 도안과 완전히 달라질지도 모른다. 그러나 석류 모양 배터리가 배터리의 발전과 성장에 기여한 것만은 틀림없는 사실이다.

바이러스로 기르는 배터리

2009년 가을, 앤절라 벨처 박사가 당시 대통령으로 재임 중이던 버락 오바마에게 빳빳한 종이 카드 한 장을 건넸다. 가지런히 배열된 네모 칸 118개에 저마다 다른 알파벳 기호가 조그맣게 적힌 표가 인쇄된 카드였다. "급히 분자량 계산이 필요하실 때를 대비해 이 주기율표를 드리고 싶습니다." 선물을 받아든 대통령이 웃으며 말했다. "고맙습니다. 주기적으로 들여다보도록 하지요."[72]

오바마 전 대통령이 공식 일정으로 매사추세츠공과대학교에 있는 벨처 박사의 연구실에 들렀을 때 있었던 일화다. 당시 오바마 행정부는 미래 배터리 기술에 20억 달러 투자를 결정해 공식발표를 앞두고 있었고, 벨처는 바이러스를 활용해 양 끝에 양극과 음극을 구현한 초박형 리튬 이온전지를 얼마 전 선보인 참이었다. 대규모 생산만 가능하다면 이 신제품은 독성은 적으면서 길어진 수명과 향상된 충전율을 자랑하는 배터리계의 새로운 총아가 되고도 남았다. 오바마의 방문은 지난 1999년에 비하면 급이 다른 대우였다. 당시 벨처가 처음으로 제출한 연구비 신청서를 본 심사관은 그녀에게 "제정신이냐"고 했었으니까.

재료과학과 생명공학을 연구하는 벨처가 씨앗 아이디어를 품게 된 것은 캘리포니아주립대학교 샌타바버라 캠퍼스에서 대학원을 다니던 시절부터다. 당시 그녀는 전복의 껍질이 어떻게 생성되는지를 연구하고 있었다. 전복은 겉은 딱딱하지만 안쪽은 진주처럼 희푸른 광택이 흐르는 타원형 껍질을 갖고 있고, 껍질 곳곳에는 숨구멍이 나 있다. 이처럼 독특한 구조물을 만들 수 있는 것은 껍질 속의 연체동물이 재료 수집의 달인이기 때문이다. 전복은 수백만 년 세월 진화를 거치면서 특정 단백질을 칼슘 같은 바닷속 물질과 결합시켜 자기 껍질에 차곡차곡 덧대는 요령을 터득했다. 벨처는 다음과 같이 생각했다. 비슷한 반응이 훨씬 단시간에 일어나게 하면 어떨까? 바이러스의 DNA를 조작해서 박테리아 같은 유기물질 말고 금속 같은 무기물에 결합하는 성질을 갖게 할 수 있을까? 만약 그럴 수 있다면 친환경 공학기술로 만든 초소형 배터리라는 꿈을 바이러스의 힘을 빌려 이룰 수 있을지 모른다. 기존의 배터리 제작 방식은 최고 섭씨 1000도의 고온 조건이 필요하고 유독 화학물질이 원료로 들어간다. 반면에 바이러스 배터리는 실온의 물속에서도 키울 수 있다. 바이러스는 바깥 분자를 끌어와 저희에게 필요한 물질을 합성하는 이상한 존재다. 흔히 바이러스라 하면 사람들은 독감 바이러스 같은 음흉한 병균만 떠올리곤 하는데, 실은 바닷속부터 사람의 위장까지 도처에 노상 존재하는 게 바이러스다. 지금 벨처는 이 '죽음의 전령'을 길들여 차세대 배터리의 동력으로 삼으려는 것이다.

바이러스는 생사의 경계가 모호한 존재다. 보통 전문가들은 설령 환경 적응력이 남아 있더라도 바이러스를 "죽은" 물질로 분류한다. 흔히 바이러스가 살아 있는 생물보다는 '안드로이드'나 '아주 작은 좀비'에 비유되는 게 그래서다.[73] 바이러스는 자기 자신에 관한 정보를 RNA나 DNA 형태로 가지고 다니기는 해도 짝짓기를 통해 후손에게 물려주지는 못한다. 바이러스가 복제하려면 '꼬리'를 숙주세포에 찔러넣고 유전물질을 주입하는 수밖에 없다. 복제 능력을 가진 숙주에게 무임승차 하는 셈이다. 벨처는 M13 박테리오파지라는 바이러스의 '강탈' 능력을 연구에 이용한다. 박테리오파지란 '박테리아 포식자'라는 뜻으로, 인체에는 무해하면서 박테리아를 감염시켜 번성하는 바이러스를 이렇게 부른다. M13 바이러스의 생김새는 양 끝이 우글쭈글 울어 있는 가느다란 국숫발과 비슷하다. 박테리아에게 M13은 지긋지긋한 앙숙이다. 겉면이 특수 단백질로 뒤덮여 있어 숙주세포의 단백질만 척척 골라 결합하기 때문이다. 호흡기 세포를 표적 삼는 독감 바이러스를 비롯해 다른 바이러스들이 숙주를 병들게 할 때 구사하는 전략도 이와 비슷하다. 숙주에 들러붙은 바이러스는 자신의 DNA를 숙주 안으로 맹렬히 주입하고 숙주세포의 통제 기구를 점령한다. 그런 다음 스스로는 하지 못하는 그 일, 즉 '번식'을 숙주에게 지시한다. 곧 탈탈 털린 숙주세포에서 새롭게 복제된 바이러스 한 무리가 쏟아져나오고 바이러스들은 똑같은 일을 반복하기 위해 또 다른 숙주를 찾아나선다. 이 모든 과정의 최종 결과는 바이러스의 폭발적 증가다. 만약 이게 독감 바이러스 같은 것이라면 바이러스 창궐이 인류의 건강과 안녕을 위협할 수도 있다.

하지만 M13 바이러스가 유용한 것 역시 바로 이 점 때문이다. 다른 박테리아에 자신의 유전물질을 주입하는 성질을 역이용해 특정 유전자를 옮길 메신저 드론으로 쏠쏠하게 써먹을 수 있는 것이다. 하지만 급선무가 하나 있었다. 우선은 가장 성능 뛰어난 M13 바이러스가 무엇인지부터 알아야 했고, 그러려면 10억 개의 M13 개체에 각각 조금씩 다른 돌연변이를 일으켜 테스트할 필요가 있었다. 원래는 결합하지 않는 금속에 잘 붙는 변이종을 찾는 것이 목표였다. 벨처는 금속과 궁합 좋은 바이러스 선발에 온 힘을 쏟았고 마침내 배터리 소재로 쓰기에 딱 알맞은 바이러스를 찾아냈다. 그렇더라도 이것은 큰 산 하나를 넘었을 뿐 끝이 아니었다. 벨처는 M13이 금이나 산화코발트처럼 배터리에 들어가는 전도성 물질에 잘 끌리도록 바이러스

DNA를 약간 손봤다. 말만 들어서는 아주 쉬운 일 같지만 자세히 파고 들어가면 그렇지 않다. 산화코발트의 경우를 예로 들면, M13의 표면에는 p8(박테리오파지 게놈의 8번 유전자에 유전암호가 저장되어 있다는 뜻에서 이렇게 부른다)이라는 특정 단백질의 복제가 2700개 존재한다. 벨처는 이 단백질의 유전자에 특별한 염기서열을 끼워넣어 p8이 음전하를 띠게 만들었다. p8 단백질 음이온이 양전하를 띤 산화코발트를 붙잡을 수 있도록 말이다. 그렇게 M13 바이러스는 산화코발트나 금 입자의 양전하 부분을 끌어당겨 온몸을 금속으로 뒤덮는다(꽃가루를 잔뜩 뒤집어쓴 벌을 떠올리면 금방 이해가 될 것이다). 하지만 배터리를 하나 만들려면 이런 바이러스 수십억 마리가 필요한데 바이러스에게는 번식 능력이 없다. 벨처는 바이러스와 박테리아 수십억 마리를 한 곳에 몰아넣고 숙주 박테리아가 바이러스 유전물질을 대신 복제하도록 판을 깔았다. 그런 다음 박테리아를 모두 제거하고 순수한 바이러스만 남겼다. 충분히 모인 바이러스 입자는 배터리 소재로 쓸 수 있고 언뜻 산화코발트 나노와이어처럼 보이기도 한다. 나노와이어 한 가닥은 길이가 약 80나노미터(1나노미터는 10억분의 1미터 - 옮긴이), 너비가 적혈구 하나 크기에 불과하다. 초경량 초소형 배터리가 실현될 수 있었던 이유다. 이 공정은 다른 식으로도 응용 가능하다. 예를들어 탄소 나노튜브로 덮인 인산철이나 리튬공기전지의 양극재로 쓰이는 망간산화물 같은 화합물과 바이러스를 만나게 해 다른 배터리 부품을 제작할 수 있다. 한마디로 벨처의 바이러스 안드로이드들이 초소형 배터리용 부품을 우리 대신 조립해주는 셈이다.

마무리로는 족집게를 사용해 동전 크기 틀에 배터리 부품들을 끼워넣는 작업을 한다. 시계 조립 과정과 비슷하다. 바이러스 배터리는 층 쌓기의 예술이다. 맨 밑바닥에 양극재로 리튬 호일을 깔고 전해질 용액 몇 방울을 떨어뜨린다. 그런 다음엔 공간 분리 목적의 플라스틱판, 전해질 용액 다시 몇 방울, 바이러스로 만든 양극재 순서다. 여기까지 쌓은 뒤 마지막으로 동그랗고 평평한 뚜껑을 덮으면 완성이다.

바이러스 배터리는 기존 전지들에 맞먹거나 능가하는 성능을 보여주고 있다. 여기서 주목할 점은 바이러스 배터리 연구의 확장 잠재력이다. 지금까지 벨처는 유전공학 기술을 접목해 배터리를 연구하면서 바이러스와의 조합이 꽤 괜찮은 물질 150여 종을 확인했다. 최근에는 코흐 통합암연구소Koch Institute for Integrative Cancer Research와 함께 유전공학으로 조작한 바이러스로 난소암세포를 찾는 연구를 진행 중이다. 난소암은 조기 발견이 쉽지 않은 탓에 환자들의 생존율이 낮은 편이다. 그런데 특수 유전자를 심은 바이러스를 활용해 형광물질을 암세포에만 붙이게 하면 종양이 아무리 작아도 영상검사로 확인해 일찌감치 발견할 수 있을 거라는 바람이다. 그렇게만 된다면 바이러스를 '죽음의 전령'이 아닌 '생명의 전령'이라 불러도 좋으리라.

체지방처럼 덮는 배터리

바이러스와 마찬가지로 평판이 나쁘게 난 '생명의 전령'이 하나 더 있다. 바로 지방이다. 오늘날 지방은 비호감 취급을 받기 일쑤지만, 사실 이 땅의 모든 생물에게 없어서는 안 될 영양소다. 인간을 비롯한 모든 동물은 체내 구석구석에 지방을 저장한다. 낙타처럼 특이한 경우를 빼면, 지방을 한곳에 쌓아두는 동물은 거의 없다. 그러는 건 몹시 비효율적이기 때문이다. 전신에 고루 퍼져 있는 지방은 고효율 에너지원이면서 체내 균형을 유지시키고 외부의 충격으로부터 우리 몸을 보호한다. 동물종마다 개성적인 외모를 갖는 것 역시 체지방 덕분이다. 체지방 전부를 한곳에 몰아둘 필요가 없기에 가능한 일들이다. 그럼에도 우리는 로봇을 설계할 때 왜 로봇의 심장부에 큼지막한 배터리 하나만 넣고 마는 걸까?

최근 미시간대학교의 연구팀이 커다란 배터리를 지켜보다가 똑같은 의문을 가졌다. 이 배터리는 장점보다 단점이 훨씬 많다. 배터리가 로봇 공간의 거의 5분의 1을 차지하고, 배터리에 저장된 에너지를 곳곳에 전달하는 과정에서 전력 손실이 상당하다. 동물이 몸 안에 지방을 쌓는 것처럼 로봇도 에너지 저장소를 여러 곳에 둘 수 있을까? 니컬러스 코토프 팀은 이 답을 찾고자 연구에 착수했다.

말을 띄엄띄엄 천천히 하는 니컬러스 코토프는 모스크바에서 화학자와 물리학자 부모 사이에서 태어났다. 그가 과학에 빠진 건 어릴 때부터다. 언젠가는 폭죽을 만들기 위해 성냥을 통에 쑤셔넣다가 불이 붙는 바람에 모서리의 전나무 수액 마감이 녹으면서 손에 흉터를 남기기도 했다. 어린 시절, 그는 보통 아이들처럼 평범해지는 게 소원이었지만 말더듬증 때문에 그럴 수가 없었다. 대학교 홈페이지의 교직원 자기소개란을 보면 이런 구절이 있다. "나는 무리와 잘 어울리지 못했다. 하지만 그때의 경험이 오히려 내게 득이 됐다는 것을 한참 뒤에 깨달았다."[74]

현재 코토프는 특출한 연구 업적을 세운 교수진에게 수여하는 어빙 랭뮤어(계면화학을 발전시킨 공로로 노벨화학상을 수상한 미국의 화학자 – 옮긴이) 석좌교수 칭호까지 받고 미시간대학교 화학공학과에 재직하고 있다. 그의 연구실에서는 더 얇은 리튬이온전지, 더 안전한 페인트, 암진단도구를 위한 신소재를 개발한다. 이 모든 연구의 중심에는 나노물질이 있다. 나노물질이란 입자 하나가 사람 머리카락 두께의 10만분의 1보다 얇은 매우 작은 물질을 말한다. 스스로 집합하는 성질을 가진 나노입자 연구는 이 초소형 플레이어들이 그들만의 초소형 우주에서 어떻게 어울리며 작용하는지를 탐구하는 신영역이다. 코토프는 나노입자를 알고 정교한 자연법칙을 이해하는 것이 에너지와 공학의 지평을 넓힐 열쇠라고 믿고 있다. 그는 초소형 일꾼들에 거는 기대가 크다. 과거의 패러다임을 뒤엎고 로봇용 분산형 전력저장장치를 현실화하는 게 목표다. 그가 고안 중인 배터리는 흡사 겉에 두르는 껍질처럼 생겼다. 이런 형태라면 중심부에 넣을 거대한 배터리를 기준으로 로봇을 설계하는 게 아니라 로봇의 모양과 기능에 배터리를 맞추는 게 가능하다. 더 나아가 언젠가는 배터리 크기를 마이크로 단위까지 줄일 수 있을지 모른다.

코토프 팀은 지방에서 영감을 얻은 겉에 두르는 분산형 배터리가 잘 작동한다는 것을 기어다니는 벌레 로봇을 이용해 직접 증명해 보였다. 연구진 사이에서는 이 로봇을 애벌레라고 불렀지만 사실 생김새는 구더기에 더 가깝다(코토프에게 이걸 상품화할 의욕이 없었던 게 다행이다). 여기에 더해 연구진은 다양한 형태의 배터리 제작이 가능함을 피력하고자 전갈 모양, 거미 모양, 개미 모양의 로봇도 함께 만들었다. 생물체의 형상을 한 이 배터리들은 동일 용량 리튬이온전지보다 무려 72배나 많은 에너지를 로봇에게 공급했다. 한편 코토프 팀이 개발한 아연충전지도 있다. 이 배터리는 비교적 저렴하고 독성도 없는 원료를 가지고 제작됐다. 다만 100번 정도 만에 못 쓰게 되기 때문에 수명이 다섯 배 긴 리튬이온전지와 견주기에는 아직 부족하다.

분산형 배터리의 또 다른 장점은 체지방처럼 쿠션 역할을 한다는 것이다. "지방은 보온 작용을 하면서 구조도 유지시켜요. 생뼈에 직격으로 맞으면 부상이 심하겠지만 중간에서 지방이 완충 역할을 하면 훨씬 덜 다치죠. 생물들은 이것을 일찌감치 체득했고 우리 과학기술에도 같은 원리를 적용할 수 있습니다." 코토프는 분산형 배터리 디자인이 여러 종류의 차량에도 적합할 수 있다고 얘기한다. "테슬라 구형 모델 기준으로 차체 무게에서 배터리가 20퍼센트나 차지합니다. 개량을 궁리하기 딱 좋은 시작점이죠."[75]

분산형 배터리는 부피와 무게 부담을 덜면서 전력용량은 늘린다. 최근 코토프는 향후 몇 년 이내 시장 진출을 목표로 상용화 작업을 위한 협력업체 물색에 들어갔다. 일차적으로는 택배 드론, 배달 로봇, 로봇 간호사, 창고정리 로봇 등에 쓰임새가 있겠지만, 일정 단계 이후 스스로 합체해 더 큰 장치로 완성되는 소형로봇의 개발에도 보탬이 될 거라는 게 그의 전망이다.

영국 케임브리지대학교의 이이다 후미야가 그리는 미래 비전도 크게 다르지 않다. 그가 이끄는 생체모방 로봇공학 연구실의 목표는 에너지를 더욱 효율적으로 쓰는 로봇을 만드는 것이다. 로봇이 동물과 똑같이 행동하려면 10~100배 많은 에너지가 필요하다. 이이다 교수의 설명에 따르면, 로봇은 움직임의 속도와 정확성 면에서 기특한 모습을 종종 보여주지만 효율이 그다지 좋지는 않다고 한다. "생체 시스템을 유심히 살펴보면 각각 유구한 진화 과정에서 에너지 효율이 얼마나 세심하게 고려됐는지 알 수 있습니다. 에너지는 생명이 어떤 일을 벌일 때 가장 먼저 맞닥뜨리는 진입장벽 중 하나거든요."[76]

에너지 효율은 자연이 으뜸으로 삼는 창조의 원칙 중 하나임에도 지금까지의 로봇학에서는 우선적인 고려사항이 아니었다고 한다. 동물들은 걷거나 날개를 퍼덕여 날거나 헤엄쳐 이동하지만 기계공학의 세상에서는 거의 모든 동체가 바퀴를 굴려 움직인다. 물론 걷는 로봇 다리를 설계하는 것은 쉬운 작업이 아니고 성공하더라도 에너지 효율이 형편없기 일쑤다. 넓고 평평한 도로에서야 바퀴가 독보적인 성능을 발휘하겠지만 시골 오지의 땅들은 죄다 도랑, 진흙구덩이, 앞서 지난 차들이 새긴 바퀴자국, 둔덕, 돌멩이투성이다. 그러니 걷거나 기는 로봇은 다양한 조건의 지면을 다니되 틈새에 다리가 끼거나 나동그라졌다가 다시는 못 일어나는 일이 없어야 한다. 하지만 현재까지도 로봇들은 일어서거나 느릿느릿 걷는 단순한 동작에 너무 많은 에너지를 소비한다. 자연의 피조물들이 최소한의 에너지를 쓰면서 여기저기 잘만 돌아다니는 것과 대조된다. 이이다 교수는 인간이 걷는 것이 자동차의 바퀴와 맞먹게 에너지 효율적이라고 표현한다. "이게 어떻게 가능한지가 제게 굉장한 호기심을 일게 했죠."

사람의 걸음이 로봇과 달리 매우 효율적인 것은 인체구조가 여러 목적을 동시에 달성할 수 있도록 만들어졌기 때문이다. 근육은 그저 모터 같은 동력장치 역할만 하는 게 아니라, 스프링처럼 에너지를 저장하고 외부충격을 흡수하며 열을 발생시키고 신체를 보호하고 센서가 되어 체내 생리현상을 감지한다. 재주가 많은 건 뼈도 마찬가지여서 신체의 기본형태를 지지할 뿐만 아니라 칼슘을 저장하고 적혈구를 생성한다. 사람과 기계의 근본적 차이는 또 있다. 인체는 90퍼센트 정도가 연조직으로 이뤄진 데 비해 기계는 99퍼센트가 딱딱한 부품이라는 것이다. 주 소재는 금속, 알루미늄 같은 것들이다.

"요즘 제가 가장 고민하는 것은 복잡성 문제입니다. 로봇의 복잡한 신체구조를 어떻게 만들어야 할까요?" 이이다 교수는 아직 답을 찾는 중이다. 박테리아와 바이러스를 비롯한 자연 생태계에서는 아미노산이라는 모스 부호가 수십억 종 생물의 형태를 구현한다. 유전암호는 인류가 갓 눈을 뜬 분야다. 현재 가진 단서를 확장해 소기의 결실을 맺으려면 앞으로 상당한 시간과 인내심이 필요하다.

새로운 화학과 디자인을 토대로 더욱 강력하고 안전하면서 오래 가는 배터리를 개발하기 위한 연구는 지금 이 순간에도 지속되고 있다. 리서치 기관 블룸버그 NEF는 2040년이면 전체 여객운송수단의 절반 이상이 전기를 동력으로 하게 될 거라고 예견했다. 도로를 달리는 자동차의 31퍼센트는 전기자동차가 된다는 소리다.[77]

30년 전 사우디아라비아의 석유부 장관을 지낸 셰이크 야마니의 말처럼, "석기시대의 종말은 돌이 바닥났기 때문이 아니었다. 석유의 시대 역시 석유가 부족해서 끝나지는 않을 것"이다.[78] 이런 얘기가 그의 입에서 나온 것은 역설적이지만, 그만큼 부인할 수 없는 진실이기도 하다. 오일 파워를 압도하는 신기술의 출현은 불가피한 미래인 동시에 새로운 운송수단 시대를 열 기회가 될 것이다.

알레산드로 볼타가 말뚝처럼 생긴 볼타 전지를 발명한 지 200여 년이 흐른 지금, 우리는 다음 혁명을 목전에 두고 있다.

9

말 속에 뼈가 있다

뼈 — 경량항공기와 건축

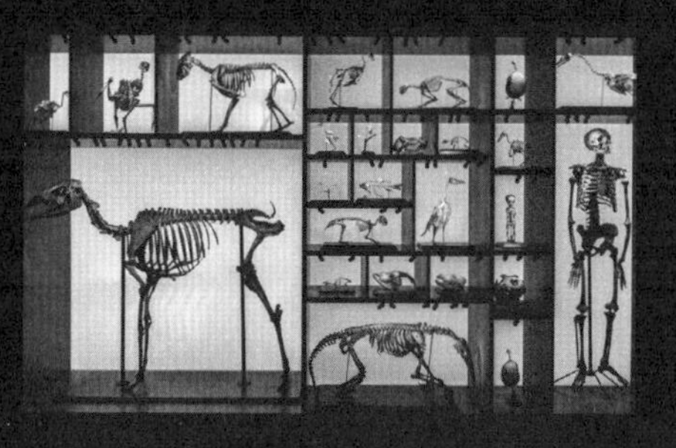

"언제나 그랬듯, 적응하지 못하면 소멸하는 것은

거역할 수 없는 자연의 진리다."

H. G. 웰스, 소설가

~

캘리포니아 아카데미 오브 사이언스 자연사박물관에 있는 모든 공간을 통틀어 내가 가장 좋아하는 곳은 뒤쪽의 자료 보관실이다. 그곳에 가서 끌리는 대로 아무 서랍이나 연다. 그러면 뚜껑을 빙 둘러 이름표가 부착된 플라스틱 튜브 안의 박쥐 두개골과 시선이 마주친다. 다만 두 눈이 있어야 할 자리는 텅 비어 있다. 또 다른 서랍을 열면 깃기 하나 없이 야윈 손가락처럼 쫙 펼쳐진 날개뼈가 나온다. 다음 서랍에는 큼지막한 나비들이 벽에 건 활처럼 핀으로 고정되어 있다. 나비의 날개는 각도에 따라 파란색으로도 보이고 초록색으로도 보인다. 복도 건너편에는 안에 뼈대가 없어서 흡사 만화 캐릭터 같은 호랑이 한 마리가 미동 없이 서 있다. 마치 박제사가 뮤지컬 〈라이온 킹〉을 보고 와서 만들기라도 한 것 같다. 간혹 어떤 전시물은 호기심과 애잔함을 동시에 자아낸다. 진화가 빚어낸 형태가 이렇게 다채로울 수 있다는 깨달음에 감동받으면서도 이 생명체들이 인간의 손에 죽음을 맞았다는 사실에 마음이 무거워지는 것이다.

어릴 적, 친구네 집 뒷마당에서 사슴 척추뼈를 가지고 놀던 일을 기억한다. 그것을 손바닥에 올려놓고 이리저리 돌려보는데 경이로움과 슬픔이 뒤섞인 묘한 기분이 들었다. 어린 나는 궁금했다. "사슴 뼈에는 왜 이렇게 구멍이 많지? 물렁물렁한 몸 안에서 어떻게 이런 단단한 뼈가 만들어질까?" 자연사박물관 자료보관실에 들어서니, 그때와 비슷한 감정이 새삼스레 올라온다. 오늘 방문한 목적은 압수된 밀수품 컬렉션을 직접 보고 이곳 연구원들과 안면을 트기 위해서다. 어둑어둑한 가운데도 이곳에 다양한 종류의 뼈가 있다는 것을 알아채기는 어렵지 않다. 현존하는 사슴 중 덩치가 가장 큰 말코손바닥사슴의 가지 많은 뿔은 짝짓기를 위해 라이벌과 벌이는 결투에서 주무기가 된다. 박쥐는 발가락뼈로 나뭇가지를 꼭 붙들고 거꾸로 매달려 잔다. 내가 서랍을 슬쩍 열어볼 때 쓴 내 손가락뼈 역시 진화라는 예술의 작품이다. 인류가 생태계에서 독보적인 지위를 차지할 수 있었던 건 손가락뼈로 도구를 능숙하게 다루는 능력 덕이었다.

의외의 사실은 지구상에는 무척추동물이 척추동물보다 훨씬 많다는 것이다. 현존하는 동물의 96퍼센트는 해파리처럼 연조직으로만 되어 있거나 곤충처럼 키틴chitin을 주성분으로 하는 외골격만 가지고 있다. 오직 나머지 4퍼센트만이 뼈가 내부 구조로 숨겨진 척추동물이다. 뼈가 몸속에 들어가는 건 5억 5000만 년 전만 해도 흔한 일이 아니었다. 당시엔 골격이라는 것 자체가 존재하지 않았고, 바닷속에서 턱뼈도 척추도 없이 흐물흐물한 형체로 정처없이 떠다니는 생물들뿐이었다. 그러나 변화의 조짐은 이미 훨씬 전부터 이어지고 있었다. 15억 년 전, 격렬한 지각변동으로 다량의 탄산칼슘이 바다에 유입됐고 해양생물들은 그때부터 수백만 년 동안 생전 처음 보는 광물을 가지고 이런저런 실험을 했다. 그 결과, 탄산칼슘에 여러 가지 성분을 조합해 뼈와 엇비슷한 물질이 만들어졌고 해양생물들은 단단한 껍데기로 연약한 몸뚱이를 덮을 수 있었다. 처음에는 특정 광물질이 갑자기 쏟아져 들어온 환경 변화에 대처하려는 단순한 화학반응이었을 것이다. 체내에 칼슘이 너무 많이 쌓이면 독이 되기에 반드시 제거해야 했기 때문이다. 그렇게 생성된 칼슘 화합물은 일종의 독성 폐기물에 불과했지만 곧 유용한 쓰임새가 생겼다. 단단한 외골격이 연약한 몸을 포식자로부터 보호해 진화라는 군비경쟁에서 우위를 점하게 한 것이다. 그렇게 골격 있는 생물이 번성하기 시작했다.

바닷물에 탄산칼슘이 흘러들어간 지 약 1000만 년 뒤, 캄브리아 대폭발기에 마침내 갖가지 다세포동물이 지구생태계의 계보에 대거 등장했다. 골격을 갖는 게 성공적인 생존 전략임을 증명하는 확실한 증거였다. 골격은 수십 차례 발전과 개량을 거쳐 시대의 '필수품'으로 자리 잡았다. 하지만 뼈가 발달할수록 문제점도 함께 생겨났다. 단단한 골격을 두른 신체부위는 움직임이 예전만큼 자유롭지 못했다. 곧 원시동물들은 단단한 껍데기를 몸 '안으로' 집어넣었고 진화는 두 번째 도약을 맞았다. 이제는 뼈가 연조직의 구조를 지탱하는 동시에 뇌처럼 말랑말랑한 장기를 보호하기까지 했다. 선사시대 어류에게 골격은 몸속 무기질 저장소였고 뼈세포들은 일종의 천연 배터리처럼 작용해 헤엄쳐 다니는 물고기의 활동 반경을 크게 넓혔다.

남아 있는 역사 기록은 오랜 세월 골격에 대한 인간의 지식이 얼마나 일천했는지를 여실히 드러낸다. 지난날 인류는 뼈를 아무 생명력 없이 허여멀겋게 땅속에 묻혀 있는 죽은 물질, 혹은 표백 처리되어 유리관에 덮인 채 뭇 사람들의 구경거리가 되는 물건 정도로만 여겼다. 그나마 로마제국 시대의 의사이자 철학자 갈레노스는 희뿌연 색깔로 미루어 뼈가 정자로 되어 있을 거라는 기상천외한 가설을 제시했다. 11세기 페르시아의 대학자 이븐시나는 뼈의 주성분이 금과 마른 흙이라는 말을 남기기도 했다. 하지만 대체로 중세와 르네상스 초기의 학자들은 뼈에 아무 관심이 없었다. 그들에게 뼈는 눈앞에 보이는 그대로 단순하고 자명한 사물일 뿐이었고 부러진 뼛조각을 만지작거리는 해부학 입문생들이나 다룰 법한 주제였다. 그러던 것이 1506년 레오나르도 다빈치의 각성으로 분위기가 급변한다. 다빈치는 뼈에 대한 인간의 지식이 부족하다고 느껴 100세 노인의 주검을 손수 해부해 연구하기 시작했다. 그때부터 6년 동안 시체 30여 구를 해부한 그는 인체에 존재하는 거의 모든 뼈를 그림으로 남겼다. 이름난 천재답게 그의 연구노트에는 각 부위를 정밀묘사한 해부도와 측정 수치들의 기록이 가득했다. 그가 남긴 그림이 공식 출판되지는 않았지만, 16세기 말 즈음 해골은 인간 해부학의 상징적이고 고전적인 이미지가 되었고, 망토를 걸치면 죽음이 되었다.

르네상스 초기 해부학자들에게는 인체 골격이 정자로도 흙으로도 죽음으로도 되어 있지 않다는 것을 알 길이 없었다. 하지만 사람 뼈는 살아 있는 조직이다. 바깥세상과 차단된 채 피부에 덮여 있는 뼈는 인간을 살아 있게 하고자 쉼 없이 일한다. 이 사실을 가장 확실하게 절감하는 것은 뼈 성장에 이상이 생길 때다. 예를 들어 뼈가 약해지는 병에 걸린 환자는 재채기 같은 가벼운 충격에도 골절이 생긴다. 반대로 뼈가 너무 잘 자라는 뮌슈마이어병Münchmeyer disease 환자는 뼈를 다쳤을 때 새 지주골이 돋아 팔과 다리가 특정 자세로 고정돼버린다. 말 그대로 뼈 때문에 몸이 갇히는 셈이다. 한편 살아 있다는 뼈의 성질을 이용한 두상 성형이라는 것도 있다. 인류가 정착한 대륙이라면 어디든 약 5500년 전부터 이어져 내려오는 오랜 풍습이다. 예를 들어 몇몇 미국 원주민 부족은 아기를 지게식 요람에 넣고 다니는 탓에 아기의 머리가 눌려 모든 부족민이 편평한 두개골을 갖는다. 훈족, 마야족, 태평양군도민은 아이들 머리에 좁은 틀을 끼워 키우기 때문에 뒤통수가 길쭉하게 솟는 것이 특징이다. 이처럼 특이한 형상은 프랑스, 러시아, 스칸디나비아 등지에서 목격된다.

뼈에도 생명이 있다는 인식은 서서히, 그렇지만 확실하게 인류의 의식에 안착했다. 일례로 1939년 네덜란드 해부학자 E. J. 슬라이퍼는 앞다리 대신 작은 혹 두 개만 갖고 태어난 염소가 캥거루처럼 콩콩 잘도 뛰어다니는 것을 목격한다. 염소가 죽자 슬라이퍼는 사체를 해부했고 녀석의 골반과 다리뼈가 다른 염소들보다 굵다는 사실을 알아낼 수 있었다. 이는 곧 염소가 자라면서 다리골격이 뒷다리로 깡충깡충 뛰기에 유리하도록 변해갔다는 뜻이었다.

오늘날 우리는 이런 일이 어떻게 가능한지 잘 안다. 뼈에는 유지보수하고 적절히 리모델링하느라 쉴 새 없는 일꾼 세포들이 있다. 뼈가 건축물이라면 하중을 견디면서도 움직임이 가능하도록 짓기 위해 주위에 비계를 세우고 지렛대, 버팀목, 경첩을 적재적소에 배치하는 데에 온 동네 세포들이 총동원된다. 뼈조직에는 크게 두 종류가 있다. 하나는 겉면의 단단하게 압축된 피질조직이고 다른 하나는 구멍 뻥뻥 뚫린 스위스 치즈처럼 생긴 안쪽 해면조직이다. 거의 모든 뼈가 둘 다로 이뤄져 있지만, 인체 골격의 약 20퍼센트를 차지하는 해면조직은 흔히 뼈 말단과 관절에 몰려 있어서 구조를 지탱하면서도 적당한 유연성을 허용하는 역할을 한다. 나머지 부분은 다 피질조직이고 해면조직을 감싸 보호한다. 특히 팔다리처럼 강성과 경도가 커야 하는 길쭉한 뼈는 대부분이 조밀한 피질조직으로 되어 있다.

골격으로 그 사람에 대해 많은 것을 알 수 있다. 뼈를 분석하면 그 사람의 키, 성별, 대략적인 나이를 알 수 있다. 내 경우 뼈가 부러졌다가 붙은 흔적이 오른팔에 두 군데 있고 왼발등에도 이전에 생긴 상처가 남아 있다. 전부 어릴 때 다쳐 석고붕대를 했던 곳이다. 당시 동네 의사선생님이 성심성의껏 돌봐주고 수많은 뼈세포들이 금 간 곳을 붙이느라 수고해준 덕분에 깔끔하게 나을 수 있었다. 그때 내 회복을 도왔던 세포들은 사라진 지 이미 오래다. 세포의 일생은 생명이라는 장대한 계획에서 아주 작은 일부분에 불과하다. 지금 내 몸의 뼈는 단 한 톨도 10년 전의 그것이 아니다. 인체 골격은 대략 10년 주기로 교체된다. 10년이면 그사이에 새로 태어난 별 모양의 뼈세포osteocyte가 420억 개라는 얘기다. 나머지 뼈세포 3종, 즉 골모세포osteoblast, 파골세포osteoclast, 내막세포까지 치면 숫자는 훨씬 커진다. 마치 거대한 노동연맹 같다. 전기톱으로 뼈 단면을 잘라보면 무슨 소리인지 바로 이해될 것이다. 효율성이, 혹은 재료과학자들이 달리 부르는 말로 최적화가 이보다 더 완벽하게 구현된 실례가 또 없으니 말이다.

골격 리모델링이 일어나는 원리는 일명 볼프의 법칙Wolff's Law으로 설명된다. 달리기나 줄넘기를 하면 신체가 자극에 반응해 뼈조직을 더 많이 생성한다는 이론이다. 반면에 별로 사용되지 않아서 뼈가 스트레스를 안 받을 땐 파골세포가 뼈조직을 분해하고 여기서 나온 칼슘은 혈류로 흘러든다. 한마디로 사람의 골격은 본인이 지우는(혹은 지우지 않는) 부담을 감내하도록 적응한다. 적당한 스트레스가 건강에 좋은 이유다.

현대사회는 인체 골격에 지워지지 않는 자취를 남기고 있다. 인류학자들은 현대인의 뼈대가 가냘파졌다고 입을 모은다. 인류 조상이나 가까운 야생 영장류보다 덩치에 비해 골량이 적다는 뜻이다. 인체 골격은 급변하는 문화와 기술을 따라잡지 못하고 있다. 몸을 잘 움직이지 않는 생활습관은 신체 건강을 갉아먹고 골절과 뼈질환에 잘 걸리게 한다. 같은 맥락의 연구 데이터도 있다. 2009년 독일 연구진이 발표한 바에 의하면, 요즘 어린이들의 뼈는 불과 10년 전보다도 확연하게 가볍고 약하다고 한다. 다른 변수들을 통제한 조건에서 분석한 결과, 운동량과 골격 무게 간에 밀접한 상관관계가 있었다. 아무래도 사람의 뼈는 진화보다도 개개인의 선택에 훨씬 큰 영향을 받는 듯하다.

소름 끼치는 증거가 하나 더 있다. 최근 사람들의 뒤통수 아래쪽에서 심심찮게 목격되는 뾰족하게 솟은 돌출물이 바로 그것이다. 현대인 대다수는 하루 종일 컴퓨터와 스마트폰만 보다 보니 목을 쑥 내밀고 있는 게 일상이 됐다. 우리 머리는 더 이상 척추와 곧은 일직선을 그리지 않는다. 구부정한 자세는 4킬로그램 남짓한 머리를 받치는 목근육에 과도한 압력을 부과한다. 그런 까닭에 신체가 커진 스트레스를 나눠질 뼈세포를 추가로 만들어 대응한 것이다. 개개인의 습관이 체성분과 골격 모양을 바꾼다니, 가히 충격적이다.

헐벗은 뼈

처음에 내가 박물관 자료보관실을 찾아간 것은 순전히 사전답사 차원이었다. 그날 한 일은 연구원들과 안면을 트고 경찰이 압수해 넘긴 밀수품이 새로 들어오면 연락해달라고 부탁한 게 전부다. 당시 자료조사는 야생동물 밀수 건 때문이었다. 그런데 1년 뒤 동물뼈 자료가 다시 필요해졌다. 이번엔 이 책을 준비하기 위해서였다. 초경량 발명품 고안에 많은 영감을 주는 뛰어난 공학 논리와 디자인이 사람 뼈에 숨어 있다는 사실을 알게 된 것은 제프 브레넌과 대화를 나눈 뒤다. 이야기는 1990년대 초로 거슬러 올라간다. 현재는 검은테 안경을 쓴 은발의 신사지만 머리카락이 지금보다 까맸던 젊은 대학생 브레넌은 의대 진학을 코앞에 두고 있었다. 그의 인생 궤도는 이미 완벽하게 결정된 상태였다. 필요한 학점을 모두 이수해뒀고 해부학 실습에서 시체해부 경험도 쌓았으며, 절단 환자를 위한 인공 팔다리와 보형물을 공부 중이었다. 그러던 어느 날 그는 의사가 자신의 꿈이 아니라는 것을 깨달았다. 결국 미시간대학교로 옮긴 그는 골격생체역학 박사과정에 들어가 뼈가 어떻게 자라고 재구축되는지를 연구하기 시작했다.

브레넌의 계획은 뼈 작동의 효율성을 계산하는 수학공식을 보형물 같은 것들에도 적용하는 것이었다. 그는 지도교수인 스콧 홀리스터와 위상 최적화 설계topology optimization의 선구자라 불리는 기쿠치 노보루 박사와 힘을 합쳤다. 위상 최적화 설계란 일정한 디자인 매개변수 값 안에서 물질의 레이아웃을 수학적으로 최적화하는 기법이다. 1980년대 후반, 기쿠치는 사람 뼈가 자라는 과정을 모델링하고 그 레이아웃을 분석할 가장 좋은 방법을 찾는 연구에 매달렸다. 인체는 어떤 규칙에 따라 응력(한 면적에 작용하는 힘에 대한 저항력-옮긴이)과 변형에 반응할까? 뼈의 성장 패턴을 수학 공식으로 환산할 수는 없을까? 만약 그게 가능하다면 이 지식이 노년기 뼈 건강을 증진하는 데에 적극 활용될 수 있을 터였다. 뼈가 점점 약해지는 병인 골다공증은 폐경 후 여성에게 특히 흔한데, 이런 환자들에게 기쿠치의 연구가 큰 힘이 될지 몰랐다.

원래 브레넌은 치료를 돕는 의료기술 개발을 목표로 삼았지만, 결과적으로는 핵심 아이디어가 독자적으로 발전했다. 모든 면에서 제품이 안전함을 입증해야 하는 까다로운 제도 탓에 의료기기 시장 입성은 녹록지 않았다. 그렇다고 마냥 기다릴 수는 없었다. 결국 그는 이 수학이론을 의학 말고 다른 분야에 써먹어보기로 마음먹었다. 대학원을 졸업한 브레넌은 자신의 아이디어를 받아줄 만한 직장을 물색했다. 그러다가 소프트웨어와 클라우드 서비스를 제공하는 벤처기업 알타이르Altair를 알게 됐다. 당시 알타이르는 생긴 지 얼마 안 돼 브레넌이 알아본 세 회사 중 리스크가 가장 큰 곳이었다. 게다가 위상 최적화 설계 자체도 신생 분야라 모르는 이가 많았다. 그러나 브레넌과 알타이르는 미래비전이 잘 통했다. 브레넌이 회고하길, 당시 기술

총괄 짐 브랜초와 함께 "앞으로는 차량 브래킷부터 시작해서 어떤 물건이든 이런 수학이론을 기반으로 이상적인 형태를 디자인하는 미래가 올지 모른다"는 얘기를 나눴다고 한다.[79] 그렇게 그는 알타이르에 입사했고, 얼마 뒤 CEO인 짐 스캐파에게 기쿠치 박사의 논문을 보내면서 이렇게 물었다. "이거 어떻게 생각하십니까?"

사장의 대답은 접착메모지에 적혀 브레넌의 책상으로 돌아왔다. "이걸 상품화할 수 있을까요?" 그는 밑에다가 "네"라고 적어 쪽지를 다시 올려보냈다. 회사의 지원을 등에 업은 브레넌은 바로 팀을 꾸리고 뼈 생성 과정을 모티브로 한 수학 공식 소프트웨어 개발에 들어갔다. 제품명은 옵티멀optimal과 스트럭처structure를 합해 옵티스트럭OptiStruct이라고 지었다. 그는 자신이 훌륭해서 이 기술을 만든 게 아니라 원래 좋은 기술의 양부모 역할을 했을 뿐이라고 얘기한다. 침이 마르게 자랑하는 그의 모습을 보면 그가 이 일에 진심이라는 걸 믿을 수밖에 없다. 본인 입으로도 진짜 자녀들을 제외하면 이 소프트웨어가 세상에서 가장 아끼는 자식이라고 했으니까.

옵티스트럭은 항공기 날개, 자동차 부품, 자전거 프레임 같은 구조물에 가해지는 응력을 감안해 설계 단계에서 디자인의 중량과 강도를 최적화하도록 돕는 소프트웨어다. 이 소프트웨어는 최상의 성능을 이끌어내려면 어디에 자재를 더하고 어디선 빼야 하는지 계산해 알려준다. 알고리즘이 자재의 양, 강도, 제작의 용이성 등을 고려해 여러 옵션을 테스트하고 가장 나은 해결책을 내놓는 식이다. 그러면 사용자는 더 적은 원료로 더 짧은 시간 안에 제작 가능한 디자인을 얻게 된다. 만들어야 하는 시제품 수가 애초에 확 줄기 때문이다. 옵티스트럭은 주어진 대상의 부피를 구멍 송송 난 반제품처럼 취급한다. 그런 까닭에 디자인 안에 힘이 약한 부분이 있다면 그 부분을 보강하여 강도를 높인다. 반대로 힘이 너무 들어간 부분은 구멍 크기를 늘려 강도를 낮춘다.

절감reduce, 재사용reuse, 재활용recycle을 뜻하는 3R 원칙으로 논하자면, 옵티스트럭은 첫 번째 요소인 '절감'에 집중한다. 비행기나 기차를 실제로 제조하기 전에 하중의 20퍼센트를 줄인다고 치자. 그러면 여분의 원료를 캐서 실어온 뒤 가공하고 수십 년 동안 기체나 차체에 짊어지고 다니면서 운행하다가(이 과정에서 연료비도 더 든다) 막바지에야 폐기할 필요가 전혀 없다. 이 20퍼센트는 처음부터 존재하지 않는 것이다. 바로 여기에 옵티스트럭의 정수가 있다. 이 소프트웨어는 미니멀리즘을 추구한다. 그래서 구조물에 쓸데없이 불거진 부분들을 잘 깎아낸다. 소프트웨어를 사용하는 작업자는 한발 물러나 다시 생각하게 된다. "자, 내가 진짜로 하고 싶은 게 뭐지? 지금 내 앞을 가로막는 것은 무엇일까? 이 일에 어떤 변수가 있을까? 디자인에 쓸데없는 부분이 많은가? 어디에다가 구멍을 더 낼 수 있을까?"

예를 하나 들어보자. 키보드를 몇 번 두들기니 컴퓨터 화면에 한 시골 초등학교의 아치 천장 모형이 짠 하고 나타나더니 이미지가 서서히 변해 골조만 남는다. 학교가 세워질 곳은 중국 루산廬山의 첩첩산중이다. 일찍이 불교와 도교의 사찰들이 자리 잡은 루산의 정상은 연중 200일가량 해무에 잠겨 장관을 이룬다. 학교 설계도는 가느다란 혈관을 가로세로로 엮은 것처럼 생겼다. 군더더기를 싹 걷어내고 간결하게 직선과 아치로만 이뤄진 조합이다. 실물에서 뼈만 남긴 이미지라고 보면 된다. 골조 배치는 보는 관점에 따라 기괴하기도 하고 우아하기도 하지만 어느 하나 버릴 데가 없다. 아치는 튼튼해야 하는 곳은 두껍고 그럴 필요가 없는 곳은 가볍고 가늘다. 마치 사람 뼈 같다. 완공되면 인근 마을 열두 곳의 어린이 120명이 이 학교에 다니게 된다. 호리호리한 건물 모양새가 사람 뼈를 본뜬 것이라는 사실은 아무도 눈치채지 못할 것이다. 흔히 디자인은 빈 공간에 무언가를 더하는 것에서 출발하기 때문이다(적층공학 additive engineering이라는 말이 왜 나왔겠는가). 여백을 중시하는 건 예술가의 방식이다. 캔버스에 붓질할 때 화가는 피사체 '주변'의 공간을 생각한다. 여백은 채워진 공간만큼이나 중요하다. 물론 이렇게 생각하는 게 예술가만은 아니다. 사고실험을 하는 철학자나 과학자도 마음가짐은 비슷하다. 그런데 인체는 아예 이게 기본 원칙이다. 쓸모없는 부분은 배출하면서 튼튼하고 가볍고 유연한 골격을 유지하는 데에 필요한 최소한의 뼈만 남긴다. 자연에서는 원료공급이 상시 보장되지 않기에 언제나 최소의 것으로 최대의 효과를 내는 게 관건이다. 거미가 전속돌진하는 파리를 받아낼 정도로 탱탱한 그물집을 짓는 데에 딱 필요한 만큼만 거미줄을 자아내는 것도 비슷한 이치다. 다빈치는 말했다. "자연의 발명품에는 부족함도 넘침도 없다."[80]

적은 게 좋은 것

옵티스트럭이 처음부터 절찬판매된 것은 아니다. 입사 초기에 브레넌은 컴퓨터를 들고 직접 엔지니어들을 설득하러 다니며 발품을 팔아야 했다. 그는 '경량화'를 하나의 사고방식이자 디자인의 기본으로 여긴다. 예를 들어 포드는 자사 신형 모델의 무게가 구형보다 얼마나 가벼워졌는지를 절대 입 밖에 내지 않는다. "대신에 포드는 산업등급 알루미늄 자랑으로 떠들썩합니다. 사나이들의 주제죠. 그치만 명백한 진실은 새로 나온 포드 트럭이 전보다 200킬로그램 넘게 가벼워졌다는 겁니다. 그런데도 이걸 마케팅하지는 않아요. 트럭을 팔리게 하는 매력포인트가 아니거든요. 조금더 친환경적인 차가 됐을 뿐이에요." 그럼에도 포드는 이후로도 계속 알타이르와 협력하기로 했다.

포드의 결정은 기존 주력 차종들의 흐름에 반하는 것이었다. 당시엔 "덜어내는 것"이 아니라 "많이 더하는 것"이 좋다는 게 상식이었다. 게다가 솔직히 말해 수학적으로 최적인 조건이 생산 현장에서도 늘 비용 효율적이거나 적합한 것은 아니다. 옵티스트럭 소프트웨어는 최소한의 원자재를 들여 나올 수 있는 최선의 설계와 기하학을 추천하지만, 그것이 기존 생산기술로 그 형태가 제대로 찍혀 나온다는 뜻은 아니다. 이 허점은 소프트웨어 활용을 가로막는 무시할 수 없는 현실이다. 결국 알타이르는 인류가 가진 잠재능력 범위 안에서 옵티스트럭을 구동할 방법을 찾아야 했다. 자연은 빙글빙글 돌고 이리저리 휘고 구부러진 디자인을 좋아한다. 반면에 인간의 모든 건축물은 직선이다. 3D 프린팅은 자연에 가까운 설계에 유용하지만 고작 1980년대에 언급되기 시작한 신기술이라 비싼 데다 쓸 수 있는 원료도 한정적이다. 알타이르는 이런 현실을 고려해 생산단계의 변수 설정 기능을 소프트웨어에 추가했다. 사용자가 원하는 제조기법과 원자재를 지정할 수 있도록 말이다. 가령 접거나 여러 겹 덧댄 합판을 사용할 생각이라면 디자이너가 합판 두께, 방향, 쌓는 순서 등을 직접 설정하는 식이다.

알타이르는 굴지의 항공기제작사인 에어버스와도 파트너십을 맺었다. 당시 에어버스의 목표는 초대형 여객기 A380에 가장 적합한 날개 뼈대를 디자인하는 것이었다. 하늘에서는 고작 몇 킬로그램 하중 차이도 연비와 탄소 배출에 영향을 줄 수 있기에 에어버스는 설계 단계부터 A380을 효율이 극대화된 비행기로 만들고 싶어 했다. 옵티스트럭은 이 작업에 필요한 밑판을 제공했고 에어버스 사의 엔지니어들은 여기서 나온 초안들에 각자 머릿속에서 그린 그림을 겹쳐 분석했다. 그 결과, 에어버스는 몸무게를

500킬로그램이나 줄인 신형 여객기를 선보일 수 있었다.

브레넌은 이때의 경험이 회사가 항공우주산업에 진출하는 계기가 됐다고 말한다. 아닌 게 아니라 곧 보잉 사가 CH-47 치누크 헬리콥터의 경사면 개량을 목적으로 알타이르의 소프트웨어를 구매하겠다고 나섰다. 이 계약은 17퍼센트 중량 감소와 회의실에서 갑론을박하느라 허비했을 개발 기간의 단축이라는 성과로 이어졌다. 또한 폭스바겐은 알타이르 소프트웨어의 도움으로 무게를 23퍼센트 던 새로운 디자인의 엔진마운트 브래킷(주행 중 엔진 떨림을 잡아주는 받침과 고정틀-옮긴이) 개발에 성공했다. 그 밖에도 록히드마틴Lockheed Martin, 할리-데이비슨Harley-Davidson, 프록터앤갬블Procter & Gamble, 노키아Nokia, 아디다스Adidas, 콜러Kohler, 피셔프라이스Fisher-Price 등의 기업들도 알타이르가 자연에서 영감을 받아 만든 기술을 활용해 해마다 수십억 파운드의 원자재를 절약하고 이산화탄소 배출량을 단속하고 있다. 알타이르의 기술 덕에 보존된 원자재의 양은 2009년 한 해에만 약 59만 톤으로 집계됐다.

얼마 전에는 지구 관측, 유인 우주비행, 우주탐사, 통신 목적의 저궤도 정지위성을 개발하는 기업이 광학위성에 들어갈 부품을 옵티스트럭으로 설계했다는 소식이 들려왔다. 컴퓨터 시뮬레이션 소프트웨어는 위성 발사 단계에서 선체가 받을 부하량을 예측하고 위성의 강도와 안정성을 점검하는 데에 큰 도움이 됐다. 이렇듯 제도 테이블 위의 설계도면이 현장의 실물로 바로 구현될 수 있는 것은 무엇보다 3D 프린팅과 위상 최적화 기법의 등장 덕이다. 두 기술의 관계는 브레넌이 '천생연분'이라고 표현할 정도다. 물건을 납품하겠다고 소프트웨어가 그려낸 복잡한 설계를 3D 프린터로 30만 부씩 프린트하거나 하는 건 절대로 무리일 것이다. 적어도 현재 기술력으로는 그렇다. 하지만 복잡한 디자인의 물건을 우주로 보내야 하는데 무게가 관건일 때는 완전히 다른 얘기가 된다.

컴퓨터 소프트웨어는 연장통 안에 든 도구와 같아서 프로젝트마다 적절하게 골라 쓸 수 있다. 앞으로 친환경 원자재와 생태보전 발명품이 표준으로 자리 잡는다면 세상은 더없이 완벽해질 것이다. 아직은 막연한 꿈이지만 옵티스트럭 같은 혁신이 우리를 한 발씩 가까이 다가가게 한다.

킹콩의 부러진 뼈

생물이든 건축물이든 모든 사물에는 크기의 한계가 존재한다. 키가 고층건물만 한 가젤이나 비행기를 통째로 삼킬 만큼 거대한 벌새 같은 것은 세상에 존재하지 않는다. 왜 그럴까? 이 의문을 품은 최초의 인물은 세계적인 천재 갈릴레오 갈릴레이였다. 생전에 마지막으로 남긴 저서 《두 개의 신과학에 관한 대담Dialogues Concerning Two New Sciences》에서 그는 독자를 향해 묻는다. 왜 말만 한 벼룩이나 벼룩만 한 말처럼 극단적인 크기의 동물은 나오지 않는가? 벼룩은 제 몸무게의 몇 배나 되는 힘으로 점프하는데 왜 인간은 그럴 수 없는가? 터무니없게 들리는 이 질문은 훗날 디자인과 건축에 크나큰 영향을 미쳤다. 곧 인류의 공학기술 이야기로 돌아가겠지만, 먼저 자연계의 크기 제한 규칙을 짚고 넘어가는 게 좋겠다.

크기는 자연에 존재하는 거의 모든 것에 중요하다. 몸집에 따라 물리법칙이 다르게 적용되기 때문이다. 개미는 엠파이어스테이트 빌딩 옥상에서 떨어져도 털끝 하나 안 다치지만 말이나 사람은 그럴 수 없는 것이 그 증거다. 이 개념은 존 버든 샌더슨 홀데인의 《적당한 크기에 관하여On Being the Right Size》라는 소논문을 통해 유명해졌다. 크기가 작을수록 심하게 찌부러질 걱정도 덜하다는데 왜 그런 걸까? 참깨씨 크기만 한 어떤 생물이 원래 키의 10배로 부푼다고 치자. 이때 사람들이 흔히 범하는 실수는 키 말고 다른 부분들도 10배씩 커진다고 생각하는 것이다. 진실은 이렇다. 키가 10배 커질 때 피부면적은 100배 넓어지고 내부부피는 1000배로 늘어난다. 이른바 제곱-세제곱 법칙이다. 한마디로 동물의 체내 공간이 겉면보다 더 많이 늘어난다는 소리다.

만약 〈킹콩〉 같은 이야기 속 캐릭터에 현실의 물리법칙을 적용한다면, 이 거대 고릴라는 조금도 공포스러운 존재가 아니게 될 것이다. 웬걸, 손가락 하나 까딱 못할지 모른다. 그 덩치를 감당하기에는 뼈가 너무 약해서 나뭇가지처럼 툭 부러지기 십상이기 때문이다. 《잭과 콩나무》 이야기에 나오는 거인 역시 훌륭한 반증이다. 동화의 무대를 현실로 옮기면 거인은 늘 다리골절에 시달릴 게 뻔하다. 이쯤에서 누군가 궁금해할지 모른다. 그럼 공룡은? 지구상에 존재했던 가장 덩치 큰 공룡은 아르헨티노사우루스 후인쿨렌시스*Argentinosaurus huinculensis*다. 키가 40미터에 이르는 이 용각류 공룡은 목을 길게 뺀 채 약 50톤의 몸뚱이를 끌고 백악기 후반에 지금의 아르헨티나 지역을 활보했다. 뭉툭한 몸과 말도 안 되게 긴 목의 조합이라니. 간결하면서도 눈을 떼지 못하게 하는 기이한 신체 비율은 마치 어린아이가 그린 상상 속 동물 그림처럼 우스꽝스럽게 보이기도 한다. 다리가 제 몸무게를 못 이기고 산산조각 나야 정상 아닐까? 그런데 기록상 세상에서 가장 큰 아프리카 사바나 코끼리가 몸체 길이 7미터에 무게 12톤이었음을 감안하면, 이 용각류는 덩치에 비해 몸이 꽤 가벼운 편이었다. 자연의 크기 제한은 혁신이 일어나지 않는 경우, 즉 동물이나 환경에 아무 변화도 없을 때만 성립하는 법칙이다. 진화는 속에 공간이 많은 경량 골격을 개발했고 이 방법으로 공룡의 크기 문제를 우회적으로 해결했다. 특히 목뼈는 새의 뼈처럼 폐에 있는 것과 똑같은 공기주머니가 들어 있어서 공기 저장소 기능까지 했다. 이처럼 속이 공기로 가득한 공룡 목뼈는 웬만한 코끼리 뼈보다 훨씬 가볍다. 그렇다면 대왕고래는 어떨까? 대왕고래는 큰 녀석이 150톤에 육박할 정도로 어느 공룡보다 몸무게가 많이 나간다. 하지만 공룡과 고래를 나란히 놓고 비교하는 것은 무리가 있다. 두

생물종에 작용하는 물리법칙 자체가 다르기 때문이다. 고래는 부력이 큰 소금물 덕분에 지상동물들을 속박하는 중력으로부터 자유롭다.

제곱-세제곱 법칙 이야기로 돌아와, 크기의 물리학은 기계, 건물, 그 지지구조들(원자재에 따라 편차는 있다)에도 통한다. 건물이나 동물의 덩치가 커지면 그 무게는 부피에 비례해 증가한다. 《두 개의 신과학에 관한 대담》에서 갈릴레이는 다음과 같은 예를 제시했다. 똑같은 모양의 배를 큰 것 하나와 작은 것 하나 지으려 할 때, 큰 배에는 비계와 지지대가 훨씬 많이 필요하므로 결국은 두 배가 달라질 수밖에 없다. 안 그러면 선체의 무게 탓에 배가 무너지고 말 것이다. 이 원리를 이해하기 좋은 또 다른 예는 샹들리에다. 천장에 가는 줄 하나로 샹들리에가 매달려 있다. 줄은 딱 샹들리에의 무게를 지탱할 만큼만 튼튼하다. 한 남자가 지나가다가 샹들리에를 발견하고는 빈티지 분위기에 반한다. 남자는 자신의 집에 똑같은 것을 들여놓고 싶다고 생각한다. 하지만 그의 대저택에 어울리려면 이것보다 두 배 정도 더 큰 샹들리에가 필요하다. 남자는 모양은 그대로 두고 가로, 세로, 높이만 두 배로 키우고 싶다. 그러면 부피는 여덟 배가 될 터다. 이때 남자는 줄도 두 배로 하면 되겠다고 결론을 내린다. 하지만 줄의 하중력을 결정하는 것은 부피가 아니라 줄의 단면적 혹은 샹들리에를 붙드는 섬유 가닥의 수다. 줄의 각 수치를 두 배로 늘리면 단면적은 고작 네 배만 증가한다. 하지만 샹들리에의 부피(즉, 무게)는 여덟 배가

된다. 샹들리에가 추락해 산산조각 나지 않으려면 줄이 훨씬 더 두꺼워야 한다는 얘기다.[81]

비슷하게, 건물을 지탱하는 기둥의 강도는 단면적에 비례한다. 길이값들을 두 배로 늘린 기둥은 네 배의 하중을 견딜 수 있다. 하지만 기둥이 떠받치는 건물 역시 삼면 모두 두 배씩 커졌다면 건물이 여덟 배 무거워진 셈이므로 결국 기둥이 무너지고 말 것이다. 스케일의 법칙scale-up은 작은 모형으로 거대한 실물을 구현해야 하는 다리, 항공기, 선박 등의 디자인에 핵심적인 역할을 한다. 특히 비용을 아끼면서 효율적으로 작업을 완수하려면 더더욱 숙련된 전문성이 필요하다.

스케일업을 모르면 자연법칙을 이해하기가 어렵다. 저서에서 갈릴레이는 줄과 기둥의 강도 얘기를 한참 한 뒤 이렇게 적고 있다. "예술이나 자연을 둘러보면 어떤 구조물의 크기를 무한대로 키우는 게 불가능하다는 것을 금방 알게 된다. 건축도 마찬가지다. 노, 활대, 기둥, 볼트 등을 단순히 조립만 해서 배나 궁전이나 사원을 어마어마한 크기로 짓는 건 불가능한 일이다. 너무 커지면 제 무게 때문에 가지가 부러지기에 나무가 무제한으로 자라지는 못하는 것처럼 말이다."[82]

티끌만 한 유기체에서 하늘을 찌를 듯한 탑까지, 스케일업은 세상 만물에 매우 중요하다. 자연에서는 일찍이 목격된 적 없는 경지의 건축 유산을 남기고자 할 때, 우리는 스케일업을 통해 여러 요소의 한계치를 꼼꼼하게 따진다. 그래야 붕괴라는 대참사를 막을 수 있기 때문이다.

뼈에서 깨달음을 얻은 사람은 제프 브레넌만이 아니다. 1866년으로 시간을 거슬러 올라가면 스위스의 공학자 칼 컬먼이 뼈 구조를 본떠 기중기를 설계했고, 그로부터 대략 30년 뒤에는 건축가 귀스타브 에펠이 사람 허벅지 뼈를 모델로 에펠 탑을 설계했다. 지금은 에펠 탑이 파리의 상징으로 사랑받지만 당시엔 비난 일색이었다. 기 드 모파상은 에펠 탑을 "키클롭스(그리스 신화에 나오는 외눈박이 거인 - 옮긴이)의 조각상을 세우려고 만든 밑동에다 공장 굴뚝처럼 위로 갈수록 볼품없이 가늘어지는 철골 뼈대가 볼썽사납게 크기만 하다"라고 묘사했다. 또한 소설가이자 예술평론가인 조리 카를 위스망스는 에펠 탑을 두고 "짓다 만 공장의 배관, 날카로운 암석이나 벽돌로 살을 발라낸 사체, 뒤집은 깔대기 모양 석쇠, 구멍 숭숭 난 좌약"이라며 조소했다. 프랑스의 한 시인은 건축가의 의도를 꿰뚫긴 했지만 미적 감각에는 도저히 공감할 수 없었는지 이를 "해골 종탑"이라고 부르기도 했다.[83]

에펠 탑이 아름다운 건축물로 평가되는 21세기에 뼈에 대한 인류의 호기심은 호모 사피엔스를 넘어 다양한 동물종으로 확장되고 있다. 가령 몇몇 과학자들은 질문을 던진다. 어떻게 흑곰은 여덟 달씩 겨울잠을 자도 뼈가 과자부스러기처럼 으스러지는 일 없이 멀쩡하게 굴에서 걸어나올까? 동면 기간에 흑곰은 심장박동이 현저히 느려지고 먹지도 배설하지도 않는다. 움직이지 않으니 뼈가 약해져야 마땅한데 그렇지가 않다. 만약 흑곰이 조금이라도 사람과 비슷하다면, 십중팔구 당뇨병과 골다공증으로 고생할 것이다. 그뿐인가. 오랜 잠을 끝내고 두 눈을 비비며 일어서는 순간 다리뼈는 분필처럼 툭 부러질 게 뻔하다. 만약 사람이 곰처럼 겨울잠을 잔다면 뼈 손실, 케톤증가증, 고혈당, 근육위축을 피할 수 없다. 온몸에 멀쩡한 데가 하나도 없다고 온갖 생리학 수치들이 울부짖는 것이다.

인간이 동면에 들었을 때와 가장 흡사한 상태는 무중력 공간인 우주정거장에 있을 때다. 그런 까닭에 우주비행사는 뼈와 근육의 건강을 유지하기 위해 허리에 끈을 묶은 채 러닝머신을 뛰거나 자전거를 타는 등 매일 두 시간씩 꼭 운동해야 한다. 그렇게 하는데도 우주에서 사는 동안 매달 1~2퍼센트의 골 질량 손실이 일어난다(참고로, 인간이 우주에 머무를 수 있는 가장 긴 기간은 1년가량이다). 반년 짜리 미션을 수행하는 동안 다리뼈 질량이 20퍼센트나 줄어든 우주비행사도 있다. 이럴진대 곰은 그렇게 오래 자는 동안 어떻게 골격량을 유지하는 걸까?

미국 조지아주에 있는 오거스타대학교의 한 연구팀이 3년에 걸쳐 흑곰 암컷 13마리를 대상으로 동면 전, 도중, 그리고 이후의 혈액 검체와 뼈 검체를 채취했다. 그런 다음 검체를 분석해 효소와 호르몬 수치를 측정했다. 수치에 변화가 있는지, 곰의 체내에서 무슨 일이 벌어지는지 알아보기 위해서였다. 연구팀은 검체를 원심분리기에 넣어 혈액에서 혈청만 분리했다. 혈청은 단백질이 많은 맑은 액체 부분이다. 분석 결과, 동면 중인 흑곰의 뼈에서는 정교하게 짜인 일련의 기전을 통해 칼슘 유출이 일어나지 않는다는 사실이 밝혀졌다. 뼈를 새로 만드는 게 아니라 소실을 막아 골격 약화를 억제하는 것이다. 구체적으로 설명하면, 뼈의 칼슘 유출 반응을 늦추는 CART라는 단백질이 있는데, 깊은 잠에 빠진 곰의 몸속에서는 이 CART가 15배나 증가한다. 그뿐만 아니라 뼈 생성을 돕는 두 가지 효소와 함께 조골세포가 급감한다. 이런 식으로 조골세포는 자제해 뼈를 과잉생성하지 않고 신체는 조골세포와 파골세포의 균형을 유지한다.

그런데 2형 당뇨병 같은 지병이 있는 사람은 이 균형이 깨지기 쉽다. 당뇨병 환자의 경우, 최적화 기능이 어긋나서 뼈가 약해지는 사례가 많다. 매사추세츠대학교 다트머스 캠퍼스의 람야 카림 교수는 기증받은 시신과 고관절수술을 받은 고령 환자의 뼈를 연구한다. 카림 교수의 뼈 생체역학 연구실에서는 떼어낸 뼈를 가지고 요리조리 분석하는 게 일상이다. 2형 당뇨병 환자의 뼈는 조밀하지만 당뇨병을 앓지 않는 사람들에 비해 골절되기 쉽다는 사실을 밝혀낸 것도 이곳에서 나온 성과다. 보통 조밀한 뼈는 더 튼튼할 거라는 생각이 들지만 사실은 그렇지 않다. 당뇨병 환자의 뼈를 살펴보면 가느다란 교차결합 조직이 너무 많다는 것을 알 수 있다. 이런 교차조직은 뼈를 뻣뻣하게 만들어 오히려 더 잘 부러지게 한다. 불필요한 교차결합이 많을수록 뼈가 약해진다는 얘기다. 당뇨병 환자들이 이렇게 되는 이유는 오래된 뼈를 분해하는 파골세포가 제 일을 다 하지 못하기 때문이다. 즉, 당뇨병 환자는 골격 최적화 기능이 고장 나 뼈의 구조와 기능이 '과설계'된다. 이는 우리 주변의 건축물과 발명품에서도 종종 목격되는 문제점이다. 그러니 곰처럼 꼭 필요한 것만 챙기는 게 가장 좋다.

뼈를 프린트할 수 있을까?

옵티스트럭으로 혁혁한 성과를 낸 알타이르가 현재 주목하는 분야는 이식수술용 보형물 설계다. 브레넌은 뼈에서 배운 기전으로 뼈를 재생시키는 의료기기라는 원점으로 마침내 돌아온 셈이다. 알타이르는 3D 프린팅, 줄기세포 연구, 위상 최적화 설계라는 세 요소를 신체장기 재건 기술의 미래로 꼽는다. 지금은 고관절 보형물 시제품 디자인까지 성공한 단계다. 재질은 아직까지 티타늄이 최고다. 견고하면서 사람의 대퇴골보다 6.5배 단단하기 때문이다. 그런데 보형물은 볼프의 법칙이나 위상 최적화 기전을 따르지 않는다. 보형물 대신에 주변의 뼈가 변하는데, 이 경우 자칫 응력을 약화시키고 골량 소실을 유발하여 골절과 탈골로 이어질 수 있다. 알타이르 개발팀은 한 번 이식한 보형물이 평생 가고 환자들의 삶의 질이 올라가기를 희망하면서 최적화된 뼈 구조를 모방한 티타늄 보형물을 설계한다.

실제로 알타이르 팀이 시뮬레이션으로 일반 보형물과 최적화 모델 간에 응력을 비교했을 때 후자가 받는 응력 강도가 건강한 뼈에 더 가까운 것으로 분석됐다. 여기다가 개개인의 매개변수를 추가로 반영하면 완성도가 한층 높아질 거라고 기대하고 있다. 가령 체중 90킬로그램 남성이 지금까지는 꿈만 꿨지만 자녀들과 함께 수상스키나 자전거를 타게 될 수도 있다. 맞춤 보형물이 생활방식까지 최적화하는 셈이다.

훗날엔 알타이르가 에피본EpiBone 같은 기업과 손잡을 것이라는 전망도 나온다. 에피본은 줄기세포에서 이식수술용 뼈조직을 키우는 기술을 개발 중인 스타트업이다. 환자의 상태에 딱 맞춘 비계를 미리 준비하고 이 틀 안에서 뼈를 길러내는 것이다. 세포가 뼈로 자라게 할 수 있다면, 실험실에서 세포를 조작해 새로운 장기조직으로 키워낼 수도 있지 않을까? 상상만으로도 흥분된다. 물론 아이디어가 정부의 규제와 허가 절차를 통과하는 것은 만만치 않은 일이다. 가시적인 무언가가 시장에 나오기까지 앞으로 한참은 더 기다려야 할 것이다.

미래에 거는 기대와 별개로, 지금까지 진화의 역사를 따라 성쇠해온 수백만 생물종의 뼈가 세상 어딘가에 잠들어 있고 여전히 발굴되길 기다린다고 생각하면 그것만으로도 벅차기 그지없다. 우리가 죽고 나면 피와 살이 사위어 흩어진 뒤에도 뼈는 오래도록 남을 것이다. 참으로 기가 막힌 진화의 유산이다.

10

괴물의 재발견

파충류의 침 — 2형 당뇨병 치료제

"인간을 둘러싼 우주의 경이로움과 현실에 집중할수록
우리는 파괴의 고통을 덜 겪을 것이다."

레이철 카슨, 생물학자이자 저술가

살찐 샴고양이 한 마리가 흠집 난 나무베란다 위에 웅크려 앉아 구릿빛 피부의 남자를 조용히 지켜본다. 추리닝 차림에 카키색 부츠를 신은 남자는 노스캐롤라이나주 시골의 자갈 깔린 막다른 길 끝에 있는 자신의 집에서 체포되는 중이다. 조금 전, 남자는 노크 소리를 듣고 현관문을 열었다. 경찰이었다. 눈살을 찌푸리며 그가 입을 열었다. "아편 때문에 오셨나 봅니다."[84]

사실 경찰의 용건은 아편이 아니었다. 전혀 상관없는 일로 이웃의 신고가 접수돼 들렀는데 남자의 반응이 석연찮았다. 경찰에게는 수색 영장이 없었지만 남자는 보여달라는 말도 하지 않고 순순히 불청객을 집 안으로 안내했다. 뒤뜰에는 사람 허리 높이까지 오는 식물이 무성했다. 줄기 끝에 달걀만 한 씨방들이 팽팽하게 부푼 화초는 정원을 연보라색으로 물들이고 있었다. 경찰은 총 5억만 달러 어치 양귀비를 현장에서 압수했다. 이것으로 무엇을 할 수 있는지 모른다면 양귀비 자체는 무해한 식물이다. 그런데 면도날로 양귀비 씨방을 가르면 얘기가 달라진다. 한 방울씩 떨어지는 우유 같은 이 '하얀 진액'을 하루 꼬박 받아 물과 용매로 처리하면 모르핀 용액이 되기 때문이다.

이것은 미국에서 있었던 실화다. 그러고 보면 우리는 거의 매일 약을 달고 살면서 중요한 사실은 정작 잊고 있는 듯하다. 바로 약효가 세기로 유명한 약 중 상당수가 자연에서 왔다는 것이다. 보통 약초라고 하면 사람들은 마녀의 사술부터 떠올리곤 한다. 하지만 오늘날 얼마나 많은 의약품이 나무, 꽃, 각종 관목에 출발점을 두고 있는지 모른다. 사건의 남자는 헤로인도 뒤뜰의 모르핀도 직접 팔러 다니지는 않았다(헤로인은 합성하려면 이런저런 재료가 더 필요하다). 사실 모르핀 유통 경로는 뒷골목 마약상만이 아니다. 모르핀은 극심한 통증을 겪는 환자에게 병원에서 혈관주사로 놓아주는 허가된 진통제니까 말이다. 식물뿐만이 아니다. 의약품은 미끄덩한 벌레, 다리 없는 동물, 해양생물 등 어디서든 개발될 수 있다. 이처럼 정식으로 허가되는 약들은 순진한 서민에게 사기 치고 넘기는 맹탕 약과는 차원이 다르다. 과학이고 가장 믿음직한 치료법이다.

곰팡이에서 페니실린을 발견한 스코틀랜드 태생 의사 알렉산더 플레밍은 지난날을 이렇게 회고했다. "1928년 9월 28일 새벽녘에 눈을 떴을 때, 항생물질을 세계 최초로 발견해 의학계에 일대 혁명을 일으키겠다는 원대한 계획 같은 건 조금도 없었다. 그저 결과적으로 일이 그렇게 됐을 뿐이다."[85] 그럼에도 페니실린을 비롯한 항생제는 지금까지 수많은 목숨을 구했다. 천연물질이 세계적인 의약품으로 재탄생한 사례는 그 밖에도 많다. 가령 상록수인 북미 주목나무에서 추출한 탁솔taxol은 폐암, 난소암, 유방암의 치료에 활용되고, 살무사의 독에서 출발한 캡토프릴captopril은 고혈압치료제로 개발됐다. 달곰쌉쌀한 향이 있는 약쑥(애엽)의 특정 성분은 추출 후 말라리아 치료에 쓰이고, 곰팡이에서 분리한 항생물질 세팔로스포린cephalosporin으로는 세균감염을 치료한다. 또한 바다의 해면은 인간면역결핍바이러스(아지도티미딘azidothymidine), 유방암(에리불린eribulin), 백혈병(시타라빈cytarabine) 등의 치료제 개발에 폭넓게 활약했다.

비슷한 맥락으로, 지코노티드ziconotide라는 중증 만성 통증 치료제가 있다. 이 약효 성분이 발견된 바다 원뿔달팽이('청자고둥'이라고도 한다. 학명은 코누스 마그누스*Conus magus*)는 껍데기의 소위 초콜릿 무늬가[86] 군침 돌게 하는 겉모습과 안 어울리게 먹이에게 독침을 쏴 정신 못 차리게 만든다. 다트처럼 생긴 독침은 원뿔달팽이의 입안에서 자연적으로 생기는 변형된 치아다. 어떻게 보면 그때그때 자체 제작하는 무기라고도 할 수 있다. 독에 중독된 물고기가 마비되면 원뿔달팽이는 독침을 끌어당겨 먹이를 통째로 꿀꺽 삼킨다. 척추와 비늘처럼 딱딱해서 잘 소화되지 않는 부분은 나중에 독침과 함께 뱉어낸다. 원뿔달팽이는 독침을 한 번에 스무 개까지 쏠 수 있다. 탄창이 비면 다음 교전까지 잠시 숨을 고르면서 독침을 재생산한다. 원뿔달팽이의 독은 독보적으로 강력한 진통제인데 효과가 모르핀의 1000배나 될 정도다.

하지만 감탄하긴 이르다. 약용식물 얘기는 아직 시작도 안 했다. 가령 실로시빈psilocybin(멕시코에 자생하는 버섯에서 발견된 환각물질 – 옮긴이), LSD, MDMA(메틸렌 디옥시메트암페타민. 일명 엑스터시 – 옮긴이), 아야와스카ayahuasca(아마존 원주민들이 사용하는 환각제 – 옮긴이), 이보게인ibogaine(아프리카에서 치료와 종교의식 목적으로 사용하던 나무뿌리 성분 – 옮긴이) 등은 모두 식물에서 얻은 환각 성분이다. 인간에게 자연은 두려움의 대상인 동시에 우리를 보호하는 요람이다. 그러나 하필 우리가 지구의 생물다양성 보전이 중요함을 막 이해하고 공감하기 시작한 이때 수많은 동식물이 우리 곁을 떠나고 있다. 금세기의 생물 멸종 속도는 지구 역사를 통튼 기본 멸종 속도의 100~1000배나 빠르다고 한다. 세계자연보전연맹의 보고에 따르면, 알려진 것만 포유류의 26퍼센트, 양서류의 40퍼센트, 산호의 33퍼센트, 조류의 14퍼센트가 멸종 위기에 처해 있다. 최소한도로 계산해도 인류는 중요한 신약개발 자원을 한 해 걸러 하나씩 잃고 있는 꼴이다.

우리는 다양한 생물종의 유전자 염기서열을 분석하는 기술 노하우를 습득했다. 덕분에 더 이상은 의약품으로

서의 쓸모 때문에 생물군집을 싹쓸이할 필요가 없다. 하지만 몇몇 생물종에게는 이미 너무 늦었다. 코네티컷대학교 존 말론 교수의 말처럼, 인간은 "세계 최고의 도서관을 파괴하고 있다".[87]

첫인상

만약 지구가 거대한 도서관이고 대형 독성파충류 서고로 가서 '힐라몬스터Gila monster(미국독도마뱀)'에 관한 책을 펼친다면, 어째서 십중팔구는 이 짐승을 보고 표정이 일그러지는지 이해하게 된다. 힐라몬스터의 학명은 '못대가리'를 가리키는 그리스어 'helos'와 '피부'를 가리키는 'derma'를 합친 '헬로더마 수스펙툼*Heloderma suspectum*'이다. 이름만 들어도 뭔가 의뭉스럽고 삐딱하다는 느낌이다. 이건 분명 첫인상의 저주다. 검은색과 주황색 비늘이 요란하게 뒤섞인 이 60센티미터짜리 도마뱀은 미국 남서부의 억센 크레오소트 관목을 잘도 헤치고 다닌다. 실제로 목격한 사람들은 녀석의 덩치가 앙증맞은 겁쟁이 친척들과 달리 무시무시하게 크다고 입을 모은다.

고생물학자들이 이들을 '살아 있는 화석'이라 부르듯, 힐라몬스터의 역사는 공룡이 살던 시대로 거슬러 올라간다. 날개 달린 파충류가 창공을 누비고 이빨 하나하나가 창칼 같은 거대 공룡이 지상에서 위세를 떨칠 때 힐라몬스터도 그곳에 있었다. 실제로 오늘날 유타주에 속하는 땅에서 티라노사우루스와 함께 이 도마뱀의 화석이 발견됐고 목 장식이 인상적인 프로토케라톱스의 몽골 서식지 근처에서도 도마뱀 화석이 발굴됐다. 프로토케라톱스가 힐라몬스터를 새끼에게 먹였을 거라는 게 전문가들의 추측이다. 힐라몬스터의 기괴한 생김새는 확실히 보는 사람으로 하여금 안 좋은 선입견을 갖게 한다. 신문사들이 힐라몬스터를 100년 넘게 자극적인 헤드라인의 단골 소재로 애용했던 게 그 증거다. 예를 들어, 1890년 〈뉴베리 헤럴드Newberry Herald〉는 '인도 코브라, 텍사스 방울뱀과 더불어 세계에서 가장 치명적인 파충류'라는 제목의 기사를 냈고 1893년 〈샌프란시스코 크로니클San Francisco Chronicle〉은 '못생긴 것 자체가 죄'라는 모욕적인 표현을 사용했다.[88] 언론은 세간의 풍문을 여과 없이 그대로 퍼뜨렸다. 조지 굿펠로라는 한 남자가 이 도마뱀에 대한 악소문이 사실인지 검증하려고 직접 행동에 나설 때까지 말이다.

굿펠로는 미국 서부에서도 척박하고 흉흉하기로 명성이 자자한 애리조나주 툼스톤에 사는 의사였다. 1888년에 그가 한 술집의 스윙도어를 열고 사막의 태양 아래 선다면, 누구나 그 콧수염 신사를 알아봤을 것이다. 검은 머리는 정확히 정중앙에 수술칼로 그은 것처럼 곧게 가른 가르마 좌우로 단정하게 빗겨 있었고 허리춤에서는 권총이 달랑거렸다. 굿펠로는 인근에서 '총잡이들의 의사'로 유명했다. 사이가 틀어질 때마다 리볼버 권총 한 방으로 결판

짓기 다반사인 무법지대 서부에서는 총상 환자들이 하루가 멀다 하고 외과의사를 찾아왔다.[89] 먼지 자욱한 서부개척지는 범죄자, 보안관, 카우보이, 광부, 상인, 매춘부, 일확천금을 노리는 기회주의자, 음료와 소독약을 겸하는 위스키의 땅이었다. 그리고 또 하나, 이곳에서 유명한 게 바로 공포의 괴물도마뱀이었다.

안타깝게도 이날 굿펠로는 몸 상태가 좋지 않았다. 만약 당신이 술집에 함께 있었다면 그의 창백한 안색과 동여맨 손가락을 알아챘을 것이다. 응급처치한 손가락은 빨갛게 부어오른 상태였고 무언가에 물린 자국이 있었다. 지난 닷새 동안 침대에 누워 꼼짝도 못 하다가 이날 겨우 바깥 공기를 쐰 참이었다. 모든 건 그의 넘치는 호기심 탓이었다. 굿펠로는 다방면에 흥미를 가진 사람이었다. 그중에서도 철학과 지질학, 무섭게 소문 난 동물에 특히 관심이 많았다. 그런 그가 사람들이 힐라몬스터 독에 중독돼 죽어간다는 신문기사를 읽고는 사막에 나가 괴물을 직접 잡아온 게 일주일 전의 일이었다. 그런데 이 과정에서 성인 남성의 부츠 한 짝만 한 이 도마뱀에게 일부러 손가락을 물린 것이다.

몸소 중독까지 되면서 그가 깨달은 중요한 사실이 하나 있었다. 힐라몬스터는 일격에 치고 빠지는 게 아니라 한 번 꽂으면 우적우적 씹고서 놓는 식으로 문다. 그래도 굿펠로는 몸이 좀 안 좋을 뿐 그럭저럭 살아 있었다. 그는 〈사이언티픽 아메리칸〉에 보내려고 준비하던 반박 글을 계속 써나갔고 이 논평에서 힐라몬스터에게 씐 누명을 "원시인이 해괴 생명체들에 대해 갖고 있던 적대감의 흔적"이라 칭했다.[90] 나중에 과학적으로 추가 검증되지만, 당시 굿펠로가 직접 목격한 습성은 이 도마뱀의 진면모를 보여준다. 힐라몬스터는 내성적이고, 인간 구경꾼들을 피해 시간이 천천히 흐르는 땅속에서 유유자적 살아가는 생활을 좋아한다. 소시지 모양의 통통한 꼬리에 비축해둔 지방을 태우면 밖에 나오지 않아도 몇 달이고 지낼 수 있다. 아무리 생각해도 살인괴물과는 전혀 어울리지 않는 모습이다.

어쩌면 힐라몬스터의 독은 상대를 죽이기 위한 용도가 아닐지 모른다. 그보다는 단순히 사막에서 살아남기 위한 생존 기술일 가능성이 높다. 애리조나주립대학교에서 생물학을 가르치는 데일 드나도 교수는 이 도마뱀에게 물렸을 때의 느낌을 45분 정도 10초마다 망치로 두들겨 맞는 것에 비유한다. 드나도는 굿펠로처럼 은둔형 파충류를 향한 애착이 특별하다. 그의 연구실 안쪽에는 잠금장치를 단 별도 공간이 있는데, 그 안에는 온갖 도마뱀들과 뱀들이 가득하다. 하지만 20년 동안 교수가 연구해온 주제는 힐라몬스터다. 그렇게 오래 팠으니 드나도가 이 생물체에 관해 알아야 할 것을 다 알고 있다고 말할 수 있다면 좋겠지만 연구는 여전히 현재진행형이다. 예를 들어 도마뱀에게 방수 기저귀를 입혀 땀 배출이 배설구멍(오줌과 똥이 나오는 바로 그곳)을 통해 일어나는지 알아보는 식이다(미리 귀띔하면, 짐작대로라고 한다). 드나도가 연구실에서 키우는 힐라몬스터는 이제 그가 가르치는 학생들보다도 나이가 많다. "처음엔 다른 연구자들이 쓴 글을 집중적으로 읽었습니다. 전부 녀석들이 소노란 사막(미국과 멕시코 국경에 있는 북미대륙 최대 규모의 사막-옮긴이)의 환경에 얼마나 적응을 못 했는가를 다루는 내용이었죠. 심지어는 부적응했다는 해석도 있었어요. 그런데 가만히 보니 말이 안 되는 겁니다. 소노란 사막이 존재했던 세월만큼 녀석들도 그곳에서 살고 있었으니까요. 우리가 뭔가 중요한 것을 놓치고 있는 게 분명했습니다."[91]

얼핏 힐라몬스터는 안 좋은 신체특징만 버무린 짐승처럼 보인다. 녀석은 뱀과 비슷하게 독이 있고 낙타처럼 한 군데에만 지방을 쌓는다. 꼬리에 지방을 꽉꽉 채워 비축하면 먹지도 마시지도 않고 4개월을 거뜬히 버틴다. 꼬리가 통통한 소시지 같은지 아니면 가냘픈 손가락 모양인지를 보고 녀석이 처한 상황이나 계절을 짐작할 수 있을 정도다. 또한 힐라몬스터는 사막거북이처럼 소변을 희석해 저장할 줄도 안다. 녀석의 방광은 제 몸무게의 거의 22퍼센트나 차지하는데, 사람이 거의 14킬로그램에 달하는 물통을 들고 산을 타는 꼴이다. 한마디로 "도마뱀계의 모든 생존 법칙을 깡그리 무시"한다고 드나도는 말한다.

1980년대 후반에 실시된 한 실험에서는 힐라몬스터가 갓 태어난 솜꼬리토끼 네 마리를 깨끗하게 먹어 치웠다. 처음엔 그게 뭐 신기한 일이냐고 할지 모른다. 하지만 녀석의 한 끼 식사량이 자기 체질량의 3분에 1이나 된다는 사실을 알고 나면 생각이 달라진다. 센트럴워싱턴대학교 대니얼 D. 벡 교수의 표현을 빌려, 일본의 많이 먹기 대회 우승자 고바야시 다케루와 비교해도 힐라몬스터가 가볍게 이긴다. 2002년 여름, 고바야시는 12분 동안 핫도그 50개 반을 먹어 치우는 기염을 토했다. 핫도그 50개의 열량은 8000칼로리가 넘는다. 성인 하루 평균 권장량의 4배에 달하는 셈이다. 이 경우, 벡이 계산한 바로 고바야시는 평소 활동량 가정하에 나흘을 아무것도 안 먹고 버틸 수 있었다. 그런데 같은 원리로 힐라몬스터가 토끼 네 마리로 버틸 수 있는 기간은 거의 넉 달이었다. 이때 파충류와 인간 대식가의 대사율을 수식에 추가로 고려하면, 고바야시 크기의 힐라몬스터가 딱 한 끼로 핫도그 50개만 먹고 1년을 보낼 수 있다는 계산이 나온다. 평범한 인간에게는 있을 수 없는 일이다. 돌아서면 배가 고픈 인간은 평생 끝없는 식탐에 시달린다. 미국의 시민 랠프 월도 에머슨이 “그 무엇도 설득하거나 반박할 수 있지만 이 뱃속만은 어쩌지 못하겠다. 위장은 계속해서 먹이고 채우는데도 결코 만족하는 법이 없다”라고 한탄했을 정도다.[92]

힐라몬스터는 어떻게 그렇게 띄엄띄엄 먹는 걸까? 녀석의 입안으로 들어가보면 이 도마뱀의 침이 엄청나게 중요한 두 가지 물질의 혼합물임을 알게 된다. 일단 첫 번째 물질인 독은 스스로를 적으로부터 보호하는 게 주목적이라고 드나도는 설명한다. 힐라몬스터에게 물리는 즉시 통증이 밀려오는 게 그 증거다. 고통은 적의 주의를 딴 데로 돌린다. 그러면 그 틈에 도마뱀이 관목 안으로 부리나케

숨을 수 있다.

반면에 침에 들어 있는 두 번째 물질은 훨씬 나중에야 밝혀진다. 이 물질에는 극단적 굶주림과 폭식을 오가는 와중에도 어떻게 거대 도마뱀의 혈당이 놀라우리만치 안정하게 유지되는지 그 비밀이 숨겨져 있다. 이걸 독에 섞은 건 치료제가 절박한 당뇨병 인간들의 눈을 속인 힐라몬스터의 기막힌 한 수였다.

창자의 본능

뉴욕 브롱크스는 툼스톤과 달라도 너무 다른 동네다. 둘 다 각양각색의 인물이 모여 산다는 점만 빼면 말이다. 어느 날 브롱크스 재향군인메디컬센터Bronx Veterans Administration Medical Center의 내분비내과 의사 존 엥은 힐라몬스터 독에 중독되면 인슐린이 합성되는 장소인 췌장이 붓는다는 얘기를 들었다. 한참 생각하던 그는 모두가 기겁하는 이 파충류를 연구하기로 결심한다.

지난 1980년대에 엥은 노벨상을 받은 로절린 S. 앨로 박사의 연구실에 나가고 있었다. 그녀에게 영예를 안긴 방사선면역분석은 체액 안에 들어 있는 호르몬이나 효소 같은 물질의 양을 측정하는 기술인데, 감도가 워낙 뛰어나 가로세로 100킬로미터, 깊이 48킬로미터 규모의 호수에 녹인 설탕 한 티스푼도 검출한다고들 얘기한다. 이 연구팀이 조사한 1호 호르몬은 10억 년도 더 전부터 지구상에 존재했을 것으로 추측되는 인슐린이다. 앨로가 이 호르몬을 연구주제로 정한 것은 남편이 당뇨병 환자이기 때문이었다. 당뇨병은 소장과 척추 사이에 파묻혀 있는 췌장이 망가져 생기는 병이다. 그런데 이 췌장에서 바로 인슐린이 합성된다.

1921년에 인슐린이 발견되기 전에는 당뇨병 환자들이 오래 살지 못했다. 의사의 처방이라곤 탄수화물을 적게 먹는 식이요법이 최선이었고 그나마도 시간을 고작 몇 년 연장할 뿐이었다. 당뇨병은 많은 사람을 비탄에 빠뜨리는 병이었다. 역사적으로 당뇨병이 언급된 최초의 사료는 무려 기원전 1552년에 쓰인 그 유명한 이집트 의료기록《에베르스 파피루스Ebers Papyrus》다. 더불어 인도와 중국의 고문서에서도 당뇨병이 등장한다. 당뇨병diabetes mellitus이라는 단어는 '통과해 지나가는 것'이라는 의미의 고대 그리스어 'diabetes'와 '꿀로 단맛을 낸'이라는 의미의 라틴어 'mellitus'에서 만들어졌다. 다시 말해 이 병을 앓는 사람은 소변에서 단내가 난다는 뜻이다.

1900년대 초, 의사들은 췌장에 있는 무언가가 당뇨병을 유발한다는 것까지는 알고 있었다. 이 정도 지식을 갖추게 된 것은 무엇보다 독일 과학자들의 연구 덕이었다. 췌장이 없는 개가 당뇨 증세를 보이다가 급격히 쇠약해진다는 사실을 발견한 것이다. 그러던 1922년, 나이 서른의 정형외과 의사 프레더릭 밴팅이 당시 의대생이던 스물한 살짜리 조수 찰스 허버트 베스트와 함께 당뇨병학의 새 장을 열었다. 캐나다 온타리오주에 있는 작은 농장에서 어린 시절을 보낸 밴팅은 돌연 의학 공부를 시작하지 않았다면 목사가 되었을 인물이다. 진로 변경은 탁월한 선택이었다. 나중에 만나는 레너드 톰슨이라는 소년에게 그가 유일한 희망을 주었기 때문이다. 당시 1형 당뇨병으로 죽어가던 열네 살 소년은 몸무게가 고작 30킬로그램이었고 기력은 하나도 없었고 혈당 수치만 미친 듯이 치솟았다.

지금껏 실험 삼아 갓 도축한 양의 췌장을 저며 환자들에게 먹여봤지만 별 소득은 없던 터였다. 밴팅은 궁금했다. 소의 췌도를 묶어 췌장에서 만들어지는 정체불명의 그 물질을 모아서 환자에게 주입하는 게 더 낫지 않을까? 개나 양과 달리 오래전부터 식용으로 흔히 도축해온 가축의 췌장은 구하기가 쉬웠다. 밴팅은 자신의 생각을 토론토대학교의 존 제임스 리타드 매클라우드 교수에게 얘기했다. 교수는 반응이 시큰둥했지만 실험실을 사용하게 해달라는 부탁을 거절하지는 않았다. 실험에 착수한 밴팅은 소의 췌도를 묶어 막고 췌장에 고인 신비의 물질을 추출했다. 그런 다음 당뇨병을 앓는 마저리라는 이름의 개에게 주입했다. 그러자 한 시간 만에 마저리의 증세가 호전됐다. 그는 췌장에 존재하는 섬세포에서 추출했다는 점에 착안해 이 물질을 '이슬레틴isletin'이라 이름 지었다. 처음에 뚱했던 매클라우드 교수도 이젠 마음껏 연구하라며 밴팅을 적극 지원했다. 인슐린insulin은 중간에 수정된 이슬레틴의 새 이름인데, '섬'을 뜻하는 라틴어를 어원으로 한다. 여담이지만 최초 고안자는 의사인 에드워드 앨버트 샤피셰이퍼로, 췌장에서 만들어지는 신비한 물질이 당뇨병을 일으킨다는 가설을 처음 세운 사람이다.

오래지 않아, 어린 아들을 필사적으로 살리고 싶은 아버지는 정제한 동물 인슐린을 혈관에 주사해 치료하자는 의료진의 제안에 동의했다. 그렇게 1922년 1월 11일, 레너드 톰슨은 인슐린 주사를 맞은 최초의 환자로 세계의학사에 기록됐다. 소년은 하루도 안 되어 빠르게 기운을 되찾았다. 이틀 뒤 증상이 돌아와 인슐린을 또 주입해야 했지만 다행히 상태가 다시 좋아졌고 혈당 수치도 차차 안정화됐다. 이 '의학의 기적'은 각국 언론의 1면 기사로 대서특필됐고 밴팅과 매클라우드는 인슐린을 발견한 공로로 1923년 노벨의학상 수상자가 되었다(상금은 다른 공동연구자 두 명까지 네 사람이 나눠 가졌다). 그러나 아무리 사람을 살리는 치료라도 완벽할 수는 없는 법. 소와 돼지로부터 얻은 인슐린은 적잖은 환자들에게 알레르기 반응을 일으켰다. 유전공학기술로 인간의 인슐린을 대장균이 합성하게 해 알레르기 위험성을 크게 낮춘 건 고작 1978년의 일이다. 인슐린이 개발된 후, 소년은 주사를 맞아가며 13년 넘게 더 살 수 있었다. 폐렴(아마 당뇨 합병증이었을 것이다)으로 세상을 떠났을 때는 그의 나이 스물일곱이었다.

오늘날 세상에는 4억 2000만 명이 넘는 당뇨병 환자가 살고 있다. 그 가운데 4분의 3은 환경인자와 유전인자의 복합작용으로 생기는 2형 당뇨병이다. 특히 건강을 해치는 식습관과 운동 부족이 이 유형 당뇨병 유발의 주범으로 지목된다. "내가 먹는 게 나를 만든다"라는 게 꼭 맞는 말은 아니지만 그런 면이 있는 건 사실이다. 우리 모두는 매 순간 수많은 화학반응이 체내에서 일어나는 덕에 살아 존재한다. 화학반응은 세상을 지배한다. 우리가 마시고, 먹고, 숨 쉬는 모든 게 다 화학물질이다. 이런 화학물질들은 주어진 공간에서 저희끼리 아귀를 맞춰 분자가 되고 돌아다니면서 비슷한 다른 분자들과 상호작용한다. 그러다가 어떤 분자는 내 몸속 세포들을 깨우고, 어떤 분자는 뇌에 에너지를 공급하고, 어떤 분자는 망가진 세포를 고치고, 어떤 분자는 낡은 세포를 자리에 새 세포를 갈아 끼우면서 내 몸의 일부가 된다. 어떤 면에서 우리 인간은 수많은 부분들의 합이다. 살아가면서 접하는 세상의 온갖 화학물질이 내 몸에 동화되기 때문이다.

인체가 음식에서 화학물질을 흡수하는 과정은 뱃속에서 음식물이 영양소로 분해되는 작업으로 시작된다. 그렇게 분해된 영양소는 우리 몸이 사용할 연료로 바뀐다. 이것이 대사의 첫 단계다. 하지만 고비는 여기서 끝이 아니다. 인체 세포 대부분은 에너지원으로 포도당(간단하게 그냥 당이라고도 부른다)과 지방이 필요하다. 당은 피를 타고 방랑하는 에너지 꾸러미에 비유할 수 있다. 혈액이 흐르는 인체 혈관계는 전체가 9만 킬로미터 넘을 정도로 방대하다. 9만 킬로미터면 지구를 두 바퀴 돌고도 남는 길이다. 여기서 문제는 이 당을 사용하려면 어떻게든 혈액에서 세포로 끌어와야 한다는 것이다. 만약 휙휙 흘러가는 꾸러미를 집어올 마땅한 방법이 없다면 영양소는 그대로 몸 밖으로 빠져나가고 말 것이다. 바로 이 대목에서 인슐린이 빛을 발한다. 인슐린은 신체 건강에 없어서는 안 될 호르몬이다. 음식에 들어 있던 당이 위장에서 분해되면 췌장이 인슐린을 혈류로 분비한다. 그렇게 온몸을 떠다니던 인슐린은 적당한 세포에 들러붙은 다음 혈액 속의 당을 세포 쪽으로 낚아들이는 일에 앞장선다. 세포가 정박한 배라고 치면 인슐린은 승선한 어부라서 연료를 낚시질하는 것과 같다. 마침내 세포로 들어온 당은 바로 쓸 수 있는 다른 분자 형태로 변환되거나 나중을 대비해 저장된다.

여기까지가 건강한 사람의 몸 안에서 진행되는 정상적인 과정이다. 그런데 당뇨병 환자의 경우 인슐린이 충분히 나오지 않거나 만들어진 인슐린이 제 기능을 못 한다. 1형 당뇨병 환자는 인슐린 부족이 문제이기 때문에 인슐린 주사를 맞아 모자라는 만큼을 보충한다. 2형 당뇨병 환자는 상황이 조금 복잡하다. 병이 인슐린보다는 지질, 즉 지방의 이상과 얽혀 있기 때문이다. 2형 당뇨병 환자는 인슐린이 나오긴 나오지만, 췌장과 근육세포에 과하게 쌓인 지방이 두 장기조직의 정상 기능을 방해한다. 그래서 췌장에서는 지방 때문에 인슐린이 제때 분비되지 못하고 근육에서는 인슐린이 수용체에 제대로 결합하지 않는다. 인슐린이 당 꾸러미를 건져 올리려고 애쓰더라도 여전히 너무 많은 당이 혈류에 남아 떠다니게 되고 그 결과로 혈당 수치가 올라가는 것이다. 그런데 이걸로 끝이 아니다. 많은 양의 당이 혈액에 너무 오래 머물면 혈관이 손상되기 십상이다. 그러면 심장질환, 뇌졸중, 신장질환, 시력이상 등 이차적인 위험도 커진다. 게다가 교묘하게 숨어 있는 식품첨가물이라는 당의 특징은 상황을 한층 악화시킨다. 식료품점에 가면 무엇을 집어들든 거의 모든 상품에 정제당이 첨가돼 있다는 것을 알 수 있다. 파스타 소스와 빵은 말할 것도 없고 샐러드드레싱이나 그래놀라바도 마찬가지다.

미국인은 하루 평균 17~22티스푼, 1년으로 치면 약 26킬로그램의 당을 섭취한다. 하루 권장량은 여성 6티스푼, 남성 9티스푼까지인데 말이다. 인간은 본능적으로 단내를 쫓아가는 벌새와 비슷하다. 2형 당뇨병을 안 좋은 식습관 탓으로 얼렁뚱땅 둘러대고 싶은 마음이 굴뚝 같겠지만, 진짜 적은 꼭꼭 숨어 있어서 찾기 힘든 당이다. 달고 기름진 음식을 향한 인간의 식탐은 훌륭한 생존전략이다. 적어도 수렵채집에 의존하던 원시시대엔 그랬다. 먼 옛날 아프리카 사바나 초원에서는 단맛 나는 고열량 먹을거리를 구하기가 하늘의 별 따기였고 찾게 돼도 과일이나 견과가 전부였다. 개코원숭이 같은 동물에게 달고 기름진 식량을 볼 때마다 무조건 배 터져라 먹어두는 습성이 생긴 게 바로 그래서다. 당과 지방은 효율적인 에너지원이기에 그 사실이 이미 각인된 유전자는 인간으로 하여금 자동으로 두 영양소를 탐하게 만든다. 이런 생물학적 본능은 지난날 인간에게 헐벗은 시기를 극복하고 살아남는 원동력이 됐다. 그러나 패스트푸드, 고열량 불량식품, 24시간 여는 음식점이 넘쳐나는 현대사회에서는 오히려 인간을 생존에 불리하게 몰아가고 있다.

이는 오늘날 2형 당뇨병이 미국 국민의 사망 원인 7위라는 통계와 무관하지 않다. 세계보건기구는 2형 당뇨병을 "느릿느릿 다가오는 재난"이라 묘사하기도 했다.[93] 많게는 절반의 당뇨병 환자가 팔다리 신경이 손상돼 살이 곪기 일쑤고 심하면 절단까지 한다. 투병 중 15년 이내에 시력 합병증이 발생하는 비율은 80퍼센트이며 그 가운데 2퍼센트가량은 완전히 실명한다. 현대문명은 전화 한 통에 음식을 집앞까지 배달해주지만, 우리 DNA는 여전히 수렵채집으로 먹고 살던 과거에 갇혀 있다.

스탠퍼드 의대 당뇨병 클리닉에서 임상강사로 근무한 경력이 있는 내분비내과 의사 주디스 칼리냐크는 2형 당뇨병 치료제가 위기의 마지막 순간에 등장한 구원투수라고 얘기하면서 이렇게 덧붙인다. "물론 약물치료보다는 예방이 더 현명한 선택입니다."[94] 인체는 정교하고 복잡한 시스템이다. 체내의 화학균형을 손보려는 모든 시도는 시스템의 또 다른 불균형을 불러올 수 있다. 약물로 오랜 당뇨병을 치료하는 것은 꺼진 스위치를 다시 켜는 것과는 차원이 다르다. 약물치료는 약물 부작용을 가능한 한 줄이면서 생리균형을 되찾아 환자가 더 나은 삶의 질을 누리게 하는 것을 목표로 한다. 맨 처음부터 발명품 하나를 완성하는 공학기술자와 달리, 의사는 인체라는 타고난 설계 안에서 이해하고 원래 있었던 것들을 조정해 바로잡아야 한다.

이 모든 것을 두루 인지하고 있는 존 엥 박사가 괴물 도마뱀의 턱을 열어 2형 당뇨병 치료제를 찾기 시작했다.

괴물 신약

1980년대 후반, 존 엥은 미국 국립보건원NIH이 공개한 최근 연구 자료들을 살펴보던 중 독을 가진 특정 파충류에게 물리면 췌장이 붓는다는 내용을 발견했다. 이게 사실이라면 독 안의 어떤 성분이 췌장을 과잉자극하는 게 틀림없었다. 인슐린 부족이 문제인 곳에서는 호재가 될 소식이었다. 엥 박사는 일단 멕시코독도마뱀을 연구 소재로 정하고 이 도마뱀의 독을 구입했다. 하지만 실제로 실험을 해보니 이 도마뱀의 침 속 성분에는 물린 동물의 혈압을 급격히 높이는 효과가 있었다. 그래서 그는 바로 연구를 접고 다시 힐라몬스터에게로 눈을 돌렸다. 힐라몬스터는 스스로 신진대사를 늦춰 아무것도 안 먹어도 한참을 거뜬히 버티는 동물이다. 그는 이 사실에 무언가 있을 것 같았고 그의 촉은 적중했다.

힐라몬스터가 거하게 식사하고 나면 급격히 올라간 혈당을 잡기 위해 혈중의 특정 호르몬 농도가 30배로 치솟는다. 그러지 않으면 이렇게 몇 달 치 음식을 한 번에 폭식하고도 멀쩡할 수가 없다. 엥 박사가 엑센딘-4라 명명한 이 펩티드 호르몬은 췌장의 인슐린 분비를 촉진한다. 딱 2형 당뇨병 환자들이 바라는 효과다. 하지만 엥 박사는 여기서 연구를 끝내지 않고 더 멀리 내다봤다. 그는 힐라몬스터의 호르몬과 인체 호르몬을 비교하고 싶었다. 분자가 비슷할수록 이 도마뱀의 호르몬이 사람에게도 그대로 통할 가능성이 높아지기 때문이다. 아니나 다를까, 엑센딘-4는 사람 소장에서 나오는 글루카곤양펩티드-1(GLP-1)이라는 호르몬과 신기할 정도로 닮아 있었다.

글루카곤양펩티드-1은 음식을 먹고 수 분 안에 합성되는데, 췌장에 인슐린 분비를 시작하라는 업무지시를 전달하는 메신저라고 할 수 있다. 원래 사람 몸속에는 인슐린 분비를 조절하는 호르몬이 두 가지 존재한다. 하나는 인슐린자극 폴리펩티드(GIP)고 다른 하나가 바로 글루카곤양펩티드-1이다. 2형 당뇨병 환자의 경우, 글루카곤양펩티드-1 기능은 멀쩡한데 인슐린자극폴리펩티드가 망가졌거나 정상적으로 기능하지 않는다. 이 대목에서 학계는 아이디어 하나를 떠올렸다. 건강한 호르몬을 자극해 고장 난 호르몬의 빈자리를 보상하자는 것이다. 과학자들은 환자의 몸에 글루카곤양펩티드-1을 주입해 췌장의 인슐린 분비량을 늘리고자 시도했다. 하지만 체내에서 곧장 분해되는 탓에 효과가 고작 몇 분밖에 가지 않았다. 즉, 글루카곤양펩티드-1처럼 인슐린 분비를 빨리 유발하면서 수명이 글루카곤양펩티드-1보다 긴 다른 물질이 필요했다. 그런데 힐라몬스터의 엑센딘-4가 딱 그랬다. 2형 당뇨병 환자는 인슐린 분비가 느리고 음식 흡수는 너무 빠르다. 그래서 인슐린이 당을 낚아 세포 안으로 가져올 여유가 없다. 이런 2형 당뇨병 환자들을 대상으로 임상연구를 실시한 결과, 엑센딘-4가 위의 음식 배출 속도를 늦추면서 혈당 수치가 올라갈 때 췌장이 인슐린을 더 신속하게 합성하도록 돕는다는 사실이 확인됐다. 한마디로 엑센딘-4는 망가졌던 균형을 되찾아 당이 흡수되는 만큼 인슐린이 나오게 한다는 얘기였다.

하지만 이 모든 장밋빛 데이터를 두고도 엑센딘-4가 바로 빛을 보지는 못한다. 당시 엥 박사가 적을 두고 있던 미국 재향군인부는 재향군인과 관련 없다는 이유로 엑센딘-4의 특허 출원을 거절했다. 이것은 엄청난 실수였다. 이 세상에 특허로 보호되지 않는 의약품 개발에 투자할 제약사는 없다. 본디 어떤 신약물질이 다단계 임상시험을 거쳐 정부의 최종 허가까지 통과하려면 엄청난 시간과 돈이 드는데, 특허를 내지 않으면 유사 신제품을 노리는 영리기업들이 최초 개발자의 노력을 날로 먹으려 할 게 뻔하다. 하지만 엥 박사는 본인 입으로 다섯째 자식이라 칭할 정도로 엑센딘-4에 확신이 있었다. 결국 1993년에 개인 자격으로 특허청에 출원신청서를 제출했고 2년 뒤 미국 특허청이 제5,424,286호 증서를 손에 넣었다.[95] 다음에 그가 한 일은 인근에서 꽤 영향력 있던 일라이 릴리Eli Lilly를 비롯해 크고 작은 제약사들과 접촉하는 것이었다. 그는 이 파충류 호르몬의 매력을 열심히 어필했지만 별 소득은 없었다.

마침내 뗀 첫걸음

특허가 나온 뒤 1년여의 시간이 흐르고, 미국당뇨병학회American Diabetes Association의 연례행사가 샌프란시스코에서 열렸다. 이날 학회장에서 엥 박사는 여느 발표자들처럼 목에 신분증 목걸이를 걸고 자신의 포스터 옆에 서 있었다. 수많은 인파가 그를 지나쳤다. 그때 한 남자가 발길을 멈추더니 그의 포스터를 뚫어져라 쳐다봤다. 당시 아밀린Amylin이라는 생명공학 스타트업의 생리학부서장으로 있던 앤드루 영이었다. 2형 당뇨병 치료의 판도를 바꿀 거라는 기대로 펩티드 호르몬 연구에 주력하던 아밀린은 당시 너무 빠른 글루카곤양펩티드-1 분해 속도 때문에 고전하던 차였다. 그런데 손놓고 있을 수만은 없어서 학회에 나왔다가 해결책이 적힌 연구논문과 문제를 푼 당사자를 마침 눈앞에서 마주친 것이었다. 흥분한 영은 곧장 회사에 소식을 알렸다.

한 달도 지나지 않아 엥 박사는 아밀린 본사의 초청을 받았다. 그로부터 몇 주 동안 이어진 회의와 토론을 거쳐 아밀린은 엑센딘-4의 특성을 파악했고 엥이 미처 몰랐던 성질까지 추가로 알아냈다. 엥은 〈뉴욕 타임스〉에 보도된 대로 100만 달러에 크게 못 미치는 돈을 받고 이 신물질 개발권을 아밀린에 넘겼다. (당시 그는 회사에 "저는 따로 본업이 있으니까요"라고 말했다고 한다.)[96] 그런데 연구 개발이 진행되는 2년 새 아밀린의 주가가 폭락했고 300명에 달하던 직원은 1998년에 37명으로 줄었다. 그럼에도 엑센딘-4가 회사를 부활시킬 구명줄이라는 경영진의 믿음은 변함없었다.

그러던 2002년에 예상치 못한 곳에서 기회가 찾아왔다. 처음에는 엥의 합작 제안을 거절했던 일라이 릴리가 개발과 판매를 공동진행하는 대가로 아밀린에 3억 2500만 달러를 투입한 것이다. 덕분에 특허 출원 후 15년 만인 2005년, 도마뱀 독과 똑같이 합성한 신약 엑세나티드 exenatide(상품명은 바이에타Byetta)가 마침내 미국 정부의 심사를 통과했다. (이 약은 도마뱀 침에서 발견한 작용기전을 그대로 가져온 약물이라는 점이 특별하다. 사육장에서 힐라몬스터를 키우면서 독을 짜내거나 할 수는 없기 때문이다.) 이듬해에는 유럽연합 집행위원회도 허가를 내주었다. 그런데 또다시 돌발 변수가 생긴다. 새로 나온 2형 당뇨병 치료제의 인기가 워낙 높은 탓에 1년도 안 되어 투여에 쓰이는 펜 카트리지가 동난 것이다. 바이에타는 당뇨병 환자가 주사기로 투명한 약액을 허벅지나 배나 팔뚝에 5초간 주입해 투여한다. 이걸 하루에 두 번씩 매일 해야 혈당 수치를 조절할 수 있다. 프리필드 펜 하나는 바이에타 60회분이 들어 있어 30일 동안 사용 가능하다. 대개는 혈당을 낮추는 데 도움이 되는 다른 약물과 함께 처방된다.

바이에타(도마뱀lizard을 본떠 개발됐다는 뜻에서 환자들끼리는 '리지Lizzie'라는 애칭으로도 부른다)의 거센 인기몰이는 무엇보다 체중 감소라는 선한 부작용 때문이었다. 환자 500여 명이 참여한 6개월 동안의 어느 임상연구에 의하면, 바이에타를 투여한 환자들은 몸무게가 평균 2.3킬로그램 줄어든 반면, 인슐린을 투여한 환자들은 오히려 1.8킬로그램이 늘었다는 결과가 나왔다. 소규모의 다른 연구에서는 2년간 바이에타 투여 후 5.4킬로그램의 체중 감소 효과가 보고되기도 했다. 사람이 완전히 날씬해졌다고 말할 정도로 대단한 효과는 아니지만 체중 증가라는 다른 당뇨병 치료제들의 흔한 부작용을 뒤집었다는 것만은 분명한 사실이다. 물론 체중 감량 정도에는 개인차가 있고 바이에타도 메스꺼움이라는 부작용을 자주 일으킨다. 경우에 따라서는 약물치료 전체를 끊어야 할 정도로 메스꺼움이 심해지기도 한다. 그럼에도 2018년 보고서에 따르면, 바이에타와 동종 계열의 약물들이 이 조사년도에만 약 7억 달러의 판매이익을 거뒀다고 한다.

과소평가 된 인류의 구원자들

오늘날 새로운 당뇨병 치료제를 찾는 연구자들의 수색 활동은 힐라몬스터를 넘어 다양한 생물종으로 확대되고 있다. 일례로, 동굴 안에 사는 멕시코 테트라Mexican tetra라는 물고기가 있다. 하버드 의대 유전학과 연구진은 자라면서 눈이 점점 퇴화해 앞을 보지 못하는 창백한 안색의 이 어류를 다음 신약개발의 유망주로 주목한다. 그림형제 동화처럼 스산하게 들릴지 모르지만, 멕시코 테트라는 텅 빈 눈구멍을 지방 저장이라는 다른 용도로 사용한다. 그뿐만 아니다. 과학자들은 흥미롭다고 생각할 텐데, 이 물고기를 해부하면 장기조직들이 온통 지방에 둘러싸인 모습을 볼 수 있다. 만약 사람 몸속이 이랬다면 온몸에 염증이 생기고 좁아진 혈관 탓에 혈압이 올라 당뇨병, 심장질환, 뇌졸중, 콜레스테롤 상승 등 다양한 병증이 몰려올 게 뻔하다. 그런데 진화란 참으로 신통해서, 어째선지 이 물고기는 2형 당뇨병 환자와 비슷하게 혈당 수치가 치솟았다가 추락하길 반복하는데도 건강에는 아무 문제가 없다. 사실 이 동굴 물고기에게는 랩슨-맨든홀 증후군Rabson-Mendenhall syndrome 환자와 똑같은 유전자 돌연변이가 존재한다. 랩슨-맨든홀 증후군은 당뇨병과 흡사한 희귀병으로, 이 유전장애를 안고 태어난 아기는 몇 년밖에 살지 못한다. 그럴진대 물고기는 어떻게 아무렇지 않게 살 수 있는 걸까? 이 비밀은 아직 베일에 싸인 상태다. 하지만 언젠가 밝혀진다면 우리 랩슨-맨든홀 증후군 환자들에게도 치료의 희망이 생길지 모른다.

인류의 약 창고에는 지금까지 소개한 것 말고도 자연의 동식물과 연이 깊은 물질이 많다. 대표적인 것이 미드웨스턴대학교가 2020년에 선정한, 해양물질에서 출발해 항암제로 인정받은 신약물질 9종이다. 이와 더불어 바다예쁜이해면 '아프로칼리스테스 베아트릭스*Aphrocallistes beatrix*'가 만드는 물질 역시 앞으로 췌장암과 유방암과 맞서 싸울 인류의 무기가 될 수 있다. 또한 구더기, 즉 파리 유충 역시 생긴 건 징그러울지언정 썩은 고기를 좋아하는 특유의 성질이 만성적 상처와 감염의 치료에 이용된 지 오래다. 다양한 이유로 상처가 만성화돼 치유되지 않는 사람은 미국에서만 670만 명이 넘는다. 이 사람들 모두가 구더기 요법이 필요한 건 아니지만, 2008년에만 전 세계에서 환자들의 상처 치료에 구더기가 5만 회 이상 사용됐다. 놀랍게도 암컷 파리는 죽음의 냄새를 매혹적으로 느껴서 16킬로미터 밖에서도 고기 썩는 냄새를 맡고 날아와 2미터 땅속의 시체에 알을 낳는다고 한다. 병원에서 의료용으로 사용할 때는 소독한 구더기를 환자의 상처 부위에 올려놓고 최대 72시간 동안 방치한다. 단, 벌레들이 썩은 살을 편하게 먹게 하고 다른 환자들이 보고 혐오감을 느끼지 않도록 붕대를 둘러둔다. 그러면 구더기가 망가진 조직과 손상된 피부 위를 기어다니면서 죽은 세포를 먹어치운다. 이때 구더기 몸에서 나오는 소화효소와 미생물이 구더기의 청소 작업을 돕고 마지막에는 환자의 건강한 조직만 깔끔하게 남는다.

다음은 연어 몸속에서 생성되는 칼시토닌이다. 사람의 경우 칼슘 수치를 조절하는 칼시토닌이 갑상선에서 만들어지지만 연어의 칼시토닌은 그 효과가 사람의 것보다 50배나 더 강력하다고 한다. 미국 식품의약국FDA은 연어 칼시토닌을 모방한 합성 물질을 폐경 후 5년 넘게 지난 여성과 패짓병Paget's disease 환자의 골다공증 혹은 뼈 손실 치료제 후보로 연구하도록 승인했다. 참고로 패짓병은 뼈 재생에 이상이 생겨 뼈가 건강한 사람보다 약해지는 질환이다.

한편 미국 남동부 피그미방울뱀에게 물린 동물은 피

가 굳지 않아 과다출혈이 일어나는 걸 보고 이 뱀독에 들어 있는 단백질이 혈소판작용 억제제(이름하여 엡티피바티드 eptifibatide)로 개발된 사례도 있다. 심장질환 환자에게 이 약을 주사하면 심장마비의 원인인 혈전 생성을 예방할 수 있다고 한다. 비슷하게, 혈전이 생기지 않게 하는 혈액희석제 티로피반tirofiban의 유래도 남아시아의 4대 악질 독사로 이름난 톱비늘살무사다.

거머리 요법이라고 하면 좀 원시적이라는 느낌이 들지만 현대식 병원 수술실에서는 거머리의 활약이 여전히 눈부시다. 거머리의 타액에 들어 있는 히루딘hirudin 덕분이다. 히루딘은 항응고제라서 손상된 신체조직에 원활한 혈액순환이 이뤄지게 해 피부이식수술이나 조직재건수술 후 새 혈관이 신속히 생성되도록 돕는다. 보기 민망하다는 점만 빼면 거머리는 통증도 거의 없는 꽤 괜찮은 치료도구다. 방법은 간단하다. 간호사가 통에 들어 있던 미끌미끌한 거머리를 핀셋으로 집어 환자의 상처 부위 바로 위쪽에 내려놓는다. 그러면 녀석이 상처 난 조직으로 기어가 피를 빨기 시작한다. 거머리의 입안은 세 개의 턱에 수십 내지 수백 개의 이빨이 달린 구조로 되어 있다. 병원에서 치료에 쓸 때는 30~90분 정도 피를 빨게 두면 배가 부른 거머리가 알아서 입을 뗀다. 이 흡혈 벌레는 달팽이도 파충류도 곤충도 아니다. 정확히는 체절구조를 가진 동물 2만 2000여 종을 총칭하는 환형동물문에 속한다. 거머리는 아홉 쌍의 고환을 갖고 있으며, 뇌가 서른두 개라는 얘기도 있지만 실은 뇌 물질이 체내 3분의 2 공간에 넓게 퍼져 있다고 표현하는 게 더 정확하다. 미국 식품의약국은 거머리 요법을 의료현장에서 활용하기에 꽤 괜찮은 치료법으로 2004년에 공식 인정하기도 했다.

또한 라놀린lanolin이라는 것도 있다. 밀랍 같은 노란색 물질인 라놀린은 양모가 나오는 동물의 피지선에서 분비되는데, 무게로 따지면 막 깎은 양모의 5~25퍼센트를 라놀린 성분이 차지한다. 추출된 라놀린은 아기피부용 보습제 같은 화장품부터 모유수유 때문에 쓰라리고 갈라진 유두에 바르는 연고까지 쓰임새가 넓다.

이처럼 정식 의약품으로 개발된 물질들은 이미 일어났거나 임박한 수많은 동물의 멸종을 부채질한 암시장 물건 따위와는 완전히 다르다. 과학기술의 발전으로 현대인은 자연을 점점 덜 침해하면서 지식을 탐구할 수 있게 되었다. 요즘 과학자들은 동물종의 DNA 염기서열을 분석해 똑같이 복제하지만, 그 목적은 실험을 위한 대량생산이 아니라 그 생물의 분자학적 구성을 조사하는 것이다.

동물 독소는 약효성분 분자들의 보물창고다. 대부분의 생물독은 수억 년 세월을 거쳐 진화하면서 지금처럼 월등한 안정성과 효능, 작용속도, 특이성(즉, 특정 분자 표적만 공략하는 성질)을 갖췄다. 현재는 독소에서 출발한 물질 총 11종이 제품화되어 시장에 나와 있다. 청자고둥 독이 하나, 도마뱀 독이 둘, 거머리 독이 둘, 뱀독이 여섯이다. 여기에 추가로 인슐린을 무기로 휘두르는 대보초청자고둥(코누스 지오그라푸스*Conus geographus*)이 또 다른 유망주로 떠오른다. 열대지방에 서식하는 이 원뿔달팽이는 인슐린이 든 독액을 물에 타 물고기의 혈당을 급속도로 떨어뜨려 저혈당 쇼크에 빠뜨린다. 과학자들끼리 '죽음의 무리nirvana cabal'라고 부르는 이 독액은 아가미를 통해 물고기의 혈관으로 흘러든다. 앞으로 대보초청자고둥 인슐린의 분자구조가 정확하게 밝혀지면 언젠가 당뇨병에 더 빨리 듣는 치료제가 새로 나올지 모른다.

사람의 몸은 종종 기계장치에 비유된다. 하지만 더 적절한 묘사는 복잡한 화학반응인 것 같다. 지구상의 모든 생물을 저마다 특별한 존재로 만드는 이런 화학반응들이 어떻게 어우러져 한 생명을 형성하는지는 여전히 심오한 미스터리다. 진화사를 통틀어 독보적인 방어기제를 보유한 힐라몬스터지만, 인간의 약탈행위와 서식지 파괴 탓에 개체 수가 줄고 있는 것은 여느 동물과 다르지 않다. 현재 힐라몬스터는 세계자연보전연맹의 멸종위기종 목록에 '준위협' 등급으로 등재되어 있다.

오늘날 지구상의 수많은 약용식물이 세상에서 사라지고 있거나 이미 자취를 감췄다. 아마존은 지난 50년 사이에 생물종의 17퍼센트를 잃었고 생물다양성의 온실인 바닷속도 형편은 마찬가지다. 특히 산호초의 위기가 심각하다. 삼림파괴와 무분별한 산림자원 개발은 소중한 안식처를 없애 수많은 동식물의 존속을 심각하게 위협한다. 위기의 이 행성을 우리가 조금만 더 상냥하게 다룬다면 생물종을 보전해 변화를 이끌어낼 수 있을 것이다. 이미 해본 적도 있으니 틀림없이 할 수 있다.

1952년, 힐라몬스터는 북미 대륙에 서식하는 맹독성 동물 가운데 최초로 법정보호종 동물이 되었다. 당뇨병 환자들에게는 다행이 아닐 수 없는 조치다. 이 미국 남서부 도마뱀의 미래가 180도 달라진 것은 내성적인 성격 탓에 크레오소트 관목에 몸을 숨기기 일쑤인 한 파충류에 호기심이 많았던 한 남자 덕분이었다.

11

울퉁불퉁한 것이 아름답다

고래의 혹—에너지 절약 선풍기

"칠흑같이 어둡고 차디찬 고압의 해저에서는

생명의 법칙이 사뭇 달라

진화가 완전히 다른 방향으로 일어난다."

헬렌 스케일스, 저술가이자 해양생물학자

~

1815년, 에식스는 제법 성숙한 열여덟 살이 되었다. 사내 같은 이름에도 뱃사람들은 누구나 에식스를 사랑했다. 다들 그랬다. 에식스는 행운이 따르는 배라고. 보기보다 냄새는 고약했지만 말이다. 지역주민들은 배에서 나는 냄새가 워낙 고약해 선체가 눈에 보이기도 전부터 배가 근처에 있는 걸 알아차릴 수 있다는 농담을 즐겨 했다. 사실 에식스의 악취는 열심히 일한 훈장이었다. 에식스는 보는 사람으로 하여금 입이 떡 벌어지게 만드는 바다의 레비아단leviathan인 고래를 잡는 포경선이었기 때문이다.

항구로 돌아가는 길이 아닐 땐 에식스는 늘 태평양 어딘가를 배회했다. 특별할 것 없는 여름날이면 선원들은 배 구석구석을 청소했다. 고래가 저 멀리 수면 아래서 물줄기를 내뿜지는 않는지 살피기 위해 돛대를 타고 올라가보기도 했다. 선원들의 얼굴은 땡볕 아래서 보낸 시간만큼 가무잡잡해졌다. 파란색 유리 같은 바다는 지평선까지 끝없이 펼쳐졌고 수면은 나른하게 넘실대는 파도를 타고 요정들이 노니는 것처럼 반짝였다. 단조로운 일상은 포경선을 타는 선원들의 숙명이었다. 어떨 땐 고래의 흔적조차 못 찾고 몇 주를 허비하기도 했다. 19세기는 고래가 상품인 시대였다. 당시 인간과 고래 사이에는 정복자와 피정복자라는 일방적인 관계만 성립했다.

"저기다!" 돛대 위에서 한 사내가 소리친다.

그 순간, 짭조름하면서 끈적한 물줄기가 세차게 솟아오르더니 산산이 부서져 흩날리는 물방울들 사이로 무지개가 어린다. 남자가 작업용 배를 물에 띄우기 위해 서둘러 기둥에서 내려온다. 그들은 7미터 조금 넘는 이 배로 배의 두 배 몸집만 한 고래를 잡을 것이다. 고래는 본성이 유순한 동물이지만 꼬리를 한 번만 철썩여도 배 갑판이 뚫리고 사람이 배 밖으로 내동댕이쳐진다. 멀리 날아가면 모선까지 수 킬로미터를 헤엄쳐 돌아가야 할 때도 있다. 선원 여섯을 태운 고래잡이배가 하얀 물살을 일으키며 움직이기 시작한다. 그들은 거친 파도와 맞서며 일사불란하게 노를 저어 지근거리에 접근한다. 불과 1미터 안팎까지 가까워졌을 때 선원들은 작살을 들어 거대한 바다생물의 몸에 내다 꽂는다.

포경은 잔인하기 그지없다. 작살을 던지는 것은 고래를 죽이는 게 아니라 생포를 위해서다. 작살의 뭉툭한 쪽

끝에 모선까지 연결된 철삿줄이 달려 있기 때문에 상처 입은 고래를 그대로 끌고 올 수 있다. 이른바 '낸터킷 썰매타기Nantucket Sleighride'라는 방식이다. 포경선이 최고 시속 32킬로미터 속도로 내달리면 선체가 파도를 가르면서 새하얀 물보라를 일으킨다. 그렇게 끌려다니느라 체력이 고갈된 고래는 더 이상 반항할 힘도 없다. 바로 이때 선원 하나가 예리한 칼로 고래를 깊게 찌른다. 그는 같은 동작을 반복하다가 고래의 분수공이 핏물을 뿜는 걸 보고 동료들을 향해 소리친다. "굴뚝에 불붙었다!" 해체 작업은 다음 날부터 며칠이 꼬박 걸린다. 지방조직을 가능한 한 얇게 저민 뒤 가마솥에 던져넣는다. 선원들은 이 지방절편을 속된 말로 '성서 낱장bible leaves'이라 불렀다. 펄펄 끓인 지방조직에서는 고래기름 십수 리터가 거뜬히 나온다.

초창기 포경은 참고래, 혹등고래, 향유고래에 집중됐다. 밀랍 양초보다 밝고 오래 가는 경뇌유(고래의 머릿골 안에서 짜낸 기름-옮긴이)를 찾는 이가 많기 때문이었다. 고래기름은 산업용 세제와 윤활유의 원료로도 인기가 많았고, 고래수염은 빳빳한 자세를 단단하게 잡아주는 코르셋을 만드는 데 쓰였다. 한편 용연향은 고래 창자 속에서 소화되지 않은 이물이 자극을 주면서 생기는 덩어리인데, 이 이물질조차 냄새가 오래 가는 까닭에 향수 재료로 쓰였다. 역사상 고래잡이를 사업으로 크게 벌인 최초의 민족은 아마도 바스크인(이베리아반도에서 가장 오래된 유럽 소수민족-옮긴이)일 것이다. 그들은 스페인과 프랑스의 해안을 따라 석탑을 쌓기까지 했다. 참고래의 출몰을 관찰하기 위해서였다. 포경산업이 호황을 누린 데에는 천주교의 역할도 컸다. 역사학자 마크 컬런스키에 따르면, 중세교회는 '뜨듯한' 붉은 고기가 죄와 연관된다는 이유로 천주교 축일에 성관계와 육식을 금지했다고 한다. 반면에 물에서 난 생선의 살은 '차갑고' 사람을 흥분시키지 않는다고 여겼다. 그런 까닭으로 유일하게 고래고기와 대구고기는 축일에도 먹는 게 허락됐다(생물학적으로 엄밀히 따지면 근거정보가 틀렸다. 고래는 바다에서 살 뿐이지 물고기가 아니라 포유류이기 때문이다).

고래는 전 세계에서 위용을 떨치던 동물이었다. 대한민국 울산에 가면 어미 고래가 새끼를 등에 태우고 헤엄치는 모습이 새겨진 반구대 암각화를 볼 수 있는데, 연대가 기원전 6000년에서 1000년 사이로 추정된다. 러시아 북극권 안의 헬리콥터만 접근 가능한 오지에서도 2000년 전에 살던 부족이 남긴 고래잡이 암각화가 발견됐다. 그림을 보면 고래사냥꾼 주위에서 여인들이 환각효과를 내는 버섯을 머리에 얹은 채 춤을 추고 있다. 또한 호주 볼스헤드에는 거의 6미터 크기로 새겨진 고래가 있다. 고래 등 위의 혹은 뱃속에 사람이 누워 있는 장면을 묘사한 원주민 시절의 유적이다. 아마도 병을 치료하려는 의식으로 만들었거나 사람을 삼킨 고래에 관한 원주민의 전설을 돌에 새겨 남긴 걸로 추측된다.

일찍이 아리스토텔레스는 고래가 어류인지 포유류인지 궁금해했다. 포유류처럼 새끼를 뱃속에 품어 키우는 까닭이다(현대에 와서 밝혀진 사실이지만 몸속에서 알을 부화시킨 뒤에 치어 상태로 내보내는 어종도 몇몇 있긴 하다). 찰스 다윈 역시 고래의 출신을 진지하게 추론했다. 《종의 기원》 초판본을 보면 "흑곰같이 물고기를 잡아먹는 육지동물이 자연선택을 통해 입이 점점 커지는 등 물에서 살기에 더 적합하도록 신체구조와 생활습성이 변해가다가 고래 같은 괴물이 탄생했을 수도 있다"라는 구절이 있다.[97] 포화처럼 쏟아진 조롱 탓에 다음 개정판부터는 이 내용이 편집돼 사라졌지만 말이다. 동물종 선정이 잘못됐을 뿐, 사실 다윈의 논리에는 문제가 없었다. 만약 하마를 예로 들었다면 훨씬 나았을 것이다. 고래와 하마는 약 5000만 년 전에 이 땅에 살았던 사족보행 발굽동물을 공통조상으로 두고 있기 때문이다. 진화사상 고래는 조상이 바다를 떠났다가 돌아온 희귀한 사례 중 하나다. 이 사실이 증명된 것은 파키스탄 해저에서 '암불로케투스 나탄스*Ambulocetus natans*'('걷고 헤엄치는 고래'라는 뜻)의 화석이 발견되면서다. 이 고대생물은 바다사자와 얼추 비슷하게 생겨서 지상에서는 다리 네 개로 걸어다니고 물속에서는 물갈퀴가 있는 넓적한 발을 차 헤엄쳐 다니면서 먹이를 사냥했다.

지난 수백 년 동안 인류는 고래를 연구하고 사냥하고 해부하고 수족관에 가둬 구경거리로 삼아왔다. 그리고 현재, 고래는 멸종 위기에 직면해 있다. 연분홍빛 크릴새우를 매일 1400킬로그램씩 먹은 고래의 젖에서 치약처럼 두툼하게 나오는 분홍색 고지방 우유까지 연구를 마쳤으니 이제 고래에 관해 우리가 알아야 할 건 다 알아냈다고 믿고 싶다. 그러나 여전히 고래는 대중은 물론이요 전문가들에게도 매번 새로운 놀라움을 안긴다.

프랭크 E. 피시는(정말 본명 맞다) 동물학으로 박사학위를 따고 현재 펜실베이니아주의 웨스트체스터대학교 생물학 교수로 있다. 그가 이끄는 수중생물 연구실에서는 돌고래, 수달, 오리너구리부터 하마, 노랑씬벵이까지 뼈대 있는 온갖 생물이 물속에서 어떻게 헤엄치는지를 연구한다. 그는 수중생물의 움직임에 대한 모든 것에 관심이 높다. 악어는 짤막한 네 다리로 어떻게 그렇게 빨리 헤엄칠까? 몸 색깔을 바꿀 수 있는 노랑씬벵이는 어떻게 넘실대는 파도를 타고 다니는 걸까? 교직에 몸을 담은 지난 40년 동안 그는 넓은 캠퍼스 안에서도 한 건물 지하층에 숨어 있는 자신의 연구실로 매일 출근한다. 연구실 문을 열면 공기를 넣어 부풀리는 장난감 돌고래와 고래가 가장 먼저 반긴다. 그 옆에는 오래전 죽은 바다생물의 살점을 얼려 보관하고 있는 냉동고가 있다. 인터뷰 날, 피시 박사는 고래 사진이 정면에 큼지막하게 날염 된 짙은색 티셔츠를 입고 있다. 현재 그는 해양동물에 대해 누구보다 잘 아는 전문가다. 하지만 1980년대 초의 어느 날, 그는 보스턴 퀸시 마켓의 한 기념품점에서 무언가를 보고 어안이 벙벙해 잠시 온몸이 굳어졌다. 그의 시선을 사로잡은 건 발돋움대에 서서 몸을 비틀며 다이빙 중인 혹등고래 모형이었는데, 그의 눈에 어딘가가 이상했던 것이다.

"예전 스승님은 화가들의 그림을 두고 작품이 얼마나 사실적인가, 화가가 어느 부분을 잊고 놓쳤는가를 지적해주곤 하셨어요."[98] 이날에 그는 스승이 하던 것처럼 혹등고래 모형을 비평가의 눈으로 낱낱이 살폈고 곧 틀린 부분을 알아챘다.

"모형을 보면서 이건 잘못됐다고 말했죠. 혹이 가슴지느러미 앞부분에 있었거든요. 내가 유체역학과 기체역학을 좀 아는데, 그때 저는 이건 완전히 틀렸다고 생각했어요."

피시는 혹이 지느러미 앞쪽에 있는 게 말이 안 된다고 여겼다. 유체역학(물체가 물속에서 어떻게 움직이는지 연구하는 과학)과 기체역학(물체가 공기 중에서 어떻게 움직이는지 연구하는 과학)의 기본 법칙들에 의하면, 물체가 유선형일 때 속도가 가장 빠르기 마련이다. 뛰어난 수영선수들이 시합을 앞두고 전신면도를 하고, 항공기 날개를 매끈한 티타늄으로 제작하는 게 다 이 이유 때문이다. 마찰은 저항을 발생시키고 저항은 움직임을 방해해 속도를 떨어뜨린다. 그렇다면 32톤(SUV 차량 열네 대와 맞먹는 무게다)에 육박하는 몸으로 지구상에서 가장 먼 거리를 이동하는 고래는 어째서 유선형 형태라는 조건이 무엇보다 중요한 부위인 지느러미에 주먹만 한 돌기들을 달고 다니는 걸까?

그 당시 피시가 웃음을 터트리자 매장 직원이 다가와 왜 그러느냐고 물었다. 그가 디자이너의 실수를 지적하면서 지느러미가 더 매끈해야 한다고 얘기했을 때 직원은 고개를 갸우뚱하며 대답했다. "아니, 아니에요. 이 작가는 아주 신중한 분이랍니다."

그녀는 혹등고래 사진이 실린 책자를 가져와 그에게 건넸다. 그런데 어찌 된 일인지 사진 속 고래는 지느러미 전면 가장자리에 혹이 아홉 개쯤 나 있었다. 호기심이 발동한 그는 이 미스터리를 정식으로 파헤치기로 결심했다. 그 전에 직접 관찰할 고래 사체를 구해야 했다. 그렇다고 일부러 한 마리를 죽일 생각은 눈곱만치도 없었고 필요한 건 자연사한 고래였다. 결국 그는 스미스소니언 자연사박물관에서 일하는 친구에게 전화를 걸었다. 스미스소니언은 온갖 종류의 생물 표본을 수집하는 곳이다. 그는 친구에게 혹시 남는 혹등고래가 있냐고 물었다. 짧은 침묵이 흐른 뒤, 친구가 입을 열었다. "아니. 하지만 대기 목록에 네 이름을 올려줄게."

피시는 다른 동물들부터 연구하면서 여러 해를 기다렸다. 그러던 어느 날, 친구로부터 전화가 걸려왔다.

"죽은 혹등고래 한 마리가 해변으로 떠밀려왔대. 연구용으로 지느머리 하나를 인계하기로 했어. 그런데 오늘 당장 받아가야 해."

"덩치가 얼마나 커?" 피시가 물었다.

"6미터쯤." 친구가 대답했다.

혹등고래의 가슴지느러미는 전체 몸길이의 3분의 1쯤 된다. 피시는 간단한 산수계산 후 지느러미 한 짝이 1.8미터쯤 되겠다고 짐작했다. 차에 딱 들어가겠다는 생각에 안도의 한숨이 나왔다. 그 길로 한달음에 뉴저지까지 운전한 그는 바닷가에 차를 세우고 너비가 코끼리 키만 한 지느러미를 펼친 채 누워 있을 고래를 찾기 시작했다.

피시가 당황한 목소리로 외쳤다. "잠깐만! 고래 크기가 6미터라며!"

친구가 어깨를 한 번 으쓱하고는 말했다. "착오가 있었어. 사실은 9미터야."

피시 박사는 비누거품처럼 하얀 배경에 검은 얼룩이 진 고래 지느러미를 멍하니 바라봤다. 도저히 차 트렁크에 실을 수 있는 크기가 아니었다. 그는 남은 시간의 대부분 동안 불안감을 눌러가면서 지느러미를 절단해 세 덩어리로 나누는 데 보냈다. 무게를 달아보니 하나하나가 45킬로그램이 넘었다. 그런 다음 덩어리 세 개를 검은색 비닐봉지로 꼼꼼하게 싸서 직접 몰고 온 준중형 세단의 트렁크에 욱여넣었다. 검은 봉지를 하나씩 실을 때마다 차 엉덩이가 쿵 주저앉았다. 그는 엉거주춤한 모양새가 된 세단을 운전해 자신의 연구실로 직행했다. 돌아오는 내내 머릿속에는 경찰이 차를 세워 트렁크의 핏덩어리를 발견하면 어쩌나 하는 걱정뿐이었다.

"뉴저지주 경찰이 트렁크에 실린 물건을 보고 어떻게 나올지 눈앞이 깜깜했죠."

늘상 마피아를 상대하는 뉴저지 경찰에게 고래 지느러미쯤은 트집거리도 아니었던 건지, 피시는 웨스트체스터 대학교에 무사히 도착했다. 그날부터 그는 혹등고래를 본격적으로 연구하기 시작했다. 그는 혹등고래의 지느러미는 왜 우둘투둘하게 생겼는지, 그런 지느러미로 어떻게 헤엄을 치는지 알고 싶었다. 그렇게 해서 그가 깨달은 것은 바닷속 곱사등 거인에게는 자만한 인간의 허를 찌를 것들이 아직도 많다는 사실이었다.

바다의 곡예사

고래의 살점이 혹처럼 툭 튀어나온 것을 학계에서는 결절tubercle이라고 부른다. 이 용어는 밭에 심은 울퉁불퉁한 감자 같은 덩이줄기를 가리키는 라틴어 '투베르쿨룸tuberculum'에서 온 것이다. 옛 고래잡이 선원들은 혹등고래의 윗턱에 있는 돌기를 스토브볼트(긴 나사못 – 옮긴이)라고 부르기도 했다. 어떻게 불리든 고래의 결절은 모종의 기능을 수행하는 조직이거나 퇴화한 신체 부위의 흔적임이 분명하다. 엄마 뱃속에 있을 때부터 이미 지느러미에 결절을 달고 있기 때문이다. 혹등고래의 결절은 세상에 존재하는 모든 고래종(총 86종이 있다)을 통틀어 날렵한 방향 전환에 관해서라면 혹등고래를 따를 고래가 없다는 점에서 더욱 특별하다. 혹등고래는 몸의 방향을 180도 뒤집어 날카로운 곡선을 그리며 U턴을 한 뒤 먹이를 향해 돌진한다. 이것을 바로 혹등고래 특유의 몸놀림인 '안으로 도는 회전inside loop'이다. 혹등고래는 이 동작을 하면서 흡사 〈반지의 제왕〉에서 간달프가 담배 연기로 도너츠 모양을 연달아 쏘아올리던 것처럼 요란한 물보라를 일으킨다. 단, 고래가 이런 행동을 하는 것은 흥을 돋우기 위해서가 아니다. 공기방울로 울타리를 쳐 우왕좌왕하는 물고기 떼를 작은 원 안에 가두기 위해서다. 여기까지 마무리한 뒤 먹자는 신호를 보내면 곧 어두컴컴한 심해에서 혹등고래 가족이 일제히 모습을 드러낸다.

사람이야 비할 바가 못 되지만 사촌인 대왕고래에 비하면 혹등고래는 왜소하고 마른 편에 속한다. 대신 혹등고래의 명성은 피시 박사를 매료시킨 바로 그 가슴지느러미 덕분이다. 혹등고래의 학명은 '메가프테라 노바잉글리애*Megaptera novaeangliae*'로, '거대한 날개를 가진 뉴잉글랜더'라는 뜻이다. 최대 5미터까지 자라는 가슴지느러미가 지구상의 모든 동식물을 통틀어 가장 큰 부속 기관이라는 점을 감안하면 찰떡같이 어울리는 이름이다.

피시 박사의 상상에는 늘 궁금증 하나가 커다란 중심을 차지하고 있었다. 혹등고래가 날쌘 회전을 잘한다는데, 혹시 거대한 지느러미에 난 혹이 먹이 추적에 어떤 식으로든 도움을 주는 걸까? 혹자는 피시의 고민을 비웃었다. 공학자에게 유체역학과 기체역학은 분자생물학자의 DNA만큼이나 기본 중의 기본이다. 아주 작은 마찰도 공기나 물속 물체의 움직임을 느려지게 할 수 있다. 하물며 어떻게 혹이 고래를 뛰어난 수영선수로 만든단 말인가. 그럼 침팬지도 여드름 덕분에 나무를 잘 탄다는 거냐는 식이었다. 그런데 그게 그렇지가 않다.

정확히 말하자면 차이를 만드는 것은 결절의 위치다. 피시 박사가 듀크대학교의 로런스 하울과 함께 진행한 풍동 실험이 있다. 그는 혹이 달린 것과 달려 있지 않은 것 두 가지 버전으로 고래 지느러미를 축소한 모형을 만들었다. 4.6미터짜리 지느러미는 60센티미터로 작아지고, 골프공 크기의 혹은 해바라기씨만 하게 줄었다.

실험 결과는 모두를 깜짝 놀라게 했다. 혹이 혹등고래의 유영을 정말로 돕는다는 분석이 나온 것이다. 고래 혹은 바닷물을 휘저어 와류渦流라는 작은 소용돌이를 만든다. 떨어져서 관찰하면 고래가 가슴지느러미로 물을 섞는 것처럼 보이기도 한다. 만약 지느러미에 혹이 없다면 지느러미 면적만큼의 물이 꿀렁 하고 눌렸다가 지느러미 가장자리 밖으로 빠져나가면서 회전하는 고래의 균형을 깨뜨릴 것이다. 반면에 혹 달린 지느러미는 혹들 사이의 공간이 미세한 물길을 만드는 덕에 고난도 재주넘기에 훨씬 유리하다. 고래가 물고기 떼를 추적할 때 마치 살아 있는 은빛 어뢰처럼 요리조리 몸을 틀어 재빨리 방향을 전환하도록 이 물길이 돕기 때문이다.

고래가 곡선 경로를 유지하는 데는 구심력이 필수다. 그런데 만약 방향을 바꾸는 동안 고래가 지느러미를 너무 활짝 펼치면 구심력을 잃고 그대로 멎을 수 있다. 고래가 주춤하는 새, 먹이는 잽싸게 줄행랑치고 만다. 결절이 하는 역할은 받음각(비행기 날개 절단면의 기준선과 기류가 이루는 각도. 여기서는 날개를 지느러미로, 기류를 해류로 대치해서 이해한다-옮긴이)을 키워주는 것이다. 달리는 차 안에서 창문 밖으로 손을 뻗는다고 상상해보자. 손바닥은 땅을 보게 한다. 이때 공기가 손을 미는 힘을 항력抗力, drag이라 하는데, 움직이는 방향과 반대로 작용하는 저항을 말한다. 여기서 손바닥을 바람이 불어오는 쪽으로 살짝 기울여보면 손을 미는 항력과 위로 들어올리는 양력揚力, lift이 동시에 느껴진다. 그렇게 각도를 조금씩 늘려가면 갑자기 양력이 싹 사라지고 항력만 몰려오는 지점에 이르면서 순간 손목은 뒤로 꺾인다. 바로 이때가 유체가 양력을 잃고 추락하는 실속점失速點, stall point인데, 실속이 일어나는 순간의 각도를 받음각이라 하는 것이다. 항공기의 경우는 받음각이 15도 정도로 거의 일정하다.

피시는 고래의 이 혹 달린 지느러미가 항력을 32퍼센트까지 낮추고 양력을 9퍼센트까지 높여 각도가 클 때도 실속이 일어나지 않게 한다는 사실을 알아냈다. 이른바 '결절 효과tubercle effect'다. 하지만 그는 또 궁금해졌다. 이것으로 더 알아낼 수 있는 지식이 없을까? 결절 효과가 고래나 인간의 상상 너머 다른 분야에서도 통하지는 않을까? 일찍이 상어 비늘은 항균 표면재 발명의 모태가 됐고 물고기 떼 연구는 풍력발전의 기틀을 다졌다. 그러니 고래 결절의 원리를 유체역학과 기체역학 전반에 적용할 수 있지 않을까? "선풍기가 돌아갈 때 높은 주파수의 소음이 들리는 것은 날개 끝이 소용돌이를 일으키기 때문입니다. 이 소용돌이를 줄일 수 있다면 더욱 효율적이고 조용한 선풍기가 될 거예요." 선풍기 날개 뒤쪽에서 생기는 소용돌이가 항력을 일으킨다는 설명을 하면서 피시 박사가 내게 했던 얘기다.

이후 피시는 발명가이자 다큐멘터리 제작자인 스티븐 W. 듀어와 함께 회사를 차렸다. 회사는 풍력발전용 터빈, 선풍기, 압축기, 펌프에 응용가능한 결절 기술의 독점권을 갖고 있지만 현재는 계약을 통해 다른 회사들이 자사의 디자인을 사용하는 것을 허락하고 있다. 이 회사가 처음 시장에 선보인 발명품은 산업용 대형 저속선풍기였다. 지금도 전 세계에서 판매되는 이 선풍기의 돌기 달린 날개는 일반 날개보다 25퍼센트 더 효율적이고 전기를 20퍼센트 덜 소비하며, 훨씬 조용하다는 평이다. 최근에는 컴퓨터 그래픽카드와 디젤엔진용 냉각팬도 테스트를 마쳤다.

그뿐만 아니다. 미국의 한 자전거 회사는 바퀴 테두리에 돌기를 덧붙여 강풍 중 주행의 안정성을 높였다. 항공기 제작 분야에선 스트레이크strake 혹은 앞전루트연장leading-edge root extension(LERX)이라는 유사 장치가 디자인의 기본 요소로 정착한 지 오래다. 1959년에 전투기에 처음 장착된 이 삼각형 보조장치는 날개 앞에서 시작해 기체까지 이어지는데, 날개 주변에 와류를 일으켜 더 큰 받음각에서도 기체가 계속 공중에 떠 있게 하는 데 큰 몫을 하고 있다. 나아가 2013년에는 대학원생들로 구성된 한 독일 연구팀이 트럭 사이드미러에 돌기를 달고 풍동 실험을 실시했다. 그 결과, 혹 달린 사이드미러는 항력과 난기류를 줄여 기존 디자인에 비해 연비를 높이는 효과가 있었다.

그렇다면 묻고 싶다. 만약 결절이 그렇게 좋은 도구라면 왜 혹등고래만이 이 디자인을 선택한 걸까? 사실 이 기술을 쓰는 게 혹등고래만은 아니다. 앞모서리에 혹이 달린 게 자연계에서 희귀한 구조이긴 해도 이미 전례가 있었다. 고생대로 시간을 거슬러 올라가보면 이니오페리지아*Inioperygia*목 어류는 가슴지느러미 전면 가장자리에 큼직한 고리 모양 비늘이 달려 있었다. 현대의 홍살귀상어도 마찬가지다. 홍살귀상어는 망치 모양으로 툭 튀어나온 이마 덕분에 유체역학 면에서 뛰어난 활동성을 보여준다. 알락돌고래의 가슴지느러미와 물개의 수염에서도 작은 돌기들을 찾아볼 수 있다.

물개의 이런 부속 장치가 진동을 없애 수염 주변의 해류가 더 매끄럽게 흐르도록 한다는 게 피시의 설명이다. "수염 전면부에 달린 돌기 덕에 해수가 소용돌이를 일으킬 때 발생하는 진동이 줄고 암흑 같은 심해에서도 물개가 먹이의 움직임을 정확하게 감지할 수 있습니다." 같은 원리를 우리는 수중탐사 로봇, 헬리콥터 날개, 터빈, 서핑보드 등에 적용 가능하다.

과연 고래는 지느러미 혹을 비롯해 여러모로 여전히 배울 점이 많은 동물이다.

죽은 물고기는 물길을 거슬러 헤엄친다

소용돌이는 저 멀리 우주부터 사람 몸속까지 도처에서 일어나는 현상이다. 우주에서는 회오리치는 가스구름이 은하로 발전하고, 토네이도는 나무를 밑동만 남기고 통째로 잡아뜯는 위력으로 온 동네를 휩쓸고, 우리 심장에서는 피가 용솟음쳐 흐른다. 소용돌이는 목성의 대적점大赤點(정확히 말하면 대적점은 거센 소용돌이 때문에 지구보다 큰 규모로 발생한 허리케인이다)에도, 비스듬히 나는 새의 날개 끄트머리에도 존재한다. 현미경을 들이대야 보이는 미생물 역시 예외가 아니다. 윤충류는 물속에서 바퀴 모양 섬모로 미세한 소용돌이를 일으켜 박테리아 세포를 입 쪽으로 몬 뒤 잡아먹는다. 연구에 의하면, 심지어 정자도 기다란 꼬리로 헤엄친다는 통설을 깨고 묵직하게 흐르는 질액을 나선형으로 거슬러 헤엄쳐 올라간다고 한다. 티가 잘 안 나는 자연계 현상까지 치면 달팽이의 등껍질, 영양의 뿔, 덩굴식물, 이중나선 DNA, 솔방울 역시 소용돌이 패턴에 포함된다. 이 경우 소용돌이가 어느 순간 얼어붙은 것처럼 뱅뱅 도는 움직임은 없지만 소용돌이 모양이 효율적인 짜임새라는 증거는 된다. 이와 같은 사례들은 소용돌이의 에너지를 끌어내 이용할 수는 없을까 하는 궁금증을 갖게 한다. 그저 허무맹랑하기만 한 발상은 아니다. 이미 그걸 할 줄 아는 동물이 존재하기 때문이다.

바로 송어가 그렇다. 온몸에 흐르는 무지갯빛 광택으

로 수많은 낚시꾼을 홀리는 이 물고기를 두고 작가 존 기에라는 이렇게 말했다. "주위에 투명한 물과 회색 바위와 갈색 벌레뿐인데 도대체 어디서 이다지도 다채로운 색상과 생기가 나오는 걸까. 송어는 필요 이상으로 어여쁜 생물 중 하나다. 송어를 보면 겉으로 드러나지 않은 세상 이치가 궁금해진다."[99] 소용돌이의 회전력을 이용해 에너지를 얻는 송어의 기술이 관심사인 사람이라면 더욱 공감할 수밖에 없는 구절이다.

이 계통 연구에서 가장 두각을 보이는 전문가 중 한 사람으로는 매사추세츠공과대학교와 하버드대학교를 오가며 팀을 이끄는 생물학 교수 제임스 랴오가 있다. 그가 물고기와 관련된 일을 하는 건 아무래도 어릴 적부터 정해진 운명인 듯하다. 뉴욕시 프로스펙트 공원에 있는 오리 연못에서 낚시에 입문한 게 두 살 때였고 이후에는 욕조를 수족관으로 변신시켜 노는 게 일상이 됐다. 초등학교 4학년 때는 박제술에 빠져 지하실에 생선껍질을 수집하기도 했다. 부친은 낚시광인 데다가 부모님이 아예 스시집을 운영했다. 동기가 그의 일상 곳곳에 어려 있던 셈이다.

대학생이 된 뒤에는 운 좋게도 집 안의 욕조를 번듯한 실험용 수조로 업그레이드할 수 있었다. 하버드대학교에서 입자영상유속계particle image velocimetry라는 신기술을 일찌감치 수용한 선구자 조지 로더의 연구실에 들어간 것이다. 로더는 이 기술을 활용해 헤엄치는 물고기 뒤편에서 물이 흐르는 모습을 영상화했다. 꼬리마다 물에 어떤 자취를 남길까? 진흙에 찍힌 발자국처럼 이 흔적도 정확하게 지문화할 수 있을까? 세상에는 3만 4000종이 넘는 물고기가 존재하고 꼬리와 지느러미 모양이 다 제각각이다. 어떤 꼬리는 두 갈래로 갈라졌고 어떤 꼬리는 돛처럼 네모나다. 물고기가 남기는 물길자국을 분석하면 각각의 기능에 대한 단서를 얻게 될지 몰랐다.

타고난 낚시꾼 랴오의 관심사는 강과 개천에 낚싯대를 드리운 사람 눈에만 보이는 것들과 온통 관련 있었다. 가령 사람을 넘어뜨릴 정도로 힘찬 물살에도 송어는 어떻게 평정을 유지하는가 같은 것 말이다. 송어는 유속이 빠르다못해 강물이 솟구치는 가운데 지느러미를 한 번 까닥이고는 미동도 하지 않고 가만히 있는다. 그러기 위해 송어는 이동하는 중간중간 바위 뒤처럼 몸을 숨길 곳을 찾아 쉼터로 삼는다. 사람이 나무 뒤에서 거센 바람을 피하는 것과 비슷하다. 하지만 바위에는 안전한 휴식처 용도 말고 무언가가 분명 더 있다. 송어는 겁을 먹으면 거센 물살을 찢고 쏜살같이 상류로 내달린다. 강물에 몸을 맡기고 흘러내려가는 훨씬 쉬운 길이 있는데도 매번 굳이 '반대' 방향을 택한다. 그럴 때마다 송어는 어떻게 하는 건지 강물을 이용해 제 몸을 고체비누나 어뢰처럼 비비 꼬아 앞으로 나아간다.

그 비밀을 알아내기 위해 랴오는 일종의 물고기용 러닝머신을 직접 만들었다. 흐르는 강물을 모방하되 가루를 타 레이저를 쏘면 물의 흐름이 보이도록 한 장치다. 그런 다음엔 강물 속 바위가 일으키는 소용돌이를 재현하기 위해 수조에 원통 하나를 집어넣었다. 그러고는 실험에서 나온 데이터를 컴퓨터에 입력해 상황을 모형화했다.

흐르는 물속에 원통을 넣으면 작은 소용돌이가 지그재그로 일어나는 것을 볼 수 있다면서 랴오가 말을 이었다. "반복되는 패턴입니다. 게다가 원통 지름과 유속을 달리 하면 패턴을 바꿀 수도 있고요. 물을 빨리 흘리면 소용돌이가 더 커지죠. 이런 변화가 물고기에게 어떤 영향을 주는지 관찰하는 겁니다."[100]

당신이 상류로 거슬러 헤엄치는 물고기가 됐다고 상상해보자. 눈앞에는 바위 하나가 보인다. 먼저 왼쪽에서 보글보글, 또 오른쪽에서 보글보글 소용돌이가 피어나고, 다시 좌측에서 소용돌이가 보글보글 일어난다. 그렇게 생겨난 소용돌이가 사방에서 당신의 얼굴로 쏟아진다. 지금 당신이 상류를 향하고 있기 때문이다.

랴오가 말했다. "송어는 그 와중에 일을 더하고 있었습니다. 마치 살아 있는 풍차처럼 주변의 에너지를 모종의 기술로 제 쪽으로 끌어오는 거죠."

호기심이 발동한 랴오는 가느다란 와이어 전극을 이용해 물고기 근육의 전기활성을 측정해보기로 했다. "생선에게 침을 놓는 것과 비슷해요." 잔잔한 물에서 헤엄치는 물고기의 근육은 머리부터 꼬리까지 물결무늬를 그리며 사용된다. 돌멩이 하나 없이 밋밋한 강을 지나는 송어도 마찬가지다. 그런데 물속에 바위가 있으면 물고기의 거의 모든 근육 활성이 제로가 된다. 물고기가 헤엄치고 있을 때조차 말이다. 어쩌다 한 번씩 머리 근처의 근육이 순간적으로 활성화되지만 딱 그뿐이다.

"얼마나 놀랐는지요! 녹화된 영상을 보시면 송어가 물살에 그대로 떠내려가는 게 아니라 원통 뒤에서 미친듯이 튀어오릅니다. 그때 갑자기 생각이 들더군요. '만약 살아 있는 물고기가 근육을 전혀 혹은 거의 쓰지 않는다면, 원통 뒤에 놔둔 죽은 물고기와는 어디가 어떻게 다를까?' 라고 말입니다."

답을 찾기 위해 그는 죽은 지 얼마 안 돼 아직 사후 강직이 오지 않은 물고기로 새로운 실험을 시작했다. 그 결과, 상류로 올라가다가 압력차가 주변 물질을 빨아들이는 구역에 갇히더니 원통에 박치기를 한 후 뒤로 살짝 밀려나기를 반복하는 모습을 볼 수 있었다. 죽었지만 여전히 유연한 물고기는 그러면서도 똑바로 선 자세를 유지했다. 사후 강직으로 딱딱해진 물고기의 몸이 자꾸 뒤집히는 것과는 다른 점이었다. 이 실험은 오랫동안 아무도 몰랐던 비밀을 고스란히 보여주고 있었다. 바로 물고기가 유영하는 데에는 근육이 필요하지는 않다는 것이다. "물고기는 바위 주변 와류의 에너지를 이용합니다. 독수리가 온난 상승 기류를 타고 편하게 비행하는 것과 비슷하죠."

송어는 강을 거슬러 올라가기 위해 강물의 흐름에 저항하는 게 아니라 물살에 순응한다. 지느러미에서 힘을 뺀 채 몸이 바람에 날리는 깃발처럼 흐느적대도록 내버려 둔다. 그러면 소용돌이와 난류가 알아서 송어를 위쪽으로 밀어올린다. 장애물인 줄 알았는데 오히려 송어를 돕는 셈이다. 힘이 들어가지 않아 유연한 지느러미는 송어로 하여금 소용돌이 사이를 활강하듯 지나게 한다. 각각의 소용돌이는 주변 압력을 떨어뜨리는 에너지를 품고 있어서, 머리 근육만 써도 정확한 방향으로 나아갈 수 있도록 송어의 수영 실력을 순간적으로 높인다. 더구나 송어의 몸통은 이 회전 에너지를 추출하기에 완벽한 모양새다. 그런 까닭에 타이밍만 잘 맞으면 죽은 송어조차 물길을 거슬러 '헤엄칠' 수 있는 것이다. 랴오 팀은 이 동작을 '카르만 걸음Kármán gait'라 이름 붙였다.

그런데 개천에 와류를 일으킬 바위가 없다면 어떻게 될까? 이게 또 재미있는데, 그런 상황에서는 송어가 직접 만든다. 송어는 아가미를 여닫고 꼬리로 물장구를 치면서 여기저기에 소용돌이를 일으키는 데, 그렇게 생겨난 소용돌이는 송어를 강 상류로 밀어올리는 힘이 된다. 이걸 더 빨리 해야 할 땐 아가미를 더 활짝 열어 추력推力, thrust을 상쇄시키는 소용돌이를 대량 생성한다. 이때 꼬리 동작은 몸 뒤쪽에 음압을 조성해 송어의 전진을 돕는다. 송어는 '측선계側線系'를 통해 물속 소용돌이에 반응한다. 측선계는 수많은 U자형 튜브가 몸통을 따라 길게 이어진 감각기관이다. U자형 튜브 각각의 바닥 면에는 구불구불한 털이 나 있어서 신경 신호를 뇌에 전달해 진동이 오는 방향을 알려주는 역할을 한다. 송어가 신속한 도약과 날렵한 움직임에 능한 것은 이처럼 소용돌이의 모든 것을 꿰뚫고 있기 때문이다.

살과 피로 된 물고기가 인간이 만든 뻣뻣한 선박이나 수중 로봇에 비할 바 아니라는 얘기다.

랴오가 아버지에게 물고기 동영상을 보여드렸을 때 그의 아버지는 이렇게 말했다. "어이구, 이거 딱 무위無爲구나." 무위란 내가 아무것도 하지 않아도 일어날 일은 다 일어난다는 도교 철학의 개념이다. 게으르게 살라는 말이 아니다. 그보다는 바쁜 일상 중에도 마음의 평정을 유지하면 만사를 능숙하고 효율적이고 차분하게 해결할 수 있다는 뜻이다. 태평하게 강을 거슬러 올라가는 송어처럼 말이다.

"송어는 인간이 지구상에 등장하기 전부터 수백만 년 동안 강을 거슬러 헤엄쳤고 앞으로도 계속 그럴 겁니다. 그렇게 그저 자신의 일을 하는 겁니다. 우리는 송어의 삶을 엿보고 일부분만 이해할 뿐이죠."

소용돌이에서 에너지를 끌어내다

학부생 시절, 마이클 버니차스가 소용돌이를 제대로 연구하고 싶다고 얘기했을 때 지도교수는 그를 만류하며 말했다. "버니차스 군, 지금까지 소용돌이를 다룬 이는 누구나 침몰했다네."[101] 하지만 40년이 흐른 지금 버니차스 교수는 여전히 건재하고 소용돌이 연구도 특허까지 내면서 순항 중이다. 특히 큰 몫을 한 건 그가 미시간대학교에서 송어를 본떠 개발한 '청정수력에너지 생성을 위한 진동발생소용돌이VIVACE'라는 기술이다.

이름에서 알 수 있듯이 이 기술의 목적은 소용돌이에서 에너지를 추출하는 것이다. 이런 걸 왜 하냐고? 국제연합에 따르면 빈곤, 성차별, 기후변화, 식량안전, 건강, 교육, 지속가능한 도시, 일자리, 교통수단 등 현재 전 세계가 직면한 거의 모든 위기의 중심에 에너지 문제가 있다고 한다. 그런 가운데 과학계는 지구 표면의 70퍼센트 이상을 차지하는 물에 우리의 미래가 달려 있다고 본다. 기대를 걸 만한 첫 번째 분야는 빠른 속도로 흐르는 물을 이용해 전기를 생산하는 수력발전이다. 하지만 경제성과 환경오염을 생각하면 무조건 추진하기가 쉽지 않다. 수력을 증폭하려면 댐을 세워야 하는데, 그러면 강을 거슬러 올라가는 회귀어종이 다닐 길이 없어지고 수중 영양분이 고갈되며 생태계가 파괴될 게 뻔하다. 또 다른 선택지로는 비를 꼽을 수 있다. 하이브리드 태양광 패널을 이용해 햇빛에서 에너지를 모으는 동시에 빗방울이 집광판에 부딪힐 때 생기는 에너지까지 긁어담는 것이다. 다만 양을 비교한다면 비의 경우 바구니에 가득한 다른 에너지들 위에 살짝 덧얹는 정도다.

다음 타자는 소용돌이가 흘린 에너지를 주워담는 'VIVACE'다. 방법은 이렇다. 물이 흐르는 방향과 수직으로 강물 속에 원통을 설치한다. 그러면 강물이 원통 위아래로 번갈아 넘어가면서 주변에 미세한 소용돌이를 계속 피워낸다. 소용돌이 때문에 원통이 까딱까딱할 때마다 안에 들어 있는 자석이 금속코일을 따라 위아래로 움직이면 직류 전기가 생성되고 이것을 교류전기로 변환해 강변으로 전송한다. 그러면 육상에 설치된 기계장치로 이 에너지를 포획한다.

버니차스 팀의 목표는 유속이 느린 강에서도 에너지를 생성시켜 모으는 것이다. 보통은 터빈과 선박 프로펠러가 작동하려면 4노트 이상의 유속이 필요하고 경제성까지 고려하면 최소 5노트는 되어야 한다. 반면에 VIVACE는 2노트라는 저속에서도 작동 가능하다. 또한 댐이나 수압관 건설이 필수인 수력발전과 달리 VIVACE는 물길을 거의 건드리지 않는다. 이처럼 밝은 전망에도 VIVACE가 아직 탯줄을 완전히 끊지 못한 미성숙한 기술인 것은 사실이다. 현재 산업계에는 이 기술을 열렬히 응원하는 지지자가 소수 존재한다. 그중 몇몇은 청정에너지 생산을 목표로 지상에서 통제가능한 토네이도를 발생시키는 이른바 대기소용돌이엔진atmospheric vortex engine의 개발 소식을 잡지에 싣는 등 홍보에 힘쓰기도 한다. 이런 프로젝트 다수는 아직 실용화보다는 긍정적인 여론 형성 면에서 더 큰 성과를 내는 중이다. 실생활에 적용할 수 있도록 기술의 규모를 키우려면 천문학적인 비용이 들어가기 때문인데, 돈이 많이 드는 게 곧 기술 자체가 쓸모없다는 뜻은 아니다.

만약 소용돌이 연구에 숨은 유산이 있다면 그건 아마도 그 힘의 잠재력일 것이다. 1965년 가을, 신축 냉각타워 여덟 채 중 세 채가 무너지는 사고로 영국 웨스트요크셔의 페리브리지 발전소가 폐쇄됐다. 냉각타워 주변에서 일어난 소용돌이가 연쇄적으로 이어지는 일명 '카르만 소용돌이길Kármán vortex street' 현상을 일으키면서 냉각타워를 직격한 탓이었다. 미국 오하이오주에서도 한 놀이공원의 고속주행 놀이기구가 비슷한 운명을 겪었다. 와류가 지지탑 셋 중 하나를 넘어뜨린 결과였다. 그땐 겨울이라 놀이공원 문을 열지 않았던 게 불행 중 다행이었다. 오늘날엔 일부러 난류를 일으켜 와류 발생을 최소화할 목적으로 혹처럼 붙이는 스트레이크 장치 덕에 굴뚝 같은 키 큰 구조물들이 무사 평안하다. 소용돌이 연구는 정체될 틈 없이 흐르는 강물처럼 계속 발전하고 있다. 이 연구에 불을 지핀 물고기가 완성형이 아니라 앞으로도 계속 진화하면서 인간을 언제 또 놀라게 할지 모르는 것처럼 말이다.

"아이러니하죠." 피시 박사가 말한다. "인간 때문에 멸종 직전까지 몰린 동물 덕에 인류의 더 나은 미래를 모색할 수 있다니 말입니다."

12

창문이 주는 고통

거미줄 — 새가 부딪히지 않는 창문

"인간은 생물학의 연대기에서

가장 치명적인 종이라는 불명예를 갖고 있다."

유발 하라리, 역사학자

촘촘하게 짜인 12미터 너비의 그물망에 새 한 마리가 갇혀 물구나무 자세로 버둥거린다. 여기는 미국 펜실베이니아주 피츠버그에서 남서쪽으로 한 시간가량 달리면 나오는 파우더밀 조류연구소PARC고, 때는 뽀얀 구름 사이로 청명한 하늘이 엿보이는 상쾌한 9월 아침이다. 무성한 초목으로 둘러싸인 생태보호구역이 창공의 새들이 지저귀는 소리로 시끌벅적하다. 머리에 술을 달고 몸통은 살구색으로 물들인 듯한 잿빛 박새 한 마리도 비슷하게 옴짝달싹 못 하는 처지다. 대롱대롱 매달린 여새 한 마리는 흰색과 노란색 테두리 위쪽으로 주황색 선이 도드라지는 날개 때문에 한 점의 난해한 수채화 같다.

한 연구원이 붉은눈딱새의 결박을 조심스럽게 풀더니 올리브그린색 날개에 크림색 몸통을 가진 녀석을 천가방 안에 넣는다. 그는 얼마 멀지 않은 곳에서 다른 새 한 마리를 또 가방에 담는다. 연구소의 그물망에는 해마다 1만 3000마리 정도의 새들이 걸려 발찌가 채워지는 신세가 된다. 어떤 녀석들은 나무로 만든 작은 선상가옥 크기의 수직통로로 들어가기도 한다. 10미터쯤 되는 이 '터널' 끝에서는 판유리 두 장을 나란히 댄 창을 통해 빛줄기가 들어온다. 한 장은 평범한 창문유리고 다른 한 장은 자외선을 거르는 특수유리다. 과학자들이 이런 장치를 만들어 답을 찾고자 하는 질문은 바로 이것이다. 새는 과연 자외선을 볼까?

확실히 우리는 그렇지 않다. 인간의 눈은 우주에 존재하는 모든 빛 중 극히 일부분, 방대한 전자기 스펙트럼에서 고작 0.0035퍼센트만 볼 수 있다. 약 700나노미터 파장의 빨간색부터 370나노미터 보라색까지의 가시광선 영역이다. 그 범위를 벗어나는 파장은 사람의 맨눈에 보이지 않는다. 사람들이 말하는 색깔은 바깥세상의 진짜 모습이 아니라 빛과 눈과 두뇌가 창조해낸 합작품이다. 진부한 문제 하나를 내볼까? 숲에서 나무 한 그루가 쓰러졌는데 주변에 아무도 그 소리를 듣지 못했으면 과연 나무는 소리를 낸 걸까? 색깔에도 비슷한 질문이 가능하다. 사과가 있는데 주위에 그것을 볼 사람이 없다면 그 사과는 여전히 빨간색일까? 정답은 '아니오'다. 다른 동물들의 시선에서는 사과가 빨갛지 않을 수도 있기 때문이다. 개는 바나나를 똑같이 노란색으로 인식하지만 나란히 놓인 빨간 사과는 빨간색이 아니라 칙칙한 회갈색으로 본다. 또한 생쥐는 오직 파란색과 녹색만 구분한다. 그래서 적록색약인이 보는 것과 똑같이 사과를 본다.

1801년, 독일의 화학자이자 물리학자인 요한 리터는 인간 시력의 한계를 시험하고 싶었다. 그래서 프리즘으로 햇빛을 분산시킨 뒤 파장별로 인화지의 감광 정도를 측정했더니 보라색처럼 파장이 짧은 빛에 부딪힐 때 인화지가 더 빨리 물든다는 사실을 알아냈다. 이어서 그는 인화지를 보라색보다 짧은 파장에 노출시켰다. 그 결과 감광이 더 세게 일어났고 이것은 사람이 볼 수 없는 빛이 존재한다는 증거였다. 얼마 뒤, 자줏빛 너머ultraviolet의 이 빛은 '자외선'이라는 이름으로 불리게 됐다.

안구 내부를 가까이서 살펴보면, 왜 사람 눈에는 자외선이 안 보이는지를 이해할 수 있다. 사람의 망막에는 파랑, 초록, 빨강 원추세포라는 세 가지 빛 수용체가 존재한다. 각 원추세포는 인식 감도가 가장 높은 색깔을 따 명명됐지만 다른 색깔들도 감지한다. 원추세포끼리 가시 영역이 겹치는 덕에 우리는 딱 세 가지만이 아니라 훨씬 다양한 색깔을 본다. 예를 들어, 바나나의 노란색은 초록 원추세포와 빨강 원추세포가 작동해 인식되고 파랑 원추세포는 관여하지 않는다. 세 가지 원추세포가 동시에 발동하면 머릿속 영상은 새하얀 백지가 된다. 참고로 어류, 파충류, 조류 중 상당수는 자외선을 보는 네 번째 원추세포를 갖고 있다.

드물지만 세상에는 평범하지 않은 시력을 가진 사람들이 있다. 무수정체증 환자는 한쪽 눈이나 양쪽 모두에 수정체가 없다(태어날 때부터 그런 사람도 있고 수술로 적출하거나 사고로 잃었을 수도 있다). 수정체의 기능은 자외선을 막는 것이기에 이런 환자들은 보통 사람은 보지 못하는 자외선을 보곤 한다. 환자가 수술 후 흰색이 희푸르게 보인다고 얘기하는 게 그래서다. 무수정체증 환자 중 가장 유명한 이는 아마도 프랑스를 대표하는 인상파 화가 클로드 모네일 것이다. 모네는 백내장 때문에 60대부터 시력을 잃기 시작했다. "색이 예전만큼 선명하지 않다. 빨간색이 거무죽죽해 보이기 시작했다. 그림이 점점 칙칙해진다."[102] 언젠가부터는 물감이 잘못 섞이지 않도록 튜브마다 이름표를 붙이기까지 했다. 결국 그는 82세의 고령에 백내장 수술을 받기로 결심한다. 시력을 되찾은 모네는 그때까지 작업한 캔버스를 전부 찢어버렸다. 과거의 눈 상태로 그린 그림들이 몹시 못마땅했던 것이다. 수술 후 새로 나온 모네의 꽃 그림은 백내장 발병 전 작품과 다시 비슷해졌지만 다른 점이 하나 있었다. 이제는 수련에 입힌 백색안료에 푸른 기운이 새롭게 감돌았다. 모네의 눈이 꽃잎에 반사된 자외선을 볼 수 있기 때문이었다.

그렇다면 새는 어떨까? 인간이 볼 수 없는 것을 새들이 보는지 묻는 게 바보같이 들릴 수도 있지만, 환경보호 운동가와 새 마니아들에게는 매우 중요한 일이다. 유리창에 충돌해 목숨을 잃는 새는 미국 내에서만 해마다 1억 내지 10억 마리에 달한다.[103] 이 숫자는 전체 야생조류 집단의 약 5퍼센트에 해당하는 규모로, 한 나라에서만 이미 이 정도다.

루크 디그루트는 카네기 자연사박물관Carnegie Museum of Natural History에서 조류 전문 코디네이터로 근무하면서 새 충돌 사례들을 연구하고 있다. 둥글둥글한 성격에 하얀 피부를 가진 그가 금발 위로 파우더밀 로고가 박힌 모자를 쓴 채 내게 관내를 안내한다. 자연보호구역에 자리한 파우더밀 조류연구소는 새들에게 발찌를 채우는 조류추적 프로그램으로 가장 유명하다. 1961년에 시작된 이 연구는 미국에서 시행된 유사 공공사업 중 가장 오래 운영되고 있는 프로그램이다. 20년 전부터는 창문 실험이 목록에 추가되어 파우더밀 조류연구소에서 진행되고 있다. 디그루트는 가장 빠른 길을 택해 조류연구 전용 터널로 직행한다. 이런 목재터널이 세상에서 단 두 채뿐이라는 희소성에 비하면 내부 구조는 단순하기 그지없다. 중간에 그물 하나가 쳐져 있고 저 끝에 두 종류의 유리가 창처럼 끼워져 있다. 측면에 낸 쪽문은 새들을 내보낼 때 사용한다. 오늘 우리가 만날 담당자는 로즈라는 여성이다. 키가 딱 터널 높이만 한 그녀는 청바지 차림에 흰색 모자 아래로 목가리개를 하고 있다. 터널 밖 나무에 못질로 박아둔 고리에는 축 늘어진 천 가방 네 개가 걸려 있다. 로즈가 그중 하나를 집어 끈을 풀고는 안으로 손을 집어넣는다. 곧 쑥색 날개를 고이 접은 채 손안에 얌전히 안긴 작은 새 한 마리가 들려 나온다. 어린 붉은눈딱새다. 눈동자가 아직 갈색인 걸 보니 어린 친구라는 게 로즈의 설명이다. 성체는 플래시 터진 사진 속 사람 눈처럼 새빨갛다고 한다.

그녀는 녀석이 찬 알루미늄 발찌의 숫자 각인을 확인하고는 비디오카메라를 향해 '붉은눈딱새 68534번'이라고 말한다. 그런 다음 사람 주먹 크기의 입구를 열고 녀석을 터널 안으로 들여보낸다. 어린 붉은눈딱새는 반대편 끝의 유리창을 통해 빛이 들어오는 방향으로 날개를 펄럭거린다. 녀석은 저 높은 하늘을 바라보며 자유를 향해 날갯짓을 서두른다. 그러다 또 그물에 걸린다. 그날만 두 번째다. 실험 결과에 만족한 듯한 로즈는 쪽문을 열어 녀석을 놓아준다. 모든 새가 이 붉은눈딱새처럼 터널 안에서 나는 건 아니다. 어떤 녀석은 고장 난 태엽 장난감처럼 갈팡질팡하며 팔짝팔짝 뛰어다닌다. 아예 꼼짝도 안 하고 굳는 녀석도 있다. 그날 아침 로즈가 처음 포획한 붉은눈딱새는 천장에 가만히 매달려 있기만 했다. 붉은눈딱새가 실험하기 가장 좋은 조류는 아니라며 디그루트가 말을 잇는다. "대부분의 시간을 나무 위에서 보내는 게 붉은눈딱새의 습성이죠. 그래서 컴컴한 터널에 집어넣으면 '도대체 이게 무슨 상황이야? 일단 여기 가만히 앉아 있어야겠다'고 작정한 것처럼 행동합니다."[104] 터널 실험에 동원되는 새는 제한되어 있다. 어떤 종은 나는 방식 때문에 다칠 위험이 있기 때문이다. 예를 들어, 벌새는 유리창 충돌 사고의 최대 희생양 중 하나임에도 연구에서는 열외로 취급된다. 몸집이 울새만

하거나 그보다 큰 새들 역시 진입금지다. 그물을 뚫고 그대로 벽에 박치기하기 쉬워서다. "참새, 솔새, 개똥지빠귀 등이 잘 그래요."

여기서 드러나는 또 다른 문제 하나가 있다. 유리창은 모든 새에게 공평한 무기가 아니다. 최대의 희생자는 다름 아닌 철새다. 수백, 수천 킬로미터를 힘들게 날아와놓고 이런 터무니없는 사고로 죽는 것이다. 철새는 창문유리에 비친 울창한 초목이나 맑은 하늘을 진짜라고 착각해 통과해 지나가려고 그대로 직진한다. 하지만 자유가 있다고 철새가 생각한 곳에서 기다리는 것은 죽음의 덫이다. 충돌사고의 위험은 철새 대이동철에 최고조에 이른다. 이 계절에는 새로운 보금자리를 찾아 밤낮으로 비행 중인 새들이 전 세계 어디든 꼭 있기 때문이다. 철새의 이주 행렬은 실로 장관이다. 가령, 몸무게가 겨우 100그램인 북극제비갈매기라는 조류가 있다. 머리에만 검은색 모자를 쓴 것 같고 나머지 몸은 온통 새하얀 이 철새는 철마다 2만 9000킬로미터 넘게 비행해 북극과 남극을 왕복한다. 북극제비갈매기의 여로는 대부분 바다를 경유하기에 다행히도 빌딩 한 채 만나기가 힘들다. 반면에 벌새나 개똥지빠귀처럼 우리 주변에서 흔히 보는 조류에게는 충돌 위협이 매일의 현실이다.

한 친구에게 매년 얼마나 많은 새가 창문유리에 부딪혀 죽는지 얘기한 적이 있다. 그때 친구는 시큰둥한 표정으로 이렇게 대답했었다. "그게 뭐 어쨌는데?" 당시 나는 수십억이라는 숫자가 충분한 설명이 된다고 믿었던 것 같다. 하지만 곰곰이 생각한 결과, 왜 이게 중요한 문제인지 추가적인 설명이 필요하다는 사실을 깨달았다. 대중 사이에서 이 문제가 공론화되기 시작한 것은 불과 최근의 일이다. 1800년대 이전에는 철새들이 이동하는 중간에 자꾸 사라지는 까닭을 아무도 몰랐다. 그 시절, 새는 깃털 달린 수수께끼 자체였다. 창공을 뚫고 저 멀리 날아가버렸나? 아리스토텔레스의 추측처럼 다른 종으로 변이했나? 붉은꼬리딱새가 울새로, 보린휘파람새가 검은머리휘파람새로? 아니면 해저에서 동면이라도 하는 걸까? 하버드대학교 최초의 부총장을 지낸 찰스 모턴은 논문을 통해 새가 달로 날아갔다는 과감한 주장을 펼치기도 했다.

선견지명이 돋보이는 유럽 동화(유럽에는 아기를 못 낳는 집에 황새가 아기를 물어다준다는 전래동화가 있다-옮긴이) 속 주인공 홍부리황새 한 마리가 철새의 이동경로를 파악할 힌트를 마침내 물고 온 것은 1820년대에 들어서였다. 독일의 클뤼츠라는 작은 마을에서 황새 한 마리가 발견됐는데, 중앙아프리카에서 쓰이는 70센티미터 넘는 창에 목이 꿰여 있었다. 아프리카에서 공격을 받고도 살아남아 창이 꽂힌 채로 3000여 킬로미터를 날아왔지만 독일에서 다시 총을 맞고 그대로 목숨을 잃은 것이다. 때는 마침 철새들이 슬슬 집결하는 시기였다. 뒤이어 보고된 유사 사례 24건과 더불어 이 황새는 철새 이동의 미스터리를 풀 중요한 실마리를 제공했다. 새를 찌른 창이 아프리카 물건이라면 황새는 수천 킬로미터를 날아온 게 틀림없었다. 부인할 수 없는 증거가 하늘에서 뚝뚝 떨어졌고 아프리카의 사냥꾼과 독일의 사냥꾼을 연결하면서 돌연 세계를 한동네로 만들었다. 현재 우리는 매년 가을 총 40억 규모의 철새 무리들이 캐나다에서 미국 땅으로 남하한다는 사실을 안다. 미국에서 출발하는 또 다른 철새 47억 마리는 적도를 넘어 열대 지방까지 내려간다.

도시의 화려한 조명과 유리창을 일찍이 본 적 없는 생애 1년 차 새들에게 창문은 특히 위험천만한 물건이다. 도시에 처음 입성한 어린 새들은 술 취해 뵈는 게 없는 사람처럼 스스로를 유리창에 내리꽂는다. 그 가운데서도 솔새와 딱새가 받는 충격이 크다. 울창한 숲에서 좁은 길목을 잘도 누비면서 급강하해 벌레를 잡는 데에 익숙한 녀석들은 유리창에 비친 나무를 보고 하던 습관 그대로 반복하기 때문이다. 설상가상 새들의 사냥감 벌레는 인공조명의 유혹에 안 낚이는 적이 없다. 조명을 받아 한층 환하게 빛나는 벌레는 잘 날아가던 새들의 발길을 유인한다. 야행성인 나방은 원래 달빛을 따라 비행하면서 어둠 속에서 미광을 내뿜는다. 그러다 돌연 밝은 조명이 나타나면 나방은 저항하지 못하고 빨려들 듯 그쪽으로 날아간다. 새들은 허기를 달래기 위해 반짝반짝 빛나는 벌레를 향해 돌진하지만 그곳이 인간문명 한복판일수록 위험부담은 그만큼 커진다.

보통은 살면서 한 번쯤 창문에 부딪히는 새 때문에 놀라는 경험을 할 것이다. 그때 잠깐은 안쓰럽다는 마음이 들지만 곧 각자의 일상을 이어간다. 그런데 유리창에 머리를 박는 새가 늘어날수록 우리 인류에게도 영향이 있다. 새는 특정 해충의 최대 98퍼센트를 먹어치워 그들의 활동영역을 제한해서 인간의 농업 생산성을 높이는 데 도움을 주며, 살충제 사용의 필요성도 줄여준다. 조사에 의하면, 전 세계를 통틀어 새들이 잡아먹는 파리, 개미, 딱정벌레, 나방, 진딧물, 메뚜기, 귀뚜라미를 비롯한 각종 절지동물이 해마다 4억 톤쯤 된다고 한다. 새들의 광범위한 구충활동이 없다면 인간의 농작물 피해는 손쓸 수 없는 지경에 이를 게 뻔하다. 스위스 바젤대학교의 마틴 니펠러는 세계적으로 식충성 조류가 매년 소비하는 에너지가 뉴욕 같은 거대도시의 소모량에 맞먹는다면서 말한다. "새는 인간에게 해로울 초식곤충과 여타 절지동물들 수십억 종을 먹고 거기서 이 에너지를 얻습니다."[105]

우리 집 정원에서 나는 녹색으로 위장한 진딧물이 이파리에 찰싹 달라붙어서 식물인 척하는 모습을 종종 목격한다. 채소의 문제는 언제나 사소한 것들이 쌓이고 쌓여 터진다. 진딧물도 예외가 아니어서, 세상 모든 정원사의 숙적인 이 벌레는 멀쩡한 잎에 구멍을 숭숭 뚫어놓고 흡혈귀처럼 진액을 빨아먹는다. 게다가 자성생식한다는 특성상 진딧물 암컷에게 수컷은 물고기에게 자전거만큼이나 쓸데 없는 존재다. 진딧물은 정자와 수정하지 않아도 채소잎과 똑같은 색깔의 새끼를 하루에 다섯 마리까지 낳는다. 갓 태어난 진딧물은 일주일이면 성체가 되어 번식이 가능하다. 천만다행인 것은 이 쬐끄만 괴물이 벌새나 미국참새 같은 새들에게는 즐겨먹는 간식이라는 사실이다. 그렇다면 지금까지 조류 보호를 위해 어떤 조치가 이뤄졌을까? 한 세대 전 사람들은 창문에 독수리 스티커를 붙이면 새들이 피해갈 거라고 생각했지만 결과적으로 허사였다. 유리 한 칸에 독수리 스티커를 붙인들 그대로 둔 창문이 훨씬 많기 때문이었다. 이 방법으로 효과를 보려면 스티커를 훨씬 더 많이 붙여야 한다.

창호업계를 향해 조류보호 노력을 요구하는 목소리가 점점 커지는 가운데, 아르놀트 글라스Arnold Glas라는 독일 기업이 두 팔을 걷어붙이고 나섰다. 이 회사의 사업방향은 1990년대에 나온 논문 한 편을 모태로 한다. 이 논문은 야생에서는 거미 명주가 자외선을 반사해 새들이 거미줄로 잘못 날아들어 걸리는 사고를 방지한다는 내용이다. 거미 입장에서는 실을 엮어 지은 보금자리이자 자신의 사냥터를 온전하게 보존할 수 있으니 일석이조인 셈이다. (사실 이 해석에는 다소 논쟁이 있다. 거미 명주에서 반사돼 나오는 자외선이 벌레를 유인한다는 의견, 끈끈한 실 가닥이 뜨거운 태양광선을 견디게 한다는 의견, 그리고 지금까지 제기된 세 가지 가설이 다 옳다는 의견이 공존한다.)

거미 명주의 성질이 특별하다는 것은 오래전부터 알려져 있었다. 고대 그리스에서는 거미 명주로 상처를 싸매 지혈을 했고, 19세기 천문학자들은 가는 거미 명주 가닥으로 망원경에 십자선을 표시해 별의 이동을 추적했다. 그리고 현대로 와서, 자외선을 이용하는 거미줄의 간결한 기술에서 영감을 받은 아르놀트 글라스는 거미줄과 흡사한 코팅을 입혀 자외선을 반사하는 유리창을 개발했다. 코팅 패턴은 막대기 빼기 게임에서 누군가 더미를 무너뜨려 막대기들이 탁자 위에 얼기설기 널린 모습을 닮아 있다. 아르놀트 글라스에 10년가량 몸담고 있는 리사 웰치의 말에 따르면, 2010년 출시됐을 때 자외선을 이용해 새의 안전을 지키는 유리창은 전 세계에서 오직 이 제품뿐이었다고 한다. "당시 제 역할은 그저 물건을 파는 것만이 아니라 시장을 개발하는 것까지 포함하고 있었습니다. 새를 보호하는 유리창은 이전에는 존재하지 않던 새로운 시장이었거든요."[106]

현재는 이 유리창의 수요가 빠른 속도로 증가하는 추세다. 가령 농구경기장인 샌프란시스코 체이스 센터, 유타대학교 법학대학, 독일 함부르크에 있는 건축협회사무소 건물 등은 모든 창문을 일찌감치 자외선 유리로 갈아끼웠다. 최근 뉴욕에서는 2021년 1월 10일부터 프리티드 유리fritted glass(세라믹과 에나멜 성분의 원료물질로 점점이 코팅한 유리), 틴트 유리, 다중막 유리처럼 새의 충돌사고를 방지할 건축자재의 사용을 모든 신축 건물과 재건축 건물에 요구하는 법안이 43 대 3의 압도적인 표차로 통과되기도 했다.

하지만 정작 핵심적인 의문점은 여전히 풀리지 않았다. 새는 유리에 숨겨진 자외선 경고문을 '진짜로' 볼 수 있을까?

전망 좋은 방

버밍엄대학교의 조류감각학 명예교수인 조류학자 그레이엄 마틴은 "우리 모두는 감각의 노예"라고 이야기한다.[107]

안경을 끼고 점잖은 말투를 쓰는 이 백발 노신사는 평생 새의 감각을 연구했다. 저어새부터 펭귄까지 조류 60여 종에 관한 논문을 수도 없이 냈지만, 그가 특히 애착이 가는 것은 부엉이와 기름쏙독새다. 갈색 몸통에 흰색 반점이 나 있는 기름쏙독새는 대부분의 시간을 동굴 안에서 보내면서 음파 반사를 이용해 어둠 속에서도 길을 잘만 찾는다. 남미 북부의 현지인들은 이 새를 '과차로guácharo'라고도 부른다. 이런 이름이 붙은 건 새가 이 지역에 풍부한 기름진 야자와 아보카도를 먹고 살기 때문이다. 마틴 교수와 나는 조류 감각에 관한 이야기를 화상채팅으로 나눴는데, 대부분의 감각 경험이 원천 차단되는 수단을 통해 감각을 논하다니 아이러니하다는 생각이 들었다. 화면에는 교수의 가슴 위 상반신밖에 나오지 않는다. 그는 남색 격자무늬 셔츠와 재킷을 입고 있다. 안경알이 빛을 반사하는 통에 그의 눈이 정확히 어떻게 생겼는지는 알 길이 없다.

나는 그에게 자외선 반사 유리창에 대한 전문적 견해를 구했다. 이런 제품을 개발하는 목적은 오직 새만 볼 수 있는 조류만의 상형문자 같은 것을 유리에 새겨 위험을 경고하는 것이다. 이를테면 자외선이 새들에게 "인간이 속이 훤히 들여다 보이는 이상한 물건을 만들었어. 속지 마,

친구"라고 말하는 셈이다. 그런데 과연 새는 이런 자외선의 경고를 볼 수 있는 걸까?

일단 차근차근 짚어가면, 마틴은 "새의 시력으로는 가능하지 않은 일"이라고 말한다. 마치 포유류의 시력으로는 가능하다는 소리 같다. "동물종마다 이용하는 정보와 정보를 입수하는 시점이 다 다릅니다. 그런 생물다양성을 먼저 이해해야 해요." 그는 좌우에 눈이 하나씩이라서 300도의 광활한 시야각(참고로 인간은 120도다)을 자랑하는 비둘기를 예시로 들고는 손을 자신의 귀 뒤로 가져가 흔들면서 설명을 잇는다. "우리는 여기서 무슨 일이 벌어지는지 조금도 모릅니다. 지금 저는 제 손을 볼 수 없어요. 비둘기였다면 전부 다 보이겠죠. 제가 만약 비둘기이고 누군가에게 '말을 걸고' 싶다면, 옆걸음질쳐 그 사람에게 다가갈 겁니다. 제 시야에서는 그 방향이 가장 잘 보이니까요."

같은 이치로, 동물의 왕국에 보편타당한 감각적 현실 같은 건 없다. 해 질 녘 덤불에 숨은 쥐를 귀신처럼 낚아채는 부엉이만 봐도 누구나 알 수 있는 진리다. 인간의 잣대로 미물 중의 미물인 파리조차 3000개가 넘는 수정체를 가지고 초당 300프레임의 영상정보를 수집한다. 인간의 눈은 밝은 곳에서도 초당 60프레임이 고작이고 어두운 곳이라면 초당 24프레임밖에 안 되는데 말이다. 한마디로 세상의 미스터리를 풀 열쇠가 생물종마다 다 다르게 주어지는 셈이다.

마틴 교수는 자외선을 이용하는 게 나쁘지 않은 아

이디어라고 얘기한다. "사람들은 말하죠. '맞아, 참새목 새들은 모두 자외선을 보잖아'라고요. 그런데 사실 자외선 시력이 그렇게 좋지는 않아요." 새들은 시력이 스펙트럼상 중간 지점에서 가장 뛰어나다고 한다. 대충 녹색 계열쯤이다. "이 파장 영역에서 시력이 가장 민감하고 적색과 자외선 쪽으로 갈수록 감도가 떨어집니다. 나머지 파장의 피사체도 보긴 보지만 영상이 그다지 선명하지 않은 거죠. 그래서 만약 자외선 반사로만 새들에게 경고하고 싶다면 눈에 확 띄도록 자외선을 아주 강하게 쏴야 합니다."

파우더밀 조류연구소에서 하는 터널 창문 실험의 기본 목적은 새들 눈에 보이는지 아닌지를 따져 위협도 점수를 매기는 것이다. 예를 들어, 자외선 반사 창문의 위협도 점수는 20점 정도다. 새 100마리를 시험하면 80마리는 자외선 유리와 보통 유리를 구분하지만 20마리는 그러지 못한다는 뜻이다. 별로 대단치 않은 점수처럼 들릴지 모르지만, 충돌 방지에 효과적이라고 인정받으려면 위협도 점수가 반드시 30점 이하여야 한다. 점수가 20점 이하면 매우 효과적인 제품으로 분류된다. 다만 현실은 터널 실험보다 훨씬 어지럽고 복잡하다. 현실에서는 강렬한 실내조명과 야외 식물의 빛반사 탓에 자외선 창문이 제 기능을 못 하기 일쑤다. 터널 실험 같은 기초평가는 훌륭한 출발점이지만 도시에서 새들이 맞닥뜨리는 실제상황을 완벽하게 대변하지는 못한다. (그럼에도 예비 데이터로서 항상 요구되긴 한다.) 날은 화창했다가 비나 눈이 오기도 하고 우중충하게 구름이 잔뜩 끼기도 한다. 그런 가운데 새들의 행동을 정확하게 예측하는 것은 쉬운 일이 아니다. 자외선 유리가 제 몫을 톡톡히 할 때는 오직 햇볕이 쨍쨍 내리쬐는 날뿐이다. 유리창 충돌로 죽는 사고가 특히 잦은 종은 참새목 조류다. 아마도 밤에 이동하고 낮게 나는 데다 인공조명 탓에 방향을 헷갈리기 때문일 것이다. 그 밖에 목덜미가 다홍색인 벌새, 가슴팍이 노란색인 딱따구리, 이마가 선홍색인 딱따구리 역시 흔히 희생양이 된다. 현재 세간에서는 자외선 창문을 두고, 이겼지만 진정으로 이긴 게 아니라는 암묵적인 평가를 한다. 자외선 창문을 받아들이지 않으면 조류 보호에 동참하지 않겠다는 뜻으로 비치기에 다들 이 창문으로 바꾼다는 거다. 그렇다면 다른 선택지는 없을까?

결론부터 얘기하면 있긴 있다. 파우더밀 조류연구소로 돌아가, 루크 디그루트가 자연보호구역 안에 위치한 자신의 사무실 방향으로 길을 안내한다. 목적지에 다다르자 어코피언 버드세이버Acopian BirdSaver라는 장치의 줄을 톡톡 건드리면서 그가 입을 연다. "제가 보기에는 이렇게 낙하산줄을 10센티미터 간격으로 거는 게 가장 효과적인 것 같아요. 줄이 살랑살랑 흔들리거든요. 터널 안에서 이걸 테스트하면 위협도 점수가 5점쯤 나옵니다." 그러면서 이번에는 빛 반사를 왜곡시키기 위해 유리창 바깥쪽에 붙여놓은 자외선 반사 테이프를 보여준다. 미국조류보호협회American Bird Conservancy가 직접 제작한 테이프다. "반사 테이프도 거의 비슷해요."

낙하산줄과 반사 테이프가 저렴하고 사용하기 쉽고 성능까지 뛰어나다면 왜 널리 보급되지 않을까? 효과는 좋지만 조류학자 말고는 아무도 쓰지 않을 거라는 게 대체적인 평이다. 그 배경에는 이런 심리가 깔려 있다. 시야를 조금이라도 가리는 건 싫다는 불편한 속내를 인정하는 대신 차선책을 택하고는 하루를 마무리할 때마다 자기위안 삼아 "그래도 뭔가 했다"고 스스로를 다독이는 것이다. 건축법이 너무 까다로운 것 아니냐는 생각도 들지만 전체적으로 따지면 오히려 어처구니없이 단순한 편이다. 가령 뉴욕, 토론토, 샌프란시스코 같은 대도시에는 새들에게 안전한 건축물에 관한 가이드라인이 마련되어 있다. 그 가운데 2020년 뉴욕시에 새로 생긴 지방법 제15조는 건물의 지상에서 23미터 높이까지 면적 중 90퍼센트에 조류 친화적인 유리창을 설치해야 한다고 명시한다. 하지만 뉴욕 조류관리자문위원회Bird Control Advisory의 최고고문 히스 월도프는 이를 두고 "뉴욕시가 가장 엄격한 표준(면적율, 건물이나 프로젝트의 유형, 지형을 감안한 면제 불허 원칙 등)과 가장 단순한 원칙을 뒤섞어 두루뭉술하게 요구한다"라고 지적한 바 있다. "구체적인 유리 반사율 기준(토론토), 도심 생태서식지와의 인접성 요건(샌프란시스코), 특별한 조명 설계와 제어를 요구하는 조항(앞서 언급된 대도시 전부)은 어디서도 찾아볼 수 없다"라는 것이다.[108]

자외선 반사 유리는 저렴하지 않지만 비싼 값을 한다고 모든 전문가가 인정하는 것도 아니다. 충돌사고의 발생률은 다양한 변수에 따라 달라진다. 창에 야외 덤불이나 나무가 비치는가? 유리가 둥글게 휘었거나 각졌거나 평평한가? 창문 높이가 얼마나 되는가? 무슨 계절인가? 하루 중 시간대는 언제인가? 수많은 요소를 고려하지 않으면 안 된다. 그나마 좋은 소식은 새를 쫓아내는 장치가 모든 창문에 필요한 건 아니라는 것이다. 자외선 반사 유리는 효과가 없지는 않지만 연구가 미흡한 실정이다. 새의 눈에 확실히 띄려면 유리의 어느 면에서 자외선이 반사돼야 하는지에 관한 자료가 더 많이 나와야 한다. 우리는 빛이 자연 반사되는 최외층 표면에서 자외선이 가장 잘 튕겨나간다는 걸 안다. 그런데 유리의 다른 층들은? 테스트를 더 하고 싶다면서 디그루트가 덧붙인다. "이 연구는 특히 몇몇 기업이 잘 해나가고 있는 것 같아요."

그렇다면 모두가 인정하는 해결책은 하나다. 바로 유리창 바깥쪽에 저렴하지만 효과적인 스티커를 붙이거나 낙하산줄을 매다는 것이다. 일단 그렇게 하고 우리 시야를 가리지 않으면서도 창문이 새들에게 친화적이 되도록 만들 방법을 계속 찾아보자. 그러다 청명한 자연 풍광을 만끽하고 싶다는 욕구가 문득 들면 밖으로 나가면 된다. 하지만 말로는 무슨 얘긴들 못 할까. 만약 창살 같은 밧줄이 창밖에서 댕그랑거린다면 그쪽을 쳐다볼 때마다 스트레스를 받을 게 뻔하다. 게다가 보기에 예쁘지도 않다. 우리 모두는 단순한 감각의 노예가 아니다. 우리는 욕구의 지배를 받는 존재이기도 하다.

자연보호구역 체험을 마무리하면서 나는 디그루트에게 가장 좋아하는 새가 뭐냐고 물었다. 고민하는 기색도 없이 "검은머리솔새"라는 대답이 바로 돌아왔다. 엄지와 검지 간격을 13센티미터쯤 띄우고는 그가 말했다. "기껏해야 요만한 새인데요. 이마의 검은색 정수리와 몸통의 검은 줄무늬가 진짜 멋집니다. 턱시도를 입은 것 같기도 하고요." 캐나다에 가면 높은음을 스타카토로 찍어내는 검은머리솔새의 노래를 어느 숲에서나 들을 수 있다. 이동을 준비하는 시기에는 이 철새의 몸매가 한층 후덕해진다고 한다. "체내에 지방을 엄청나게 축적합니다. 그래야 뉴잉글랜드(미국 동북부의 메인, 뉴햄프셔, 버몬트, 매사추세츠, 코네티컷, 로드아일랜드 6개 주를 아우르는 지역. 캐나다와 국경을 맞대고 있다 – 옮긴이)에서 남미까지 한 번에 날아갈 수 있거든요. 무려 72시간의 대장정이죠." 검은머리솔새는 몸무게가 14그램에 불과하지만 3000킬로미터 가까이 날아 대서양을 건넌다. 참새목 철새 가운데 가장 긴 비행거리다. 가을에는 바랜 연두색 깃털로 털갈이를 하기 때문에 분위기가 바뀌기도 한다.

"미국 서부해안 둘레길Pacific Crest Trail(약 4300킬로미터)을 사람이 걸어서 완주하면 넉 달이 걸리는데요. 이 친구들은 뉴잉글랜드부터 남미까지(약 6800킬로미터) 고작 사흘 만에 돌파합니다." 미국 지질조사국의 조류번식조사 자료에 따르면, 이 새의 개체수가 매년 5퍼센트씩 감소한다고 한다. 주된 원인은 서식지 파괴와 유리창 충돌사고다. 우리 인간은 시원한 전망을 양보해서라도 새들을 지킬 마음이 얼마나 있을까?

창밖을 가만히 내다보면서 이런저런 생각에 잠겨 있자니 벌새 한 마리가 눈 덮인 덤불 위를 맴돈다. 날갯짓이 엄청나게 빨라 마치 몸통만 둥둥 떠 있는 것 같다. 나는 그나마 벌새는 죽음의 위협으로부터 멀리 있다는 생각을 한다. 우리는 뻥 뚫린 시야를 포기하고 이것저것 주렁주렁 달린 유리창으로 갈아끼워야 할까? 아니면 조망권을 지키는 대신 자외선을 알아보는 몇몇 조류만 보호해야 할까? 당신이라면 어느 쪽을 택하겠는가?

세계로 뻗어가는 거미줄

자외선 반사 창문이 대히트작으로 등극하지 못할지도 모르지만 거미줄이 인간에게 던지는 영감의 실마리는 그 밖에도 많다. 지구상에는 4만 5000종이 넘는 거미가 살고 있고 그나마 전부 파악된 것도 아니다. 어떤 거미는 박쥐를 잡아먹고, 어떤 거미는 교미할 때 공작새처럼 알록달록한 옷으로 갈아입는다. 파리에 꽃가루를 묻혀 잡아먹는 거미, 물속에서 아주 작은 공기방울을 부는 거미, 인간 수컷이 물리면 발기가 몇 시간이나 지속되는 브라질 떠돌이 거미도 있다. 특히 거미의 명주실은 지난 10년간 뜨거운 관심의 대상이었다. 어떤 거미 명주는 케블라Kevlar(1970년대에 개발된 내열성 합성섬유. 방탄복, 스포츠용품, 무기 등 다양한 용도로 활용된다-옮긴이)보다 5배 튼튼하고, 어떤 거미 명주는 습한 기후에서 끈적끈적한 액체로 변한다. 또 어떤 거미 명주는 전기가 통하고 온도 변화에 강하거나 세균 증식을 억제해 거미의 보금자리에 곰팡이가 자라지 않게 한다. 이렇듯 선택지가 넓으니 연구 소재가 끝없이 발굴되는 것도 당연하다.

습한 환경에서 만들어져 어떤 표면에도 잘 달라붙는 거미 명주를 예로 들어보자. 2019년, 매사추세츠공과대학교의 한 연구팀이 이것으로 두 인체조직의 미끄러운 표면을 붙일 양면테이프를 개발하는 연구에 착수했다. 단서는 거미가 하전된 다당류 분자를 이용해 축축한 나뭇가지의 한구석을 말린 다음 거기에 거미줄을 붙이는 모습에서 얻었다. 연구팀은 거미를 흉내내 습기를 흡수한 뒤 건조된 표면과 약한 수소결합을 형성하는 테이프를 제작했다. 약한 수소결합이 정착하면 더 튼튼한 공유결합(두 원자가 전자쌍을 공유하는 것)으로 자연스럽게 발전할 수 있었다. 이 테이프는 폐나 소화관처럼 연약한 조직을 단 5초 만에 봉합할 수 있다. 해마다 2억 3000만 건의 대수술이 이뤄지는 오늘날, 연구진은 소위 "별달리 개선된 점도 없이 1000년 전 그대로"인 현재의 외과봉합 기법을 언젠가 이 테이프가 대신하기를 희망한다.[109]

거미 게놈은 데이터 양이 많고 염기서열을 분석하기가 어렵기로 악명 높다. 수많은 거미 연구가 여전히 준비단계에 머물러 있는 이유다. 지금까지의 연구는 대부분 명주실에 맞춰져 있었는데, 최근에 하버드대학교 연구팀이 마이크로로봇을 위한 콤팩트한 깊이센서depth sensor, 웨어러블 장비, 증강현실 헤드셋을 발명했다. 모두 깡충거미의 눈에서 영감을 받아 탄생한 신작이다. 이 조그만 털북숭이 거미는 그렇게 작은 뇌를 갖고도 펄쩍 뛰어올라 저 멀리 떨어진 먹이에게 놀라운 정확도로 달려든다. 스마트폰이나 비디오게임 콘솔을 뜯어보면 센서가 광원을 모으고 카메라가 깊이를 측정한다는 것을 알 수 있다. 예를 들어 스마트폰의 안면인식 기능은 보이지 않는 수천 개의 레이저 점들을 이용해 사용자 얼굴의 깊이 지도를 그려 구현된다. 일단 휴대폰 하드웨어의 원리는 이렇다. 그렇다면 시계나 마이크로로봇 같은 더 작은 장치는 어떨까?

연구팀은 진화를 거치면서 고도로 특화된 효율적인 시각 시스템이 만들어졌다고 적고 있다. "동물 시각의 깊이 인식 기능은 종종 인공 깊이센서의 성능을 뛰어넘는다."[110]

하버드 팀이 사람 눈을 본보기로 삼지 않은 이유는 무엇일까? 사람은 입체시로 본다. 그 말인즉, 눈에 들어오는 이미지가 양쪽이 약간 다르다는 뜻이다. 사람의 뇌는 이런 두 이미지를 놓고 차이점을 비교한 뒤에 깊이를 계산한다. 전방에 손가락 하나를 세워두고 양쪽 눈을 번갈아 감아보면 직접 확인할 수 있다. 손가락 위치가 조금씩 다르게 보이는가? 두 영상을 하나로 이어 붙이는 것은 뇌에 꽤 부담을 주는 연산작업이다. 인간의 뇌는 그래도 무리 없을 만큼 크지만 깡충거미의 뇌는 고작 핀 머리만 할까말까다. 대신 깡충거미에게는 특별하게 발달한 한 쌍의 주안主眼과 함께 측면의 조그마한 보조안 한 쌍이 있다. 깡충거미 안구의 반투명한 망막은 다층구조로 되어 있어서 선명도가 제각각인 여러 이미지를 계측한다. 이게 무슨 말이냐고?

깡충거미가 초파리 한 마리를 눈으로 좇는다고 치자. 이때 눈 하나의 망막에 맺힌 영상에서는 파리가 흐리멍덩하지만 다른 눈 하나에서는 훨씬 선명하다. 선명도 차이에는 파리가 있는 곳의 거리를 거미에게 알려주는 정보가 숨어 있다. 이것은 예전부터 컴퓨터에 사용되는 원리로, 컴퓨터의 경우 커다란 카메라와 여타 내부 부품이 필요하다는 점이 다르다. 이 단점을 극복하기 위해 하버드 팀은 선명도가 다른 두 이미지를 생성할 수 있는 일명 컴퓨터용 '메타렌즈'를 만들었다. 컴퓨터의 알고리즘은 두 영상을 해석해 깊이인식 지도를 그려낸다. 그렇게 연구진은 깊이센서를 기존 모델보다 훨씬 작게 만드는 한편, 앞으로 과학기술 분야에서의 활용 가능성을 대폭 넓힐 수 있었다.

우리 모두가 매일 저마다의 일상을 살아가는 것처럼 단 하나의 절대적인 현실 같은 건 없다. 우리의 세상은 각자의 뇌가 세상을 어떻게 인지하는지에 따라 정의된다. 개개인의 시각, 청각, 후각, 미각, 촉각이 우리가 세상을 탐험하는 방법이기 때문이다. 개미는 5센티미터 땅속의 움직임을 알 수 있다. 사람으로 치면 10미터 지하에서 일어나는 미동을 발끝으로 감지하는 셈이다. 별코두더지는 물속에서 공기방울을 뿜었다가 다시 들이쉬는 숨에 냄새를 맡아 먹이를 찾는다. 또한 카멜레온은 인간을 초라하게 만드는 광활한 파노라마 뷰를 자랑하고 두 눈동자를 따로따로 굴려 동시에 서로 다른 방향을 보기도 한다. 우리는 그 어느 동물보다 큰 뇌를 가졌을지 몰라도 인간의 시야는 여전히 사각지대투성이다. (드물게 자기 시야의 경계를 인식하는 사람도 있긴 하다.) 미로 안의 거울들이 긴 복도를 따라 끝없이 이어지는 수많은 촛불의 환상을 만드는 것처럼, 바깥세상과 인간의 두뇌활동은 절묘하게 뒤섞여 왜곡된 현실을 그려낸다. 어쩌면 진정으로 본다는 것은 보지 못하는 것도 있다는 걸 깨닫는 과정이 아닐까. 내가 뭘 놓치고 있는지 자문하면서 말이다.

13

지혜의 빛

해파리 — 노벨상을 받은 의료영상진단기술

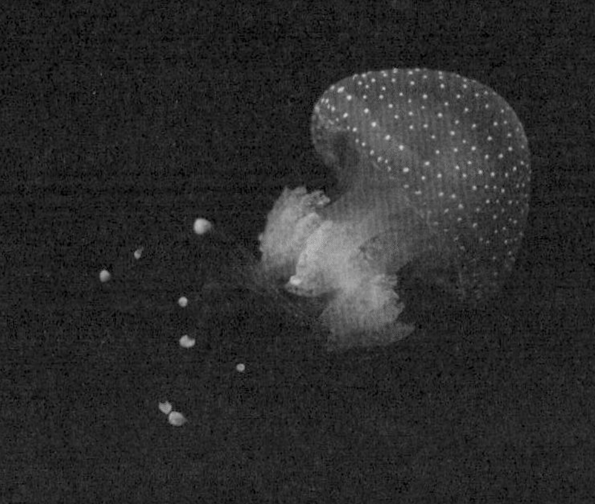

"인간은 자연의 다양한 현상과 원리를 연구해
과학적으로 중요한 수많은 사실을 알아낸다.
우리는 자연으로부터 배운다."

시모무라 오사무, 2008년 노벨화학상 수상자

눈 깜짝할 순간에 태양보다 뜨거운 플라스마파가 엄청난 섬광을 발하며 천지를 뒤덮는다. 폭탄이 떨어진 반경 안에는 사람도 흙도 물도 순식간에 증발해 흔적조차 남지 않는다. 하늘 높이 거대한 버섯구름이 피어오르고, 고도로 압축됐던 대기가 다시 팽창하면서 음속으로 에너지를 발산해 집이며 병원이며 학교며 죄다 종잇장처럼 짓이긴다.

화학자이자 해양생물학자인 시모무라 오사무는 당시의 경험을 이렇게 기억하고 있다.[111] "강렬한 빛줄기가 작은 유리창을 뚫고 실내를 가득 채웠습니다. 눈이 몹시 부셔서 30초 동안 아무것도 보이지 않을 정도였죠. 빛이 번쩍하고 40초쯤 지났을까요. 갑자기 무시무시한 굉음이 들리면서 기압이 확 변하는 게 느껴지더군요."

1928년생인 시모무라는 제2차 세계대전의 전 과정

을 지켜보며 성장기를 보냈다. 어린 시절의 그에겐 고구마 밭에 누워 새처럼 창공을 누비는 은빛 B-29 전투기들을 구경하는 게 소일거리였다. 그러다 공습경보가 울려퍼지면 도랑으로 재빨리 숨곤 했다. 원자폭탄이 일본에 떨어지던 날, 십 대 소년이던 그는 공장일을 마치고 걸어서 집으로 돌아갔다. 재가 섞여 시커메진 빗물은 원래는 새하얬을 소년의 셔츠를 진한 회색으로 물들이고 있었다.

64년 뒤, 소년은 현대 생명과학 역사상 가장 중요한 기술 중 하나를 발명한 공로로 마틴 챌피, 로저 첸과 함께 노벨상 시상대에 오른다.[112] 이 삼인조는 형광단백질을 이용한 이 기술을 통해 뇌 신경세포가 발달하는 모습이나 암세포가 퍼지는 과정처럼 그동안은 확인할 길 없던 체내 현상들을 우리 눈앞에 펼쳐냈다.[113]

수상은 세 사람이 했어도 사실은 뒤에 있던 많은 이의 조력이 있었기에 이룰 수 있는 성과였다. 분자생물학자 더글러스 프래셔는 노벨상의 영예를 아슬아슬하게 놓쳤지만, 소원해진 챌피와의 사이를 챌피 연구실의 신입 대학원생 기아 오이스키르헨 덕에 어쩌다 회복하고 다시 협동연구를 할 수 있었다.[114] 수상 기념 연설에서 시모무라는 "이 이야기는 나가사키에 원자폭탄이 떨어지고 제2차 세계대전이 끝난 1945년에 시작한다"라고 말한다.[115] 종전 직후의 일본은 교육 기회를 찾기가 어려운 상황이었고, 그런 까닭에 그는 흥미 없는 전공임에도 간신히 자리가 난 나가사키 약학대학을 그냥저냥 다녀야 했다. 하지만 이 실망스러운 선택이 그를 세계적인 화학자의 길로 인도할 출발점이었음을 누가 알았을까. 나가사키대학교에서 화학 조교로 근무하던 그는 소양을 넓히고자 나고야대학교로 자리를 옮겼다. 이때 만난 지도교수 히라타는 그에게 연구과제 하나를 배정했는데, 하필 지난 수십 년 동안 유수의 과학자들을 괴롭혀온 주제에 관한 것이었다.

객원연구원으로 이곳에 와서 야행성 갯반디nocturnal sea fireflies(학명은 사이프리디나*Cypridina*)가 어떻게 해변 모래사장을 푸른빛으로 물들이는지 알아내라는 과제를 받아든 스물일곱 청년은 그저 막막했다. 갯반디의 야광(생체발광 성분)은 델 정도인 전구빛과 달리 뜨겁지 않다. 갯반디의 야광은 전기에너지가 아니라 다른 화학반응에서 에너지가 나오는 이른바 '서늘한 빛'이다. 제2차 세계대전 동안 일본군은 칠흑 같은 밤중에 남태평양의 울창한 정글을 헤치며 이동할 때 갯반디를 저조도 랜턴으로 활용했다. 횃불이나 손전등은 자칫 적에게 아군의 위치를 알릴 위험이 있었기에 쓸 수 없었다. 신중한 행동이 무엇보다 중요한 상황이었지만 달빛 한 줄기 새어들지 않는 정글에서 같이 행군하는 전우가 누군지 알아보기란 거의 불가능했기 때문에 떠올린 방법이 바로 갯반디를 이용하는 것이었다. 일본군은 말린 갯반디를 유리병에 넣어 항시 지니고 다니면서 밤마다 내용물을 손바닥에 덜어내 으깼다. 그러면 은은한 빛이 나 내 앞에서 걸어가는 전우의 등을 볼 수 있었다. 은폐를 위해 5미터씩 떨어져 두고 포복으로 전진할 때조차 희미한 푸른빛 덕에 대열은 흐트러짐이 없었다.

종전 후 남은 갯반디 병들은 과학 연구를 위해 시설로 보내졌다. 갯반디 빛이 유용하다는 것은 증명됐고, 이것을 좀더 개량하면 갯반디를 일일이 채집해 말릴 필요 없이 발광물질만 이용할 방법이 있을지 몰랐다. 엄청난 양의 갯반디 표본이 스승 히라타의 연구실에 도착하자 1995년 봄 시모무라는 발광 성분을 정제해 결정화하는 작업에 들어갔다. 화학물질을 고체 결정으로 만들려면 먼저 불순물을 제거해 순도를 높일 필요가 있었다. 그 결과, 빛을 내는 주인공은 루시페린luciferin으로 밝혀졌다. 이것은 '빛을 가진 자'를 뜻하는 라틴어 '루시퍼lucifer'에서 온 단어다. (성서에서는 루시퍼가 타락해 천국에서 쫓겨난 악마로 등장한다. 하지만 고전신화에서 루시퍼는 횃불을 든 남성으로 의인화된 금성의 이름이다.)

알려진 배경지식이 전혀 없는 조건에서 루시페린을 결정화한 것은 그 자체로 기념비적인 성과였다. 만약 루시페린 분자가 영원히 안정했다면 일이 훨씬 더 쉬웠을 것이다. 그러나 안타깝게도 그렇지가 않았다. 마치 이글거리는 태양 아래 썩어가는 낙과처럼 루시페린은 산소와 만나면 시시각각 분해되었다. 그래서 시모무라는 산소가 시료를 망가뜨리지 않도록 하기 위해 수소만 있는 환경에서 정제 단계를 진행했다. 가연성 큰 기체인 수소는 저농도에서도 폭발할 우려가 있기 때문에 위험천만한 행동이 아닐 수 없었다. 그는 말린 사이프리디나 500그램(건조 전 기준으로는 약 2.5킬로그램 분량)을 가지고 작업을 시작했다. 정확히 닷새 뒤, 정제를 완료하고 손에 넣은 루시페린은 고작 2밀리그램(파리 한 마리의 무게)이었다. 이어서 그는 정제된 루시페린을 결정화하기 위해 온 힘을 쏟았다. 일단 결정이 나와야만 분자의 화학구조를 밝힐 수 있었다. "하지만 아무리 노력해도 정해진 형태가 없는 침전물만 자꾸 생겼고 애써 분리한 루시페린이 산화반응 탓에 이튿날 아침이면 전부 무용지물이 돼 있었습니다. 그래서 추출과 정제를 무한 반복해야 했죠. 이 일에만 매달렸지만 시도했던 어떤 결정화 방법도 효과가 없었습니다."[116]

시행착오만 열 달째 거듭하던 어느 날, 그는 시험 삼아 루시페린에 염산을 떨어뜨렸다. 오븐이 없는 환경이었기에 시험관을 하루 동안 방치한 뒤 다음 날 불에 달궜다. 그러고 나서 이튿날 아침에 보니 시료액이 투명하게 변해 있었다. 그는 어떻게 된 일인지 정확히 알아보려고 현미경을 가져왔다. 그의 눈에 들어온 것은 바늘처럼 뾰족하게 생긴 결정이었다. 마침내 성공이었다. 우연한 성과였지만 그가 세계 최초의 발견자라는 건 부정할 수 없는 사실이었다. 흥분이 가라앉지 않아 며칠이나 잠을 이루지 못할 정도였다. 종전 후 절망적이기만 했던 그의 앞날에도 이번 실험 성공으로 희망이 생긴 것 같았다. 정제한 원료가 있으니 이제는 루시페린의 화학구조와 산화반응 산물 분석을 시작할 수 있었다. 1959년 봄, 소식을 접한 해양생물학 교수 프랭크 H. 존슨 교수가 젊은 시모무라에게 초청장을 보냈다. 프린스턴대학교에 있는 자신의 생체발광 연구실에서 함께 연구하지 않겠느냐는 내용이었다. 현재 존슨 교수의 사진은 별로 남아 있지 않은데, 어렵게 찾은 사진을 보면 그가 동그란 안경에 흰 실험가운 차림으로 실험에 몰두하고 있다. 얼굴은 투명한 유리 플라스크 안에서 박테리아가 내는 빛을 받아 은은한 녹색광을 띤다. 시모무라는 존슨 교수의 제안을 승낙했다.

1960년 여름, 서른두 살의 청년 시모무라를 태운 히카와마루氷川丸호가 요코하마에서 출발해 태평양을 건너는 마지막 여정을 시작했다. 히카와마루는 지난 30년간 파란만장을 겪은 원양여객선이었다. 1932년에는 대스타 찰리 채플린이 이 배에 승선했고, 1940년대 초에는 나치의 박해를 피해 도망가는 유대인의 은신처가 되었으며, 전쟁 중에는 병원선으로 동원되기도 했다. 마지막이 될 이번 운항의 주 승객은 시모무라 외에 풀브라이트Fulbright 장학생 수백 명이었다. 배는 13일 뒤 시애틀에 도착했고 그는 다시 실내에 침대가 있는 차를 타고 대륙을 가로질러 사흘을 내리 달렸다. 일본을 떠난 지 거의 한 달 만에 프린스턴대학교가 있는 미대륙 동단의 뉴저지주에 마침내 도착한 그는 마중 나온 존슨 교수와 상봉했다.

한시도 지체하기가 아까웠는지 존슨 교수는 시모무라를 곧장 연구실로 데리고 갔다. 연구실에는 흰 가루가 든 유리병이 많았다. 모르는 사람들에게는 특별할 것 없어 보이고 무료하기까지 할 물건이었지만, 교수가 설명하길 워싱턴주의 프라이데이하버(행정구역상 샌원 카운티 안에 위치한다-옮긴이)라는 마을에서 발견되는 수정해파리의 내장을 동결건조한 가루라고 했다. 문제는 이 녹색발광 해파리 분말을 물에 타면 빛이 나야 마땅한데 그러지 않는다는 것이었다. 그러면서 교수가 이 가루를 연구해보겠느냐고 그에게 물었다. 시모무라는 기꺼이 그렇게 하겠다고 대답했다.

그해 여름(그리고 앞으로 20년 동안 해파리 떼가 기승을 부리는 매년 여름마다) 시모무라는 아내, 존슨 교수, 연구조수 한 명을 태운 승용차로 72시간을 달려 미국 대륙을 횡단하는 대장정에 올랐다. 트렁크가 각종 실험장비와 화학용품으로 미어터져 개인 짐가방들은 지붕에 묶은 채였다. 목적지는 워싱턴주 해안에서 살짝 떨어진 샌원 제도로, 바닷속에서 해파리 수천 마리가 조류에 실려 유령처럼 떠다니기로 유명한 곳이었다. 깨끗한 바닷속을 유심히 관찰하면 수정해파리들이 심지에서 튀는 불꽃처럼 녹색섬광을 내는 모습을 볼 수 있었다. 과연 프라이데이하버는 해파리의 성지였다. 이곳에는 수정해파리 말고도 내부 장기가 달걀노른자같이 생긴 달걀프라이해파리, 찔리면 따끔한 촉수 수천 개가 36미터 넘는 길이로 자라는 바다의 라푼젤 사자갈기해파리 등등 다양한 해파리가 모여들었다. 시모무라가 보기에도 천국 같은 곳이었다. 하지만 다이버라면 직접 들어가 탐험을 즐길 깊은 바닷속에서 그는 해파리가 어떻게 빛을 발하는지 알아내 '서늘한 빛'의 힘을 최대한 끌어내는 연금술사가 되어야 했다.

프라이데이하버에서 보낸 첫 여름, 시모무라와 존슨

은 1만 마리가 넘는 수정해파리를 포획했다. 발광물질을 추출하기 위해서였다. 요즘은 해파리가 이렇게까지 많이 필요하지 않다. 기술발전 덕분에 원하는 시료를 소량만 분리한 뒤 복제하면 되기 때문이다. 게다가 해파리를 대규모로 잡아올리는 것보다는 이쪽이 속도도 훨씬 빠르고 장기적으로 지속가능한 방법이다. 하지만 당시에는 단순노동을 반복하는 것 말고 다른 수가 없었다. 시모무라는 그물을 얕게 쳐 해파리를 잡았다. 그렇게 물컹물컹한 해파리로 가득 찬 양동이가 끝없이 나왔다. 그런 다음에는 발광기관이 있는 정수리 부분만 한 마리씩 잘라내고 이걸 쭉 짜서 나오는 액체를 모았다. 두 사람은 워싱턴대학교의 실험실 공간을 빌렸다. 해파리의 생체발광 성분을 정제하기 위해서였다. 그러나 아무리 매달려도 루시페린과 루시페라제가 추출되지 않았다. 엎친 데 덮쳐 두 사람은 연구 방향에 대한 관점이 맞지 않았다. 분위기가 어찌나 험악했는지 서로 멀찍이 떨어져 실험을 따로 할 정도였다. 어느 쪽도 진전은 없었다.

어느 하루 조용히 머릿속을 정리할 장소가 필요했던 시모무라는 나룻배를 타고 항구 근처 바다로 나갔다. 주위를 둘러보던 중 한 가지 생각이 떠올랐다. pH 8이라는 물의 성질이 해파리 단백질에 영향을 미치는 걸까? 실험실로 돌아온 그는 pH 4에서 액체의 발광 현상이 사라진다는 것을 알아냈다. 여기에 베이킹소다를 넣어 pH를 7(중성)까지 올렸더니 용액에서 다시 빛이 나기 시작했다. 다만 살아 있는 해파리의 환한 녹색이 아니라 희미한 미광에 그쳤다. 그래도 수확이 없진 않으니 다행이었다. 만약 시료액의 빛을 끌 수 있다면 어떻게 해서든 다시 켤 수도 있을 터였다. 단지 이 '어떻게'를 아직 모를 뿐이었다. 고민하다 지친 그는 수조에서 넘치는 물을 받는 용도로 쓰이는 근처 싱크대에 시료액을 쏟아버렸다. 바로 그때 그는 자신의 두 눈을 의심했다. 싱크대에서 푸른 빛이 번쩍한 것이었다.

혹시 수조에 들어 있던 해수가 섬광을 일으켰을까? 떠오른 아이디어를 검증하기 위해 그는 당장 실험에 착수했고 바닷속 칼슘 이온이 발광 현상의 기폭제 역할을 한다는 것을 알아냈다. 이 이야기를 들은 존슨 교수는 시모무라와 함께 크게 기뻐했다. 마침 당시는 분자구조가 집게발처럼 생겨서 칼슘 이온을 붙잡아두는 화학약품 EDTA가 널리 쓰이던 상황이었다. 칼슘 이온이 해파리의 발광에 중요하다는 이날의 발견을 기초로, 두 사람은 EDTA를 이용해 새로운 추출 기법을 개발했다. 그리고 1962년, 이 신기술을 활용해 순도 거의 100퍼센트의 발광물질 5밀리그램을 얻는 데 성공했다. 그들은 수정해파리의 라틴어 명칭(애쿠오레아 빅토리아*Aequorea victoria*)에서 따와 이 물질을 애쿠오린aequorin이라 이름 붙였다. 문제는 칼슘이 있을 때 애쿠오린이 활성화되어 푸른빛을 환하게 발하긴 하지만 바다에서 해파리가 내는 빛은 녹색이라는 점이었다. 푸른색 섬광은 두 사람에게 환희와 혼란을 동시에 안겼다. 어째서 애쿠오린은 녹색이 아니라 푸른색으로 빛나는 걸까?

중간에서 무언가를 놓친 게 틀림없었다.

스스로 빛나는 생명체

미스터리투성이인 빛은 오래전부터 신비주의자, 시인, 뱃사람, 농사꾼, 시모무라 같은 과학자들의 마음을 빼앗는 존재였다. 살면서 한 번쯤 이런 유의 이야기를 접하지 않는 사람은 없다. 지구상의 모든 종교와 문명은 빛을 신성시하고 어떤 존재의 실존을 증명하는 증표라 굳게 믿었다. 기독교 성경 창세기에는 "빛이 있으라"라는 말씀이 나온다. 힌두교에서는 디왈리라는 빛의 축젯날을 정해 모든 신도가 어둠을 몰아낸 빛을 찬양한다. 불교에서는 무량광불無量光佛을 중생을 지혜와 정도로 안내하는 부처로 모신다. 또한 예수는 스스로를 빛이라 말했고("나는 세상의 빛이니"), 알라는 천상과 지상의 빛이라 칭송받는다.

문학에서도 빛은 온갖 선한 것들의 상징으로 등장한다. 셰익스피어는 《로미오와 줄리엣》에서 여주인공의 미모를 빛줄기에 비유한다. "잠깐! 저 창문에서 쏟아지는 빛은 뭐지? 저곳이 동쪽이고 줄리엣은 태양이로구나!" 일상 대화도 예외가 아니다. 적나라하게 밝혀진 진실, 전구가 탁 켜지는 듯한 깨달음의 순간, 어둠의 터널 끝에서 만난 광명 등등 우리가 매일 쓰는 빛에 얽힌 관용구는 수도 없다. 빛이 순수, 자유, 발전의 상징이기 때문이다.

그렇다면 상징성을 뗀 빛은 어떻게 얘기할 수 있을까? 빛은 영겁의 시간 동안 지구를 지금과 같은 모습으로 빚어냈다. 수십만 종의 동물은 빛을 포착하려고 눈이라는 기관을 발달시켰고 식물들은 모든 잎사귀를 활짝 벌려 태양광선에 녹아 있는 에너지를 빨아들인다. 열과 빛이 불가분의 관계인가 하면 꼭 그렇지는 않다. 단지 따로따로인 둘이 하나로 합쳐지면 사납게 백열할 뿐이다. 열과 빛이 서로 별개라는 증거를 대는 것은 어렵지 않다. 뜨거운 물은 느껴지지만 보이지는 않는다. 반면에 별빛은 눈에 보이지만 별이 뜨거운지 차가운지 피부로 알 수는 없다. 빛은 입자일까 파동일까? 그도 아니면 다른 무언가일까? 이 수수께끼는 수백 년이나 물리학계를 괴롭힌 끝에 과학사의 한 획을 긋는다.

우선 아이작 뉴턴은 파동이 아니라고 생각했다. 소리와 달리 빛은 구부러진 관을 지나가지 못한다는 게 그 이유였다. 그래서 그는 빛이 입자들로 구성되어 있다고 주장했다. 반면에 영국 물리학자 토머스 영은 빛이 파동이라는 입장이었다. 그는 한 파동의 골이 다른 한 파동의 마루를 만나면 두 광파가 서로 상쇄되는 현상을 증거로 들었다. 한편 벤저민 프랭클린은 갈팡질팡했다. 그는 "나는 내가 빛에 관한 한 깜깜무식 하다는 사실을 인정하지 않을 수 없다. 빛이라는 입자 혹은 물질이 태양 표면에서 무섭게 솟구쳐 끝없이 쏟아져내린다는 가설이 있지만 썩 맘에 들지 않는다"라며 어느 편에도 서지 않았다.[117] 그러다 알베르트 아인슈타인이 등장해 획기적인 가설을 내놨다. 빛은 입자이자 파동이며(이런 빛의 성질은 훗날 파동-입자 이중성wave-particle duality이라 명명된다) 빛의 속도는 고정된 상수이고 시간이 가변적이라고 제시한 것이다. 이후 아인슈타인의 기막힌 이론은 우주를 바라보는 인류의 시선을 180도 바꿨다. 시간의 가변성은 인간이 구축한 모든 시간 척도(손목시계, 벽시계, 시계탑 등등)를 무력화시킨다. 예컨대, 국제우주정거장의 시간이 지구보다 느리게 흐르는 것처럼 말이다.

빛의 마력은 인간의 몸으로는 생산할 수 없다는 특징에서 일부분 비롯된다. 인체는 이 영묘한 기운을 감지하는 센서일 뿐이다. 빛이 부족하면 뼈가 물러지고 약해져 다리가 휘는 구루병이 생기는 게 그 증거다. 우리는 생명을 빛이라 부른다. 그러면서 불 꺼진 초, 광채가 사라진 혹은 광채를 빼앗긴 사람, 딜런 토머스의 시에 나오는 "꺼져가는 빛에 분노하고 분노하라" 등 빛이 없는 온갖 상태를 죽음의 은유적 표현으로 사용한다. 빛은 바깥세상의 현상임에도 우리는 빛이 내 안에 있다는 뉘앙스로 종종 말한다. 인간은 시기심에서든 경외심에서든 빛을 길들이고자 애쓰지만 무모함에서 비롯된 사고가 대재난이 되어 인류에게 되돌아온 게 한두 번이 아니다. 17세기에는 쓰러진 양초 하나가 런던 전역을 잿더미로 만들었고(1666년에 발생한 런던 대화재를 말한다 – 옮긴이), 등유램프에서 나오는 매연은 사람들의 폐를 망가뜨렸으며, 작은 담배꽁초의 불씨는 수많은 강산을 불태웠다.

이와 대조적으로 바다는 스스로 빛을 내는 각종 해양생물 덕에 수백만 년이나 반짝이고 있다. 경이로운 자연현상을 접한 인간은 기록으로 남기지 않을 수 없었다. 1세기 고대 로마의 철학자 대플리니우스는 베수비오산 인근에서 빛나는 생물들을 목격했다. 그 가운데에는 나폴리 해안 흔한 무른 바위에 구멍을 뚫는 조개 비슷한 연체동물도 있었다. 그는 이때 보고 겪은 것을 이렇게 기록하고 있다. "이 물고기를 먹은 사람은 입부터 빛이 난다. 어둠 속에서 밝게 빛나는 게 이 생명체의 본성이다. …… 물고기의 젖은 정도에 따라 그걸 먹은 사람의 입과 손이 그만큼 반짝거리고 물고기에서 떨어진 물이 묻은 땅바닥과 옷자락에서도 빛이 난다. 아무래도 이 물고기의 즙이 신비로운 작용을 하는 게 확실하다."

또한 특정 해파리 종을 문지르면 "지팡이가 횃불처럼 길을 밝힐 것"이라고 적어놓은 구절도 있다.[118] 한편 프랑스의 철학자 르네 데카르트는 휘저은 물이 생체발광 플랑크톤 때문에 빛이 나는 광경을 "부싯돌을 맞부딪치는 것"에 빗댔다.[119] 그뿐만 아니다. 과거 서인도제도 원주민들은 밤중에 숲속을 걸을 때마다 야광 딱정벌레를 발가락 사이에 끼고 손과 얼굴에는 이 벌레를 짓이긴 곤죽을 바르곤 했다.[120] 선교사이자 수학자였던 가이 태처드는 바다가 온통 "무수한 성난 영혼들로 빛나고 있다"는 감상을 남겼고[121] 한때는 광부들이 반딧불이를 유리병에 모아 길을 밝히는 손전등으로 활용하기도 했다. 요즘도 노던캘리포니아의 포인트레에스 해안 근해에 카약을 타고 나가면 노의 궤적을 따라 플랑크톤이 밤바다를 푸른빛으로 물들이는 광경을 볼 수 있다.

심해 해양생물은 무려 90퍼센트가 생체발광 능력을 갖고 있다. 보통은 청록색 계열 빛을 낸다. 푸른색은 빛이 바닷속 가장 멀리까지 투과하는 색깔이다. 바다가 특유의 쪽빛을 띠는 이유다. 반면에 빨간색, 주황색, 노란색 파장은 도중에 흡수돼 심해에 도달하지 못한다. 그런 까닭에 쨍한 빨간색 잠수복을 입은 잠수부도 수심 15미터의 해저에서는 온통 시꺼멓게만 보인다.

물론 예외가 있다. 드물게 대원칙에 반하는 능력을 타고난 몇몇 해양생물이 그 주인공이다. 일례로 심해어인 검은쥐덫고기(입이 쥐덫처럼 쩍 벌어진다고 해서 이런 이름이 붙었다)는 적색 파장을 이용해 먹이를 사냥한다. 대부분의 해양생물은 적색 파장의 빛을 보지 못하기에 검은쥐덫고기는 감쪽같이 위장해 드넓은 암흑 속에 자신의 존재를 숨길 수 있다. 수심 1000미터까지 더 내려가면 심해 무광층無光層이 나온다. 이곳에는 빛이 전혀 들지 않기 때문에 눈이 아무리 좋은들 햇빛을 한 줄기도 감지할 수 없다. 단, 무광층이라는 용어에는 살짝 어폐가 있는데, 여기에는 태양에 의존하지 않고도 진정으로 빛나는 존재들이 살고 있다. 갯반디 수컷은 이 일대에서 반짝이는 점액을 뱉고 다니면서 암컷들에게 자신의 위치를 알린다. 심해새우는 끈적끈적한 발광물질을 토해내 포식자의 주위를 분산시키고는 그 틈을 타 위기에서 벗어난다. 또한 머리에 막대기 하나가 비쭉 튀어나온 것처럼 생긴 아귀도 이곳의 입주민이다. 사실 막대기는 끝에 생체발광 박테리아를 묻혀 흔들면서 입속으로 먹이를 유인하는 중요한 용도로 쓰인다.

그리고 마침내 해파리가 등장한다. 뇌도 뼈도 없지만 오랜 역사를 지닌 이 해양생물은 여러 장기를 제대로 갖춘 동물이 지구상에 출현하기 훨씬 전부터 심해를 누볐다. 파도 파도 끝없이 나오는 다양한 종류와 해파리의 비범한 능력에 외계에서 온 생물인가 하는 의심까지 들 정도다. 밝혀진 바에 의하면, 세상에 존재하는 해파리는 1000종이 넘는다. 어떤 것은 스스로를 복제할 줄 알고 어떤 것은 하룻밤에 4만 5000개의 알을 낳으며 어떤 것은 사람을 쏘아 몇 분 안에 목숨을 빼앗는다. 그런가 하면 영생을 사는 해파리도 있다. 이 해파리는 늙거나 병이 들면 스스로 유아기로 회춘한다. 노화 과정을 되돌리다니 그 어떤 생물도 터득하지 못한 능력이다. 해파리는 단백질과 무기질이 얼마 안 되고 몸의 95퍼센트가 물임에도 이 모든 기행을 해낸다. 수정해파리가 왜 빛을 내는지는 지금까지도 미스터리로 남아 있지만 시모무라는 이유에 관심이 없었다. 그가 알고 싶은 건 '어떻게' 이 해파리가 태양에너지 없이도 빛나는지였다.

팀워크가 이룬 최고의 영예

시모무라는 바닷속 수정해파리는 녹색 빛을 내는데 왜 실험실의 용액은 파랗게 빛나는가 하는 문제에만 수년을 매달렸다. 일단은 얼마 전 찾은 또 다른 형광단백질과 관련 있을 거라는 게 그의 추측이었다. 나중에 녹색형광단백질 green fluorescent protein(GFP)이라 명명되는 이 두 번째 단백질은 그가 애쿠오린 정제 방법을 연구하다가 발견한 것인데, 수정해파리 체내에서 만들어지는 양이 너무 적어 10년 넘게 모은 뒤에야 겨우 실험에 쓸 수 있었다.

애쿠오린이 내는 빛인 발광은 형광과 엄연히 다르다. 발광이란 스스로 빛을 내는 것을 말하고 화학반응이 필요하다. 애쿠오린이 칼슘 이온의 영향을 받는 게 그래서다. 반면에 형광은 근처 광원에서 나오는 빛에너지를 분자가 흡수한 뒤 에너지량이 적은 다른 빛으로 재발산하는 것을 말한다. 결국 시모무라는 애쿠오린에서 나온 빛을 녹색형광단백질이 흡수한 뒤 이것을 더 짧은 파장인 510나노미터 주변, 즉 녹색 빛으로 변환해서 다시 발산한다는 사실을 알아냈다. 이는 곧 단백질이 파란색(애쿠오린이 내는 빛)부터 자외선까지 범위의 광원에 노출됐을 때 녹색형광을 낸다는 뜻이었다. 그렇다면 영상검사에 활용하기에 녹색형광단백질만큼 완벽한 물질이 또 없었다. 어떤 화학반응도 일으키지 않고 자외선만 쬐면 녹색형광단백질을 빛나게 할 수 있기 때문이다.

시모무라가 중요한 진전을 이룬 샌원 제도에서 정반대쪽인 국토 동단으로 가면 훗날 시모무라의 노벨화학상 공동수상자인 컬럼비아대학교 생물학 교수 마틴 챌피가 있었다. 사실 챌피는 형광 전문 과학자가 아니었다. 그의 주 관심사는 곤충이었을뿐더러 원래 연구자가 될 생각도 없었다. 어린 시절 챌피는 과학을 좋아했지만 다른 모범생들처럼은 아니었다. 그는 곤충, 식물, 공룡에 관한 책을 즐겨 읽었고 만화책에 나오는 동물 그림을 오려 스크랩북을 만들었다. 소년은 학교 성적 따위 나 몰라라 했고 화학실험을 하다 집을 통째로 날릴 뻔도 했다. 다양한 분야에 호기심이 많았던 그는 여전히 자신이 무엇을 하고 싶은지 모르는 채로 하버드대학교에 들어갔다. 대학에서는 평범한 학생처럼 지냈지만 물리학과 화학 점수는 바닥이었다.

하는 실험마다 족족 실패해 본인이 "재앙 같았던 실험실 실습"이라 칭한 여름 이후, 그는 과학자는 자신의 길이 아니라는 결론을 내렸다.[122] 대신 그는 고등학교 화학 선생님이 되었고 짬 날 때마다 이런저런 부업을 했다. 예를 들면 의류업을 하는 부모님을 도와 외판원으로 나서거나 여름철 록콘서트 무대 설치 아르바이트를 하는 식이었다. 그러던 어느날, 그는 연구하는 일상에 한 번만 더 재도전하기로 결심한다. 다행히도 이번에는 성과가 좋아서 이때 얻은 자신감으로 대학원에 진학했다. 마침내 오랜 방황을 끝낸 그는 신경생물학 연구실에 정착했고 그곳에서 앞으로 수십 년을 함께하게 될 운명의 연구대상을 만났다. 바로, 쉼표 하나만 한 크기에 1000여 개의 세포로 이뤄진 투명한 벌레 예쁜꼬마선충(학명은 캐노랍디티스 엘레간스*Caenorhabditis elegans*)이었다.

과학자들 사이에서 예쁜꼬마선충은 모델생물로 불린다. 단순한 생물이지만 소화기계, 신경계, 생식기계를 다

갖추고 있고 수명이 짧아서 빨리 번식하는 덕에 유전자 연구에 쓰기 좋다. 예쁜꼬마선충을 이용한 유전자 연구에서는 페트리접시 안에서 꼬물거리는 벌레를 현미경 렌즈를 통해 관찰해야 하는 일이 많다. 챌피가 연구자의 길로 돌아왔을 무렵, 예쁜꼬마선충은 신선하지만 큰 기대를 모으는 주제였다. 알 만한 연구자들끼리는 이 벌레에 관한 각종 소식을 모은 뉴스레터 〈벌레사육사를 위한 관보Worm Breeder's Gazette〉를 통해 서로의 진척사항을 공유할 정도였다. 당시 챌피는 이 벌레 신경계의 유전자 발현 연구를 막 시작한 참이었다. 특히 그는 촉각, 청각, 균형감각 등 기계적 감각에 관여하는 유전자에 관심이 컸다. 1980년대에는 예쁜꼬마선충의 이런 감각에 대해 알려진 정보가 거의 없었다. 그는 흥미로워 보이는 유전자를 발견했지만 관찰할 수 있는 것은 죽은 벌레의 몸 안에서 일어난 일뿐이었다. 죽은 개체의 사진들만 비교하는 이런 방식으로는 산 생물이 발달하면서 어떻게 변해가는지를 제대로 이해하기가 어려웠다. 마치 영화가 돌아가는데 서로 다른 시점에 캡쳐한 스크린샷들만 가지고 중간 줄거리를 유추하는 꼴이었다.

그 무렵, 생물학자 더글러스 프래셔는 생체 내 추적 분자로서 녹색형광단백질의 잠재력을 일찌감치 알아챘다. 단백질은 맨눈으로 보기가 거의 불가능하기에 여기에 빛을 비춰 확 드러나게 할 무언가가 있다면 게임의 판도가 바뀔 터였다. 체내에서 일어나는 일들을 진정으로 이해하기 위해서는 초근접 관찰이 필요하다. 사람의 몸은 덩어리 하나가 아니라 수십조 세포로 이뤄져 있고, 각 세포에는 4200만 개(기능에 따라 분류하면 수만 종)의 단백질이 들어 있기 때문이다. 조사할 초미세 기계장치가 수없이 많으니 거기서 나올 궁금증도 끝이 없다. 예를 들어, 인체세포 하나에는 리보솜이 많게는 1000만 개까지 존재하고 각 세포는 에너지의 무려 60퍼센트를 오직 리보솜을 만드는 데 투입한다. 리보솜 단위들은 어디서 와서 어떻게 합체되어 유전자 암호를 아미노산 사슬로 번역하는 걸까?

1980년대 후반, 프래셔는 녹색형광단백질 유전자를 연구하던 몇 안 되는 과학자 중 한 명이었다. 그는 암세포 추적 기술로 이어질 만한 단백질 연구에 수여하는 장학금을 미국암학회로부터 받아 프로젝트를 진행 중이었는데, 후원 기간 2년은 유전자를 분리하고 염기서열을 밝히는 것까지만 겨우 마칠 짧은 시간이었다. 그래도 해파리의 유전자가 이 단백질로 발현되는 기전을 프래셔가 밝혀냈을 때, 마침 시모무라는 녹색형광단백질 분자의 화학구조를 알아냈다. 말하자면 시모무라가 책 출판본을 읽는 동안 프래셔는 그 책을 쓰는 방법이 적힌 유전자를 조사하고 있었던 셈이다.

1989년 어느 날, 오찬 세미나장에서 시모무라가 정제했다는 녹색 단백질 이야기를 들은 챌피는 충격에 크게 한 방 먹은 기분이었다. 어쩌면 이 단백질을 지표로 이용해 투명한 벌레를 구석구석 들여다볼 수 있을지 모른다는 생각이 들었다. 예쁜꼬마선충은 유리처럼 투명하기 때문에 녹색형광단백질 같은 것을 하이라이터처럼 사용해야 세포 발현을 추적할 수 있다. 세미나가 끝난 뒤, 그는 자신과 프래셔가 비슷한 생각을 하고 있다는 걸 알게 됐고 그에게 전화를 걸었다. 하지만 프래셔의 녹색형광단백질 유전자 분석은 아직 끝나지 않은 상태였다. 그래서 챌피는 결과가 나오면 연락 달라는 부탁을 남겼고 프래셔는 그러겠노라고 대답했다. 챌피는 이 투명한 벌레가 녹색형광단백질 유전자를 삽입해 연구할 완벽한 모델이라고 확신하고 있었다. 얼마 뒤, 유전자 염기서열 분석이 완료됐고 그 결과가 1992년 논문으로 발표했다. 프래셔가 발견한 녹색형광단백질 유전자는 아미노산 238개가 서로 연결되어 원통 모양을 이루고 있고 그중에서 65번, 66번, 67번 아미노산이 자외선 흡수와 녹색형광 발산에 중요한 역할을 한다. 안타깝게도 논문에 대한 학계의 반응은 시큰둥했다. 연구비 추가 지원을 받지 못한 프래셔는 결국 프로젝트를 포기했다. 챌피에게 연락한다는 약속은 까맣게 잊은 채로.

일은 그렇게 흐지부지되는 듯했다. 그러다 대학원생 하나가 챌피의 연구실에 새로 실습을 왔다. 기아 오이스키르헨은 형광을 주제로 화학공학 석사를 따고 박사과정을 갓 시작한 학생이었다. 챌피는 그녀에게 줄 프로젝트를 찾던 중 형광단백질에 관한 최근 소식을 접하게 됐다. 프래셔가 녹색형광단백질 유전자 해독을 마쳤다는 사실을 안 것도 이때였다. 챌피는 부랴부랴 프래셔에게 연락을 넣었고 곧 복제본 cDNA 시료를 받을 수 있었다. 당시는 프래셔를 비롯해 이미 여러 과학자가 생체 내에서 작동하는 녹색형광단백질을 관찰하려고 시도했지만, 아무 결실도 얻지 못한 상황이었다. 거듭되는 실패에 생물학계는 그게 가능하겠냐며 회의적인 태도를 보였다. 절대다수는 해파리 본연의 다른 어떤 성질이 발광에 관여할 거라는 의견을 지지했다. 그럼에도 챌피는 오이스키르헨에게 얼마 전 개발된 중합효소연쇄반응PCR 기술로 유전자를 복제해 이 주제를 파보라고 지시했다.

상상이 잘 안 가겠지만 오늘날엔 흔하디흔한 PCR이 당시에는 특별한 연구실에서나 구경할 수 있는 최첨단 기술이었다. 지금 우리가 당연하게 여기는 다른 여러 문물도 그땐 존재하지 않았다. 가령, 아직 PDF 파일이 발명되지 않은 시절엔 도서관에 가서 논문집 여러 권을 철한 합본을 뒤져 원하는 논문을 찾아 일일이 복사기로 복사해야 했다. 현미경 영상 사진은 필름이 필요했기 때문에 사진이 현상돼 나오기까지 하루가 꼬박 걸렸다. 당시 오이스키르헨은 박사과정 1년 차 학생이었기 때문에 낮엔 주로 수업에 전념하고 저녁에만 실험을 했다. 그런 까닭에 해파리 단백질 유전자를 박테리아 안에 넣고, 실험실 불을 다 끄고 슬라이드를 형광현미경에 올렸을 때는 자정이 다 돼 있었다. 현미경 렌즈 너머에서는 해파리 DNA를 가진 박테리아 세포가 빛나고 있었다. 말문이 막힌 그녀는 어두컴컴한 방에 멍하니 앉아 있을 수밖에 없었다.

나중에 드러나는 사실이지만, 프래셔가 형광 단백질

을 보지 못했던 것은 그가 썼던 구식 유전자 복제 기술이 그도 모르는 새에 형광 유전자 앞뒤에 덧붙인 염기쌍 때문이었다. 크지도 않은 이 추가 DNA 조각이 녹색형광단백질의 발광을 가로막은 것이다. 그렇게 프래셔는 세상을 뒤흔들 발견 직전까지 갔지만, PCR이 아니라 당시 표준이던 옛 기술을 사용하는 바람에 간발의 차이로 노벨상을 놓쳤다. 그런 한편, 성공의 주역인 오이스키르헨은 녹색형광단백질 연구에 별로 흥미가 없었던 탓에 정해진 기간이 끝난 뒤 다른 연구실로 떠나버렸다.

결국 연구는 챌피가 이어받아 진행했다. 그는 1년을 매달린 끝에 회충의 촉각세포 여섯 개에 녹색형광단백질을 발현시키는(말하자면, 유전자 스위치를 켜는) 데 성공했다. 그가 쓴 방법은 해파리의 녹색형광단백질 유전자를 회충의 촉각 수용체 뉴런 DNA의 프로모터 뒤에 심는 것이었다. 프로모터란 유전자에 담긴 명령을 단백질로 실체화하는 과정이 시작되게 하는, 즉 '프로모트promote'하는 DNA 부분이다. 한마디로 프로모터는 유전자를 켜고 끄는 일종의 스위치와 같다.

그런 다음 챌피는 이 유전자 조작물을 다 자란 회충의 생식샘에 주입했다. 그 결과, 이 개체의 후손들은 촉각세포 네 개가 자외선 조명 아래서 녹색으로 빛났다. 이쯤되니 회충이 성장하면서 촉각세포가 언제 켜지고 촉각 센서로 기능하기 시작하는지 알 수 있었다. 그는 이 내용을 논문으로 정리해 제출했고 그의 연구는 1994년 2월 11일, 녹색으로 빛나는 회충 사진과 함께 〈사이언스〉의 표지를 장식했다.

이야기를 마무리 짓는 마지막 주인공은 로저 첸이다. 캘리포니아주립대학교 샌디에이고 캠퍼스의 첸 교수는 챌피와 시모무라의 발견을 한 단계 더 끌어올린 생화학자였다. 만약 챌피가 독특한 인생 행보를 거쳐 세계적인 과학자 반열에 오른 인물이라면 첸은 정반대다. 미국 뉴저지주 리빙스턴의 한 중산층 가정에서 태어난 그는 어린 시절 화학 실험 세트를 가지고 놀고 학교 도서관에서 화학 관련 도서를 빌려와 읽는 게 취미였다. 고등학생이 되어서는 주니어 노벨상이라 불리는 웨스팅하우스 과학경시대회Westinghouse Science Talent Search(현재는 리제너론 과학경시대회로 명칭이 바뀌었다-옮긴이)에 나가 대상을 탔다. 이때 제출한 연구의 제목은 '금속 티오사이안산염 착물의 전이 과정에서 다리의 배열 방향'이었다. 이후 장학생으로 하버드대학교에 입학한 그는 화학과 물리학을 본격적으로 공부하기 시작했다. 대학을 다니며 음악에 심취하게 된 그는 음대 강의를 전공인 화학에 버금가게 수강하기도 했다. 첸은 타고난 머리에 노력까지 하는 수재였다. 그는 전액장학금을 받고 영국 케임브리지대학교로 가 1981년까지 지내다가 고작 스물아홉의 나이에 교수로 임용되어 캘리포니아주립대학교 버클리 캠퍼스로 돌아왔다. 당시 나와 있는 논문이 이미 십수 편이었고 조만간 새 논문이 또 공개될 예정이었다. 이 논문은 훗날 수만 회를 넘는 인용 횟수를 기록한다. 1989년, 첸은 샌디에이고 캠퍼스로 본거지를 옮겼다. 그러고는 쾌청한 하늘 아래 태평양 연안의 달콤한 바닷바람이 사시사철 불어오는 이곳에서 27년을 쭉 머물렀다.

녹색형광단백질 과학에 첸이 한 기여를 한마디로 정리하면, 형광단백질의 팔레트에서 비어 있던 색깔 칸들을 채워넣었다는 것이다. 게다가 그가 찾아낸 색깔들은 더 환한 빛을 더 오래 뿜어냈다. 그 경위는 이렇다. 1994년, 첸은 녹색형광단백질이 형광을 발하는 데에 산소가 중요하다는 점과 점돌연변이를 이용하면 단백질의 밝기와 색깔에 변화를 줄 수 있다는 사실을 알아냈다. 그래서 유전자조작기술을 통해 DNA 내 특정 아미노산을 다른 종류로 치환하는 방법으로 녹색형광단백질 단백질이 다른 파장의 빛을 발산하도록 만들었다. 새로 조합된 각 형광단백질에는 재치 있게도 형광색 프로파일에 따라 맛깔나는 이름을 붙였다. 노란색은 'm바나나', 주황색은 'm귤', 분홍색은 'm산딸기' 처럼 말이다. 때로는 다 한데 묶어 'm과일'(여기서 m은 '단량체monomer'를 뜻한다)이라 총칭하기도 한다. 어느 인터뷰에서 그는 이렇게 말했다. "우리가 하는 일은 스파이 분자를 만들어 훈련시키는 것이라고들 종종 말합니다. 분자가 세포나 생물체 안에 들어가 그곳의 현재 상태가 어떤지, 생화학적으로 무슨 일이 벌어지고 있는지를 우리에게 보고하니까요. 세포가 멀쩡히 살아 있는 동안에 말이죠."[123]

이 방법으로 첸이 만들지 못한 유일한 색깔은 빨간색이었다. 적색광은 생체조직을 쉽게 투과하기 때문에 체내 세포를 연구하기에 유용하고 그만큼 수요도 많다. 결국 이 적색형광은 두 명의 러시아 과학자 미하일 마츠와 세르게이 루키야노프에 의해 최초로 발견된다. 두 사람은 돌산호목과 분류학상으로 가까운 디스코소마*Discosoma*속의 자색 버섯모양 산호에서 불그스름한 형광을 발하는 단백질을 추출해냈다. 첸이 한 일은 이 단백질을 조금 손봐서 가볍고 안정하게 만든 것이었다. 그런 다음 여기에 d토마토(적색 형광단백질은 이량체dimer이기 때문에 d가 붙는다–옮긴이)라는 이름을 붙였다(토마토는 과일인가 채소인가의 논쟁에 그가 어떤 입장인지 충분히 짐작하게 하는 부분이다).

길을 이끄는 빛

마침내 생체 내 반응에 색깔을 입히고 기록으로 남기는 게 가능해졌고 녹색형광단백질은 분자생물학계의 길잡이별로 빠르게 자리매김했다. 2002년, 생화학과 생물물리학 분야의 연구자에게 수여되는 H. P. 하이네켄 상 시상식에서 수상자로 연단에 오른 첸은 단백질의 복잡한 성질을 마을 주민에 비유하면서 말했다. "한 세포 안의 각 단백질 분자는 마을 사람들과 비슷해요. 그들은 태어나 자라면서 이런저런 조정, 즉 '교육'을 받고 여기저기 돌아다니며 서로 돕거나 경쟁합니다. 그중 어떤 단백질은 다른 세포로 이사를 가기도 하죠. 다른 단백질을 죽이는 게 직업인 단백질도 소수 있고요. 무엇보다 어떤 단백질이든 저마다의 수명을 다하고 죽으면 그 잔해가 다음 세대를 위한 자양분이 됩니다."[124]

오늘날 우리는 녹색형광단백질 덕분에 특정 단백질이 어떤 세포를 자기 집으로 인식하고 그 세포가 가는 곳마다 졸졸 따라다니는지 추적할 수 있다. 그렇게 녹색형광단백질로 암세포의 이동을 관찰하고, 인간면역결핍바이러스가 어떻게 면역세포들을 피해 퍼져나가는지 이해하고, 상수원의 비소 오염 경로를 조사한다. 해파리의 발광물질은 심지어 트라이나이트로톨루엔TNT 폭약 수색에도 활용된다. 조사기관마다 수치가 조금씩 다르지만 현재 전 세계적으로 많게는 1억 1000만 개의 지뢰가 묻혀 있다고 한다. 비영리단체 연합인 국제지뢰금지캠페인International Campaign to Ban Landmines의 보고에 따르면, 2019년에만 약 5500명이 지뢰폭발 사고로 목숨을 잃거나 부상을 당했는데, 그 가운데 80퍼센트가 민간인이었다. 폭발물 수색에 활용이 가능한 건 TNT 혹은 카드뮴이나 아연 같은 중금속을 감지했을 때 녹색 빛을 발산하도록 박테리아를 조작했기 때문이다. 박테리아는 값싸고 알아서 잘 퍼지기 때문에 땅에 뿌리고 몇 시간 뒤에 돌아오면 지뢰가 묻힌 곳을 금세 알 수 있다. 적어도 실험 단계에서는 이 방법이 성공적이었다. 하지만 아직 넘어야 할 산이 있다. 첫째는 이 생체 센서가 오직 섭씨 15~37도 사이에서만 작동한다는 것이다. 둘째는 야외에서는 박테리아가 내는 빛이 그리 세지 않은 탓에 한밤중이라도 보름달이 뜨거나 하면 잘 보이지 않는다는 것이다. 최근 전문가들이 달빛을 가리는 특수장치를 한창 개발 중인 게 그래서다. 마지막으로, 사람이 지뢰에 너무 가까이 접근하지 않도록 드론도 배치해야 한다. 그 밖에 녹색형광단백질은 어떤 성질의 유전자를 통한 대물림, 세포의 성장, 단백질의 상호작용을 추적할 때도 쓰임이 있다.

녹색형광단백질의 주목할 만한 또 다른 용도는 인체에서 가장 신비한 기관을 탐험할 길잡이로 활용하는 것이다. 헬멧 같은 두개골 안에서 안전하게 보호받는 1.4킬로그램짜리 주름투성이 뇌는 신경세포들의 네트워크가 복잡하게 연결된 미로 같은 조직이다. 정확한 과정은 알 수 없으나 뇌의 신경세포들은 이 미로를 통해 화학신호와 전기신호로 소통하면서 인간의 의식을 피워낸다. 물론 간혹 일이 잘못되기도 한다. 알츠하이머는 곳곳에 플라크라는 덩어리가 끼면서 뉴런과 뉴런 사이를 가로막아 뇌세포들의 소통을 방해해 생기는 병이다. 초기에는 기억력이 서서히 감퇴한다. 그러다 기분이 오락가락하거나 불안해하는 증세가 점점 잦아진다. 알츠하이머 환자는 새로운 정보를 기억하는 것을 어려워하고 말하려는 단어를 금방 떠올리지 못한다. 세월과 환경과 경험을 통해 다져온 뉴런과 시냅스의 연결은 갈수록 망가진다. 결국 환자는 스스로를 돌보지도 못하게 되고 점점 더 많은 기억이 안개처럼 사라진다. 그렇게 병마는 한 사람의 자아를 훔쳐간다. 오늘날 학계에서는 플라크가 뇌신경 네트워크를 막으면 생쥐의 뉴런에 어떤 일이 벌어지는지를 형광단백질을 이용해 알아보는 연구가 진행되고 있다. 하지만 이것 말고도 알아내야 할 게 아직 너무나 많다.

과학자들은 뇌와 같은 조직에 녹색 빛보다 깊이 들어가는 적색형광을 완성하지 못했다. 디스코소마에서 추출한 단백질을 비롯해 오늘날 가장 널리 쓰이는 적색형광은 엄밀히 주홍색에 가깝다. 가장 잘 빠진 적색형광물질도 밝기가 10~20퍼센트 정도로, 녹색형광단백질의 밝기에 비하면 희미한 손전등과 같다. 학계가 수십 년째 찾고 있는 미지의 적색형광단백질이 혹시 산호초에 숨어 있지는 않을까?

충분히 있음 직한 얘기다. 그래도 희망을 걸 후보가 산호뿐인 것은 아니다. 가령 시모무라가 오래전에 연구했던 갯반디와 친척뻘이면서 새우와 비슷하게 생긴 요각류橈脚類도 이 후보군에 올라 있다. 그러나 과학자들은 가능성에 기대하면서도 우려의 시선을 동시에 보낸다. 갑자기 색조를 잃고 유령처럼 허옇게 변해 죽어가는 산호초의 선례 때문이다. 세계 최대의 산호초 군락인 호주의 그레이트배리어리프는 현재 유례없던 위기에 직면했고 괌, 미국령 사모아, 하와이 역시 최근 최악의 산호초 백화 현상을 겪었다. 남태평양 라인 제도 북부는 산호초의 98퍼센트가량이 시들었고 열대지역 전체를 통틀면 2014년과 2017년 사이에 75퍼센트 이상이 폭염 스트레스에 시달리다 30퍼센트가 죽음에 이르렀다. 인류의 다른 희망들도 어디선가 사라지고 있을까? 글쎄, 알 수 없는 일이다. 녹색형광단백질이 처음 발견됐을 때 이런 팔방미인이 될지 시모무라가 예견하지 못한 것처럼 말이다.

과학의 발견은 하나하나가 기초연구의 가치를 빛내는 사례다. 하지만 기초연구 분야에 연구비 지원을 받기가 점점 어려워지는 게 요즘 현실이다. 당장 손안에 떨어지는 이득이 없는 기초연구가 학계에서 발붙일 자리는 갈수록 좁아지고 있다. 기초연구 옹호자들은 수많은 발견이 모이고 연결되어 마치 뇌처럼 거대한 하나의 네트워크를 형성한다고 주장한다. 기초연구는 아직 못 찾은 미지의 조각이 군데군데 빠진 덜렁거리는 모자이크이자 정돈되지 않은 안무다. 기초연구는 이 세상과 세상의 기본 요소들을 탐구한다. 그럼에도 기초연구는 인간에게 직접적이고 분명한 파급력을 미치는 이른바 '상급' 연구의 들러리 신세를 면치 못한다.

빛은 어떤 면에서 기초적일까? 단출한 한 음절 단어는 빛이 이 세상에서 무소불위의 존재임을 깜빡 잊게 하지만 양지에서 빛을 받아 자라는 식용식물은 인간에게 삶을 선사하고 햇볕은 인간의 뼈를 튼튼하게 만든다. 인간의 눈 역시 산등성이의 능선과 비 갠 뒤 무지개와 가족의 얼굴 같은 각자 심상의 핵심 등장인물들을 빛 아래서 한껏 감상할 수 있게 진화했다. 기초연구가 없었다면 과학문명의 살과 뼈가 된 수많은 발견도 이뤄질 수 없었다. 1960년대에 미생물학자 토머스 브록이 옐로스톤 국립공원의 펄펄 끓는 온천에 관심을 가진 것은 순수한 호기심에서였다. 이곳에 어떤 기이한 미생물이 사는지 알고 싶었던 그는 온천물을 조사한 끝에 섭씨 70도 이상 고온에서도 살아남는 '테르무스 아쿠아티쿠스*Thermus aquaticus*'라는 박테리아를 발견했다. 이 박테리아가 가진 효소들(특히 Taq 중합효소)은 높은 온도에서도 안정해서 가혹한 환경에서도 자신의 DNA를 복제한다. 이 발견은 실용성이 무한대인 PCR의 개발로 이어졌다. 오늘날 PCR 기술은 범죄현장에서 DNA를 감식하거나 코로나바이러스를 검사하는 등 다양한 분야에서 쓰이며, 개발자인 생화학자 캐리 B. 멀리스에게는 1993년 노벨화학상을 안겼다. 그 밖에 엑스선과 페니실린 또한 기초연구에서 시작돼 온 세상에 녹아든 또 다른 기술인데, 두 기술의 공통점은 개발자가 연구 과정에서 결말에 대한 아무런 구상 없이 연구에만 몰두해 나온 성과라는 것이다. 위성 기반 범지구항법보정시스템, 즉 GPS의 핵심 요소인 원자시계 수소메이저(수소 원자에서 나오는 특정 영역의 전자기파를 증폭하는 기구 – 옮긴이)를 개발한 매사추세츠공과대학교의 댄 클렙프너 교수의 사례도 비슷하다. 그는 대학 측에 자신은 수소메이저 설계를 도울 때 GPS 개발을 염두에 두지 않았다고 얘기하면서 이런 말을 덧붙였다. "기초연구 단계에서는 어떤 발견이 목전의 기술로 실체화되기 전에는 구체적인 쓰임새를 알 수 없다."[125]

녹색형광단백질의 발견이 일으킨 흥분은 아직 여운이 완전히 가시지 않은 상태다. 녹색형광단백질은 인간으로 하여금 자연의 빛을 비춰 우리 몸속 비밀을 두 눈으로 보게 했다. 세상에서 가장 깜깜한 곳은 바깥세상이 아닌 바로 우리 몸속이고, 각각 고유의 기능과 유한한 수명을 가진 수많은 세포 안에 꼭꼭 숨겨져 있다. 이 모든 각양각색의 조각들이 어떻게 한데 어우러져 인체가 온전한 한 몸으로 인식되는 걸까? 인간은 한 명 한 명이 단일한 개체라고? 어쩌면 이것이야말로 인류가 빠진 가장 심각한 환상 아닐까? 시모무라는 자신의 저서 《빛을 따라서Luminous Pursuit》에 기초과학은 예상치 못한 길을 통해 끊임없이 세상과 연결된다고 적고 있다. "그러니 우리는 자연을 연구하는 것의 목적이 새로운 과학지식을 얻는 것임을 꼭 기억해야 한다."[126]

우주에서 태어나 지구를 먼발치에서 내려다보기만 하는 우주비행사들이 있다고 상상해보자. 그들의 눈에 비친 지구는 소용돌이치는 구름띠 아래로 땅덩어리 몇 개와 광활한 대양이 뭉쳐진 덩어리일 뿐이다. 그들은 이 행성에 살고 있는 수십억 인간군상의 북새통까지 엿보지는 못한다. 개미부터 코끼리에 이르는 수많은 지구생명의 움직임을 이해하지 못하니 생명체 간의 애정과 상실에 공감하지 못하는 것은 당연하다. 그들의 지구 관찰에는 정교함이 없고 오직 가장 눈에 띄는 특징만 남는다. 만약 그들이 지구의 속사정을 더 가까이서 들여다볼 요량이라면 새로운 방법이 필요할 것이다. 과학자가 페트리 접시 안 미생물의 활동을 현미경으로 관찰하는 것처럼 말이다.

사람들에게 "빛이란 무엇인가"라고 물으면 돌아오는 답은 다 제각각이다. 신비주의자에게 빛은 초능력이고 낭만주의자에게는 눈부신 미스터리다. 물리학자는 질량 없는 소립자로 이뤄진 전자기 파동, 선원은 항로를 인도하는 유도등, 농부는 작물을 자라게 하는 자양분이라 대답한다. 태양의 존재 자체를 모르는 심해생물의 경우, 스스로 빛을 발산해 짝짓기 상대를 유혹하고 먹이를 유인하고 깜빡임을 조절해 의사소통하는 수단으로 활용한다. 또 의사는 레이저 빛이 효과적인 치료 도구라 말하고 천문학자는 우주의 실체를 알려주는 단서라 말하며 유전학자는 생명의 신비를 탐지할 방법이라 말한다. 빛은 가지고 있는 비밀을 극히 일부분만 드러낸 거장이자 마술사이자 사기꾼이다.

이제는 과학문헌 웹사이트 검색창에 녹색형광단백질을 치면 100만 건이 넘는 논문이 검색돼 나온다. 그 모든 연구자료의 시초에는 눈이 멀 듯한 섬광과 불행의 기운이 가득한 연기 속에서 청년기를 보낸 한 과학자가 있다. 요즘에는 시모무라가 해마다 여름을 보내던 샌원 제도에서 수정해파리를 구경하기가 쉽지 않다. 조사 결과 개체 감소의 원인이 녹색형광단백질 실험은 아니라는 발표가 있었지만, 진짜 원인은 여전히 아무도 모른다. 선박 항로, 수질 오염, 해안가에 들어선 건물들 탓이 아닐까 추측만 무성할 뿐이다. 이쯤에서 궁금해진다. 만약 수정해파리가 멸종되면 우리는 무엇을 잃게 될까?

나가는 글

자연에 숨겨진 과학의 비화들 가운데 독자들과 공유할 이야기를 고르는 과정에서 분량의 제약으로 버려야 했던 소재가 많다. 어느 하나 모자람 없이 특별하고 묵직한 의미가 담긴 소재들이고 인터뷰한 과학자들의 추천도 있었다. 이번에 소개하지 못한 이야기들을 따로 모으면 새 책 한 권을 또 쓸 수 있을 정도다. 과학자들은 자연과 교감하며, 수면 아래 세상을 들여다보고, 식물화석의 잎맥으로 과거사를 추적한다. 그렇게 그들은 우리가 이 지구와 얼마나 깊게 연결되어 있는지를 일깨워 준다.

자연은 지속가능성의 실마리를 보여주는 최고의 예다. 자연생태계는 에너지, 식량, 운송 수단, 온도 조절, 포장(과일껍질, 씨껍질 등)처럼 오늘날 인류가 직면한 문제들을 오래전에 해결해왔기 때문이다. 하지만 인간은 동물의 왕국에서 수백 년째 왕좌를 고집하면서 인간보다 '열등한' 존재들을 내려다본다. 우리는 동물들의 결점을 깔보지만 막상 맞서게 되면 휘청이는 쪽은 늘 인간이다. 동물은 인간의 잣대를 따르지 않는다. 지구에서 가장 빠른 사나이 우사인 볼트도 달리기 시합에서는 멧돼지를 이기지 못한다. 바다의 정온동물인 참치는 인간보다 깊이 잠수할 수 있으며, 미생물인 물곰은 극한의 온도를 인간보다 훨씬 잘 견딘다. 냉정하게 보면, 인간은 해부학적으로 부실하기 그지없는 존재다. 매복치埋伏齒가 자라나고, 배 터져 죽을 때까지 먹기도 하고, 시력이 나빠지거나 요로감염에 걸리거나 여드름으로 피부가 뒤집혀 보기 싫은 외모가 되기도 한다.

하지만 이것은 훨씬 복잡한 실체를 무시한 겉핥기식의 단순평가다. 인간은 생명을 분자 수준에서 조작할 줄 알고, 선택적 교배를 통해 동식물의 진화를 통제한다. 인간은 스스로의 게놈을 해독하고, 자기 머릿속을 분석한다. 또한 망원경을 통해 우주 폭발의 순간을 포착하고, 혈액의 생리작용을 연구해 이해한다. 인간은 고장 난 장기조직을 새것으로 갈아끼워 죽어가던 생명을 살린다. 에너지를 포집해 외부 보관장치에 저장해놓기도 한다. 그럼에도 인간과 지구상의 모든 생명체가 생존과 유한한 에너지라는 억센 그물에 붙들린 신세라는 사실에는 변함이 없다. 인간이 떨리는 손으로 간신히 울타리를 둘렀건만 세상은 여전히 참으로 험한 곳이다.

인류의 수많은 발명에는 재생 단계를 고려한 생체모방 디자인이라는 핵심이 빠져 있다. 놀랄 일은 아니다. 인류가 지금과 같은 기술 수준을 갖춘 건 기껏해야 200년 정도밖에 안 되니 말이다. 이 행성의 성실한 일원이 되는 것은 굉장히 부담스러운 요구이자 책임이다. 우리는 과거의 자신을 비난할 시간에 앞으로 나아가야 한다. 한 생물종이 사라지는 일은 생각만 해도 안타깝지만, 그 생물종과 함께 우리에게 가져다줬을 깨달음까지 잃는 것은 차원이 완전히 다른 문제다. 현재 인류는 중요한 전환점을 향해 달려가고 있다. 만약 우리가 도구를 만드는 재능을 계속 부주의하게 남용한다면 오늘날의 쓰레기 산, 자원 고갈, 생물종 멸종, 환경 악화 문제가 앞으로도 끊이지 않을 것이며, 결국 지구는 점점 희망 없는 세상으로 변할 것이다.

21세기는 지구촌 인구의 절반이 도시에 모여 사는 시대다. 사람이 식물과 어울릴 기회는 집 안에 들여놓은 화분, 도심공원, 보도를 따라 심어진 가로수 몇 그루가 고작이다. 동아시아에서 발생한 배기가스는 오리건주로 날아오고 테네시주에서 버려진 플라스틱은 멕시코만으로 흘러간다. 과거 유리병에 담긴 연애편지가 바다를 건너 신대륙에 도착했다는 이야기는 더 이상 로맨틱하지 않다. 국경은 인간이 그어놓은 보이지 않는 선일 뿐 자연은 인간의 엄포 따위 아랑곳하지 않는다는 냉혹한 현실을 상기시킨다. 우리는 모랫바닥에 선을 긋고는 '이쪽은 내 땅'이라고 말하지만, 우리는 여전히 선 너머에서 날아온 미세플라스틱이 섞인 소금을 양념으로 먹으면서 인간의 방만함을 방관하고 있다. 생명은 매혹적인 만큼 가차 없다. 우리가 계속 손놓고 방관한다면 멸망을 향한 초읽기는 멈추지 않을 것이다.

더 나은 세상을 만들기 위해서는 감속이 필요할지

모른다. 더 빠른 발전을 위해 대기를 계속 오염시키는 것은 아무도 원하는 바가 아니다. 최근 정신없이 돌아가는 일상에서 한발 물러서서 세상을 다른 관점으로 바라보자는 움직임이 일고 있다. 인간을 둘러싼 수많은 생명에 관심을 갖고 모두가 대등한 공동체 일원임을 겸허히 인정해 이 지구에서 유한한 존재들의 삶이 이어지도록 하자는 것이다. 더 나은 미래의 기틀을 닦는 데는 비단 새로운 아이디어나 장소만 중요한 게 아니다. 이것은 우리가 어디로 가고자 하느냐의 문제다. 혁신을 위한 혁신은 허울뿐인 빈껍데기에 불과하다. 혁신은 맹목적으로 추앙하면서 문명의 산물이 주어진 사명을 다한 뒤에 맞은 최후는 왜 모른 척하는가? 인간이 결말까지 미리 다 계획해서 무언가를 창작하는 일은 극히 드물다. 창조에는 파괴만큼이나 큰 힘이 있는데도 인류는 우리에게 쓸모를 다한 것들의 운명 따위 아무 관심도 없다. 다 쓴 건 그저 던져버리면 그만이다. 그렇게 나오는 작은 쓰레기들은 처리장으로 모여들어 거대한 산처럼 쌓인다.

인간종은 아직 창창해서 혼돈의 세상에서 발 디딜 곳을 찾으려 고군분투하는 중이다. 하지만 우리는 더 성장할 필요가 있고 청춘은 영원하지 않다는 것을 깨달아야 한다. 영속하는, 아니 적어도 더 의미 있는 존재란 무엇인가라는 고난도 문제를 마주해야 할 때라는 뜻이다. 물론 혁신의 방식은 자연과 인간이 확연하게 다르다. 예를 들어, 인간은 프로펠러부터 바퀴까지 온갖 기계장치에 회전운동의 원리를 적용하지만 자연은 그렇지 않다. 바퀴는 인간이 고릿적부터 애용해온 발명의 기본 형태다. 반면에 자연은 다리, 날개, 지느러미를 선호한다. 왜 바퀴는 아닐까?

그것은 자연에서 바퀴 구조가 저절로 발달하는 것을 어렵게 만드는 몇 가지 진화적 장애물 때문이다. 오늘날 바퀴처럼 복잡한 구조는 편리할지 모르지만 완성된 구조가 나오기 전의 과도기 디자인들은 별다른 이점이 없고 오히려 더 불편하기까지 하다. 비약적인 발전은 공학자와 발명가들에게나 가능한 얘기일 뿐 자연의 창조물 중에는 쓸모없어 보이는 것들이 허다하다. 자연은 엄청나게 굼뜬 속도로 발명품들을 개량하기 때문에 짧게는 수천 년, 길게는 수백만 년이 지나야 눈에 띄는 차이가 겨우 드러난다. 자연계 생명들이 구사하는 다양한 생존전략이 '늘' 성공으로 이어지는 것은 아니어도 생명은 수 차례의 대재앙을 극복하고 이 행성에서 수십억 년째 명맥을 유지하고 있다. 그렇다면 우리에게도 실낱같은 희망이 있지 않을까?

지구 탐사는 미지의 세계로 떠나는 모험과도 같다. 이 거대한 도서관을 속속들이 탐구하면 많은 것을 배울 수 있다. 우리가 정복자가 되려 하지 말고 이 도서관의 지킴이로 나서면 어떨까? 지구의 생물체들이 다른 세상으로 가는 관문이라고 생각하면 그들의 삶, 고유한 특징, 타자성이 마법처럼 아름답게 느껴진다. 그들의 이야기를 알게 되는 것은 더없이 큰 기쁨이자 선물이다.

머리말에서 내가 평소 마음에 담아뒀던 생각을 꺼냈

었는데 다시 같은 소회로 책을 마무리할까 한다. 가족에게 거한 재산을 남기고 죽는 사람은 세상에 몇 되지 않는다. 하지만 우리는 금보다 귀하고 유리보다 섬세하고 명예보다 의미 있는 유산을 후손에게 물려줄 수 있다. 호박 속 곤충처럼 인간의 보호 노력으로 온전하게 보전된 세상을 말이다.

지금까지의 여정에 함께해준 모든 분께 감사드린다.

감사의 글

글쓰기를 업으로 삼아 가장 좋은 점은 똑똑하고 대담한 사람들을 다양하게 만나면서 보고 배운다는 것이다. 코로나19 사태와 역대급 산불 등 어려운 상황에서도 많은 과학자들이 귀한 시간을 내주었다. 덕분에 안개채집, 우주 폭발, 다섯 차례의 대멸종에서 모두 살아남은 동물종 같은 흥미진진한 이야기를 깊이 나눌 수 있었다.

내가 만난 분들이 책에 모두 언급되지는 않았지만, 내게는 한 분 한 분이 큰 인내심을 가지고 귀한 지식을 전수해준 스승이다. 특히 프랭크 피시(웨스트체스터대학교의 생물학 교수), 마크 블랙스터(영국 웰컴-생어 연구소의 생명나무 프로그램 대표), 주디 뮐러-콘(바이오매트리카의 공동설립자이자 바이오플루이디카의 COO), 롤프 뮐러(바이오매트리카의 공동설립자), 니키 스미스(빙벽 등반 전문가이자 사진작가), 파멜라 실버(하버드대학교 비스 연구소의 생물학자이자 생명공학자), 존 그리피스(캘리포니아 주립 험볼트 삼나무숲공원의 동식물학자), 브룩 케네디(버지니아공과대학교의 디자인학과 교수), 조너선 보레이코(버지니아공과대학교의 기계공학과 교수), 토드 도슨(캘리포니아주립대학교 버클리 캠퍼스의 생물학 교수), 크리스티안 올키어(오르후스대학교와 코펜하겐대학교의 교수), 주디스 러큐신(NASA 고더드 우주비행센터의 천체물리학자), 데일 드나도(애리조나주립대학교의 수의학과 교수), 멜리사 윌슨(애리조나주립대학교의 전산생물학 교수), 주디스 칼리냐크(핵의학 전문가이자 내분비내과전문의), 맥스 블라디밀로프(머신러닝을 연구하는 과학자), 로빈 앤드루스(과학 전문 저널리스트), 니컬러스 코토프(미시간대학교의 화학공학 교수), 후미야 이이다(케임브리지대학교 생체모방 로봇공학 연구실 교수), J. 허버트 웨이트(캘리포니아주립대학교 샌타바버라 캠퍼스의 해양생물학 교수), 에밀리 캐링턴(워싱턴대학교의 해양생물학자), 레베카 존슨(캘리포니아 아카데미 오브 사이언스의 진화생물학자), 제프 브레넌(알타이르의 글로벌 헬스케어 사업부 전무), 람야 카림(매사추세츠 다트머스대학교의 생명공학 교수), 루크 디그루트(카네기 자연사박물관의 조류 전문 코디네이터), 그레이엄 마틴(버밍엄대학교의 조류감각학 명예교수), 나탈리아 오캄포-페뉴엘라(ETH 취리히의 박사후 연구원), 리사 웰치(아르놀트 글라스의 마케팅세일즈 부서 근무), 션 멍크먼(카본큐어 기술개발부 전무), 바트 셰퍼드(캘리포니아 아카데미 오브 사이언스 스타인하르트 수족관의 관장), 앤서니 브레넌(샤크렛 테크놀로지의 창립자), 제임스 랴오(플로리다대학교의 생물학 교수), 커트 홀버그(설계기사이자 와트레코의 CTO), 카티아 베르톨리(하버드대학교의 응용역학 교수)에게 깊은 감사를 드린다.

미국 매사추세츠주 팔머스에 있는 우즈홀 해양학연구소를 방문했을 때는 하필 폭탄급 사이클론이 지역을 강타했다. 도로 봉쇄에다 정전까지 난리였지만 다들 모포 한 장으로 버티는 와중에도 일주일 내내 관계자 인터뷰와 연구시설 견학을 흔쾌히 허락한 연구소 덕에 취재를 무사히 마칠 수 있었다. 또한 갈 때마다 환대해주는 캘리포니아 아카데미 오브 사이언스 자연사박물관은 내게 마르지 않는 아이디어 샘 같은 곳이다. 보즈먼 아이스 페스티벌은 정 많고 소박한 사람들을 여럿 알게 된 소중한 경험이었다. 이 책에 쓸 자료수집차 캘리포니아 주립 험볼트 삼나무숲공원을 방문했을 때는 안개 거인의 에덴동산을 오감으로 느끼고 싶어서 다음 날까지 일정을 빼 거의 30킬로미터나 숲속을 걸었다. 이 장소들에 가서 과학의 세상과 자연의 세상을 직접 체험할 수 있었다는 게 얼마나 벅찬지 모른다.

나는 그레이스톤북스의 편집자 린다 프뤼센, 교열자 제스 숄먼, 스털링로드 리터리스틱의 에이전트 메리 크린키를 담당으로 만나게 된 것을 큰 행운으로 생각한다. 여러 해 동안 내 머릿속에서만 떠돌던 이런저런 생각들을 출판부가 회의 테이블 위로 끄집어내지 않았다면 이 책은 나올 수 없었다. 항상 뜨거운 관심과 격려를 아끼지 않는 어머니께는 말로 다 할 수 없이 감사하다. 마지막으로 늘 내게 정신적인 버팀목이 되고, 책에 대해 진솔한 피드백을 주고, 산을 타거나 글을 쓴다고 기약 없이 잠적하곤 하는 나를 항상 이해해주는 친구들과 가족에게 감사 인사를 전한다.

옮긴이의 글

백면서생 같은 이야기처럼 들리겠지만 과학이 정치로부터 자유로워서 이런저런 부침에 휘둘리지 않고 세상을 이롭게 하는 데만 쓰일 수 있다면 마냥 즐겁겠다는 생각을 가끔 한다. 구차한 변명을 하자면, 실제로 세상을 바꾼 많은 발명과 발견들의 시작은 순수하고 단순한 호기심이었기 때문이다.

그러나 기술과 편리가 범람하는 현대사회에서 실리를 추구하지 않고 과학을 있는 그대로 순수하게 애정하려면 어지간한 강단과 신념으로는 어림도 없다. 그런데 이 책의 저자 크리스티 해밀턴이 바로 그렇다. 해밀턴은 얼어 있는 벌레를 직접 찾겠다고 빙벽을 타고, 자연이 남긴 증거물들을 눈으로 확인하고자 전국의 박물관과 연구소를 찾아다니는 수고를 마다하지 않는다. 고작 홍합이 꿈틀대는 모습을 보기 위해 비바람을 맞으며 바닷가에서 몇 날 며칠이고 보초를 서기도 한다.

이 책을 번역하는 내내, 나는 활자들을 단순히 정독

하거나 글을 번역한다기보다 해밀턴의 모험을 몰래 함께 하는 기분이었다. 덕분에 어린 시절의 재기발랄함을 잠시나마 되찾은 것 같았다. 저자가 숲이며 바다며 용감하게 뛰어들 때마다 미소가 절로 나왔고, 그러다가도 그가 무심한 듯 툭 던지는 생각할 거리들에는 마치 내 문제처럼 진지하게 고민하게 되었다.

저자가 이 책에서 소개하는 아이디어 대부분은 아직 덜 핀 꽃봉오리와 같다. 새쪽 오므리고 있어 진짜 모습을 상상으로만 그려볼 뿐인 것도 있고 반 이상 피어 벌써 충분히 어여쁜 것도 있다. 앞으로 이 아이디어들이 어떻게 만개해 우리가 사는 세상을 환하게 만들어줄지 하나하나 기대하지 않을 수 없다. 언뜻 엉뚱하고 허무맹랑해 보일 수 있지만 어쩌면 이 세상을 구원할 열쇠일지도 모른다.

어린이와 청년이 꿈을 꾸기 어려운 시대라고 한다. 하지만 과학을 자유롭게 상상하고 꿈꿀 수 있어야 미래도 있다. 그래야만 유구한 지구 역사에서 참 좋은 시절을 스쳐 지나가고 있는 우리 인류의 생존기가 폭주한 자연과 기술에 지배당하는 디스토피아가 아니라, 자연과 기술, 그리고 인간이 사이좋게 공존하는 지속가능한 세상으로 훗날 그려질 것이다.

2024년 가을

최가영

주

1. Alexander Graham Bell, "The Telephone. A Lecture," delivered before the Society of Telegraph Engineers, October 31, 1877.
2. Experimental notebook 1:13. See Bell, "The Telephone. A Lecture."
3. Described in Bell's lab notebook on March 10, 1876. See Leonard C. Bruno, "'Mr. Watson, Come Here'—First Release of Bell Papers Goes Online," Library of Congress, April 1999, https://www.loc.gov/loc/lcib/9904/bell.html.
4. Nobel Foundation, "Glowing Proteins—A Guiding Star for Biochemistry," Nobel Prize in Chemistry 2008 press release, October 8, 2008, https://www.nobelprize.org/prizes/chemistry/2008/press-release/.
5. United Nations Office of the High Commissioner for Human Rights in cooperation with the International Bar Association, *Human Rights in the Administration of Justice: A Manual on Human Rights for Judges, Prosecutors and Lawyers*, United Nations, 2003.
6. Anton Leewenhoeck, "An Abstract of a Letter From Mr. Anthony Leewenhoeck at Delft, Dated Sep. 17. 1683," *Philosophical Transactions* 14 (May 20, 1684): 568–74, https://royalsocietypublishing.org/doi/10.1098/rstl.1684.0030.
7. Letter from Antony van Leeuwenhoek to Robert Hooke, November 12, 1680, translated in Clifford Dobell, *Antony van Leeuwenhoek and His Little Animals*(New York: Russell and Russell, 1958), 200.
8. "Microbiology by Numbers," *Nature Reviews Microbiology* 9, no. 628 (August 12, 2011), https://doi.org/10.1038/nrmicro2644.
9. Mark Blaxter, 저자와의 인터뷰, August 31, 2020. 이 장의 모든 인용문은 이 인터뷰에서 발췌한 것.
10. Judy Müller-Cohn, 저자와의 인터뷰, August 16, 2020. 이 장의 모든 인용문은 이 인터뷰에서 발췌한 것.
11. John H. Crowe and Lois M. Crowe, Method for Preserving Liposomes, U.S. Patent 4,857,319, assigned to the Regents of the University of California, August 15, 1989.
12. Rolf Müller, 저자와의 인터뷰, August 16, 2020.
13. Sukee Bennett, "After Conquering Space, Water Bears Could Save the Global Vaccine and Blood Supply," *NOVA*, PBS, March 6,

2019, https://www.pbs.org/wgbh/nova/article/after-conquering-space-water-bears-could-save-global-vaccine-and-blood-supply/.

14. Michael Marshall, "Tardigrades: Nature's Great Survivors," *Guardian*, March 20, 2021, https://www.theguardian.com/science/2021/mar/20/tardigrades-natures-great-survivors.
15. United Nations Environment Programme, "About Montreal Protocol," https://www.unep.org/ozonaction/who-we-are/about-montreal-protocol.
16. Joe Palca, "Telescope Innovator Shines His Genius on New Fields," *Morning Edition*, NPR, August 23, 2021.
17. Albert Van Helden, "The Invention of the Telescope," *Transactions of the American Philosophical Society* 67, no. 4 (1977): 1–67.
18. Johannes Kepler, *Kepler's Conversation With Galileo's Sidereal Messenger*, trans. Edward Rosen (New York: Johnson Reprint Corp., 1965).
19. Geoff Cottrell, *Telescopes: A Very Short Introduction* (Oxford: Oxford University Press, 2016).
20. "J. Roger Angel, 2016 National Inventors Hall of Fame Inductee," USPTO video, YouTube, 2016, https://www.youtube.com/watch?v=x10axvIOD9Y.
21. Richard Dawkins, *Climbing Mount Improbable* (New York: W. W. Norton, 1997).
22. Michael F. Land, "Animal Eyes With Mirror Optics," *Scientific American*, December 1978.
23. Beverly Karplus Hartline, "Lobster-Eye X-Ray Telescope Envisioned," *Science* 207, no. 4426 (January 4, 1980).
24. Land, "Animal Eyes With Mirror Optics."
25. Hartline, "Lobster-Eye X-Ray Telescope Envisioned."
26. Judith Racusin, 저자와의 인터뷰, November 19, 2020. 이 장의 모든 인용문은 이 인터뷰에서 발췌한 것.
27. "Lobster Telescope Has an Eye for X-Rays," University of Leicester press release, April 2006, https://www.le.ac.uk/ebulletin-archive/ebulletin/news/press-releases/2000-2009/2006/04/nparticle-2n7-yxb-kmd.html.
28. "Mercury Imaging X-Ray Spectrometer (MIXS)," University of Leicester, https://www.2.le.ac.uk/departments/physics/research/src/Missions/bepicolombo/mecury-imaging-x-ray-spectrometer-mixs.
29. "Gamma Rays," Science Mission Directorate, NASA Science, 2010, http://science.nasa.gov/ems /12_gammarays.

30. Nan Shepherd, "The Color of Deeside," in The Deeside Field 8 (Aberdeen: Aberdeen University Press, 1937), 11.
31. Diane Ackerman, *The Human Age: The World Shaped by Us* (New York: W. W. Norton, 2014).
32. Todd Dawson, 저자와의 인터뷰, August 31, 2020.
33. Brook Kennedy, 저자와의 인터뷰, August 18, 2020. 이 장의 모든 인용문은 이 인터뷰에서 발췌한 것.
34. Jonathan Boreyko, 저자와의 인터뷰, August 17, 2020. 이 장의 모든 인용문은 이 인터뷰에서 발췌한 것.
35. Deborah Gordon, *Ants at Work: How an Insect Society Is Organized*(New York: W. W. Norton, 2020).
36. Gordon, *Ants at Work*.
37. Eric Bonabeau and Christopher Meyer, "Swarm Intelligence: A Whole New Way to Think About Business," *Harvard Business Review*, May 2001.
38. Friedrich Nietzsche, *Beyond Good and Evil*, trans. R. J. Hollingdale (London: Penguin Publishing Group, 2003); 초판 1886.
39. Rodney A. Brooks and Anita M. Flynn, "Fast, Cheap and Out of Control: A Robot Invasion of the Solar System," *Journal of the British Interplanetary Society* 42 (1989): 478–85.
40. Caroline Perry, "A Self-Organizing Thousand-Robot Swarm," *Harvard School of Engineering and Applied Sciences press release*, August 14, 2014.
41. Ed Yong, "How the Science of Swarms Can Help Us Fight Cancer and Predict the Future," *Wired*, March 19, 2013.
42. Thomas Seeley, S. Kuhnolz, and Robin Hadlock Seeley, "An Early Chapter in Behavioral Physiology and Sociobiology: The Science of Martin Lindauer," *Journal of Comparative Physiology A* 188, no. 6 (August 2002): 439–53.
43. Seeley, "An Early Chapter."
44. Seeley, "An Early Chapter."
45. Thomas D. Seeley, Kevin Passino, and Kirk Visscher, "Group Decision Making in Honey Bee Swarms," *American Scientist* 94, no. 3 (May–June 2006): 220.
46. Clint A. Penick 외, "External Immunity in Ant Societies: Sociality and Colony Size Do Not Predict Investment in Antimicrobials," *Royal Society Open Science* 5, no. 2 (February 2018).
47. Nick Bos 외, "Ants Medicate to Fight Disease," *Evolution* 69, no. 11 (November 2015): 2979–84.
48. Yong, "How the Science of Swarms."
49. "The Giraffe," *Inside Nature's Giants* season 1, episode 4, created

by Mark Burnett, developed by 4International, Channel 4, July 2009.

50. Mathew Wedel, "A Monument of Inefficiency: The Presumed Course of the Recurrent Laryngeal Nerve in Sauropod Dinosaurs," *Acta Palaeontologica Polonica* 57, no. 2 (June 2012).
51. August Krogh, "The Progress of Physiology," *American Journal of Physiology* 90, no. 2 (October 1, 1929), https://doi.org/10.1152/ajplegacy.1929.90.2.243.
52. Christian Aalkjær, 저자와의 인터뷰, August 26, 2020. 이 장의 모든 인용문은 이 인터뷰에서 발췌한 것.
53. "Hertha's Story," *Vein Magazine*, April 1, 2015, https://www.veindirectory.org/magazine/article/industry-spotlight/herthas-story.
54. Joseph F. Kubis 외, "Apollo 15, Time and Motion Study," National Aeronautics and Space Administration Manned Spacecraft Center, January 1972.
55. Joseph F. Kubis 외, "Apollo 16, Time and Motion Study," National Aeronautics and Space Administration Manned Spacecraft Center, July 1972.
56. Diana Young and Dava Newman, "Augmenting Exploration: Aerospace, Earth and Self," in *Wearable Monitoring Systems*, eds. Annalisa Bonfiglio and Danilo De Rossi (Boston: Springer, 2011); https://doi.org/10.1007/978-1-4419-7384-9_11.
57. J. Herbert Waite, 저자와의 인터뷰, December 9, 2020. 이 장의 모든 인용문은 이 인터뷰에서 발췌한 것.
58. Thomas Lambert, *Bone Products and Manures: A Treatise on the Manufacture of Fat, Glue, Animal Charcoal, Size, Gelatin, and Manures* (London: Scott, Greenwood, 1925).
59. Valeria J. Brown, "Better Bonding With Beans," *Environmental Health Perspectives* 113, no. 8 (August 2005): A538-41.
60. Brown, "Better Bonding With Beans."
61. Keith Hautala, "We Make Innovations That Stick: Sustainable Adhesives," Oregon State University, December 18, 2019, https://cbee.oregonstate.edu/node/825.
62. Nick Houtman, "Oregon State University Researcher Receives National Award for Soy-Based Adhesive," Oregon State University, November 8, 2017, https://today.oregonstate.edu/news/oregon-state-university-researcher-receives-national-award-soy-based-adhesive.
63. Emily Carrington, 저자와의 인터뷰, December 3, 2020. 이 장의 모든 인용문은 이 인터뷰에서 발췌한 것.
64. Jill Needham and Kathleen Alcala, "Mussel Strength: How

Mussels Serve Our Ecosystem," *Salish Magazine*, n.d., https://salishmagazine.org/mussel-strength/.
65. Bart Shepherd, 저자와의 인터뷰, November 8, 2018.
66. https://www.breakthroughenergy.org.
67. Bill Gates, *How to Avoid a Climate Disaster* (New York: Alfred A. Knopf, 2021).
68. Robert J. Gordon, *The Rise and Fall of American Growth* (New Jersey: Princeton University Press, 2017).
69. "Edison and the Electric Car," Thomas A. Edison Papers, Rutgers School of Arts and Sciences, October 28, 2016, http://edison.rutgers.edu/elecar.htm.
70. "Lithium-Ion Batteries," scientific background on the Nobel Prize in Chemistry 2019, Royal Swedish Academy of Sciences, October 9, 2019, https://www.nobelprize.org/uploads/2019/10/advanced-chemistryprize2019.pdf.
71. Nian Liu 외, "A Pomegranate-Inspired Nanoscale Design for Large-Volume-Change Lithium Battery Anodes," *Nature Nanotechnology* 9, no. 3 (March 2014):187–92, https://www.nature.com/articles/nnano.2014.6.
72. Angela Belcher, "Using Nature to Grow Batteries," TEDx Talk, April 2011, https://www.ted.com/talks/angela_belcher_using_nature_to_grow_batteries.
73. Source for "androids" is Khan Academy, "Are Viruses Dead or Alive?," https://www.khanacademy.org/test-prep/mcat/cells/viruses/a/are-viruses-dead-or-alive; source for "microscopic zombies" is Daniel Oberhaus, "The Next Generation of Batteries Could Be Built by Viruses," *Wired*, February 26, 2020, https://www.wired.com/story/the-next-generation-of-batteries-could-be-built-by-viruses.
74. "Nicholas A. Kotov," Chemical Engineering, University of Michigan, https://che.engin.umich.edu/people/kotov-nicholas/.
75. Nicholas Kotov, 저자와의 인터뷰, March 11, 2021. 이 장의 모든 인용문은 이 인터뷰에서 발췌한 것.
76. Fumiya Iida, 저자와의 인터뷰, March 16, 2021. 이 장의 모든 인용문은 이 인터뷰에서 발췌한 것.
77. "Electric Vehicle Sales to Fall 18% in 2020 but Long-term Prospects Remain Undimmed," BloombergNEF, May 19, 2020, https://about.bnef.com/blog/electric-vehicle-sales-to-fall-18-in-2020-but-long-term-prospects-remain-undimmed/.
78. Mary Fagan, "Sheikh Yamani Predicts Price Crash as Age of Oil Ends," *Telegraph*, June 25, 2000, https://www.telegraph.co.uk/news/uknews/1344832/Sheikh-Yamani-predicts-price-crash-as-

age-of-oil-ends.html.

79. Jeff Brennan, 저자와의 인터뷰, October 12, 2020. 이 장의 모든 인용문은 이 인터뷰에서 발췌한 것.

80. Leonardo da Vinci, *Leonardo da Vinci's Notebooks: Arranged and Rendered Into English With Introductions*, trans. Edward McCurdy (London: Duckworth and Company, 1908).

81. Michael Fowler, physics professor at the University of Virginia, at https://galileoandeinstein.phys.virginia.edu/lectures/scaling.html.

82. Galileo Galilei, *Dialogues Concerning Two New Sciences*, trans. Alfonso de Salvio and Henry Crew (New York: Macmillan Company, 1914).

83. "Origins and Construction of the Eiffel Tower," Eiffel Tower tourism website, https://www.toureiffel.paris/en/the-monument/history; and Aatish Bhatia, "What Your Bones Have in Common With the Eiffel Tower," *Wired*, March 9, 2015, https://www.wired.com/2015/03/empzeal-eiffel-tower/.

84. Cleve Wootson Jr., "'I Guess You Are Here for the Opium': Investigator Stumbles Across $500 Million in Poppy Plants,"*Washington Post*, May 25, 2017, https://www.washingtonpost.com/news/to-your-health/wp/2017/05/25/i-guess-you-are-here-for-the-opium-investigator-stumbles-across-500-million-in-poppy-plants/.

85. S. Y. Tan and Y. Tatsumura, "Alexander Fleming (1881–1955): Discoverer of Penicillin," *Singapore Medical Journal* 56, no. 7 (2015): 366–67, https://doi.org/10.11622/smedj.2015105.

86. George Washington Tyron, Henry Augustus Pilsbry, and B. Sharp, *Manual of Conchology, Structural and Systematic*, vol. 6, *Conidae, Pleurotomidae* (Philadelphia: Academy of Natural Sciences, 1884).

87. Ross Piper 외, "Nature Is a Rich Source of Medicine—If We Can Protect It," *The Conversation*, December 14, 2021, https://theconversation.com/nature-is-a-rich-source-of-medicine-if-we-can-protect-it-107471.

88. "The Gila Monster: A Rare Reptile Described as the Most Venomous Thing on Earth," *Newberry Herald and News*, October 23, 1890, https://www.newspapers.com/image/174576495/; and "Ugly as Sin Itself," *San Francisco Chronicle*, June 18, 1893, https://www.newspapers.com/image/27601356/.

89. Earl F. Nation, "George E. Goodfellow, M.D. (1855–1910): Gunfighter's Surgeon and Urologist, *Urology* 2, no. 1 (1973): 85–92, https://doi.org/10.1016/0090-4295(73)90226-4.

90. George Goodfellow, "The Gila Monster Again," *Scientific American* 96, no. 13 (1907), 271, http://www.jstor.org/stable/26005510.

91. Dale DeNardo, 저자와의 인터뷰, June 2, 2020. 이 장의 모든 인용

문은 이 인터뷰에서 발췌한 것.

92. Ralph Waldo Emerson, *The Prose Works of Ralph Waldo Emerson: Representative Men, English Traits, Conduct of Life* (Boston: J. R. Osgood and Company, 1872).

93. "The Worldwide Rise of Chronic Noncommunicable Diseases: A Slow-Motion Catastrophe," World Health Organization, https://www.who.int/director-general/speeches/detail/the-worldwide-rise-of-chronic-noncommunicable-diseases-a-slow-motion-catastrophe.

94. Judith Kalinyak, 저자와의 인터뷰, June 20, 2021.

95. Denise Gellene, "Lizard Is Source of Newest Diabetes Drug," *Los Angeles Times*, April 30, 2005, https://www.latimes.com/archives/la-xpm-2005-apr-30-fi-gila30-story.html.

96. Andrew Pollack, "Lizard-Linked Therapy Has Roots in the Bronx, "*New York Times*, September 21, 2002, https://www.nytimes.com/2002/09/21/business/lizard-linked-therapy-has-roots-in-the-bronx.html.

97. Charles Darwin, *On the Origin of Species* (London: John Murray, 1859).

98. Frank Fish, 저자와의 인터뷰, August 26, 2020. 이 장의 모든 인용문은 이 인터뷰에서 발췌한 것.

99. John Gierach, *Trout Bum* (Berkeley: West Margin Press, 2013).

100. James "Jimmy" Liao, 저자와의 인터뷰, August 19, 2020. 이 장의 모든 인용문은 이 인터뷰에서 발췌한 것.

101. "Michael Bernitsas," Naval Architecture and Marine Engineering faculty bio, University of Michigan, n.d., https://name.engin.umich.edu/people/bernitsas-michael/.

102. Anna Gruener, "The Effect of Cataracts and Cataract Surgery on Claude Monet," *British Journal of General Practice* 65, no. 634 (2015): 254–55, https://bjgp.org/content/65/634/254.

103. Scott R. Loss 외, "Bird–Building Collisions in the United States: Estimates of Annual Mortality and Species Vulnerability," *The Condor* 116, no. 1 (February 1, 2014): 8–23, https://doi.org/10.1650/CONDOR-13-090.1.

104. Luke DeGroote, 저자와의 인터뷰, September 1, 2020. 이 장의 모든 인용문은 이 인터뷰에서 발췌한 것.

105. "Birds Eat 400 to 500 Million Tons of Insects Annually," *Science Daily*, July 9, 2018, https://www.sciencedaily.com/releases/2018/07/180709100850.htm.

106. Lisa Welch, 저자와의 인터뷰, August 28, 2020. 이 장의 모든 인용문은 이 인터뷰에서 발췌한 것.

107. Graham Martin, 저자와의 인터뷰, August 27, 2020. 이 장의 모든 인용문은 이 인터뷰에서 발췌한 것.

108. Heath Waldorf, "What the New Bird Friendly Local Law 15 Means to You," *NYREJ*, June 23, 2020, https://nyrej.com/what-the-new-bird-friendly-local-law-15-means-to-you-by-heath-waldorf.

109. Jennifer Chu, "Super-Strong Surgical Tape Detaches on Demand," *MIT News*, June 22, 2020, https://news.mit.edu/2020/surgical-tape-wounds-0622.

110. Qi Guo 외, "Compact Single-Shot Metalens Depth Sensors Inspired by Eyes of Jumping Spiders," *Proceedings of the National Academy of Sciences* 116, no. 46(2019): 22959-65, https://doi.org/10.1073/pnas.1912154116.

111. Osamu Shimomura, Sachi Shimomura, and John H. Brinegar, *Luminous Pursuit: Jellyfish, GFP, and the Unforeseen Path to the Nobel Prize* (Singapore: World Scientific, 2017).

112. Nobel Foundation, "Glowing Proteins."

113. Nobel Foundation, "GlowingProteins."

114. Martin Chalfie, "GFP: Lighting Up Life," Nobel lecture, December 8, 2008.

115. Osamu Shimomura, "Discovery of Green Fluorescent Protein(GFP)," Nobel lecture, December 8, 2008.

116. Shimomura, "Discovery of Green Fluorescent Protein."

117. Benjamin Franklin, April 23, 1752, in *The Works of Dr. Benjamin Franklin: Philosophical. Essays and Correspondence* (London: John Sharpe, 1809), 73.

118. Pliny the Elder, *The Natural History of Pliny*, trans. Henry Thomas Riley and John Bostock, vol. 6 (London: George Bell and Sons, 1989).

119. Edmund Newton Harvey, *A History of Luminescence: From the Earliest Times Until 1900* (Philadelphia: American Philosophical Society, 1957).

120. Charles Leonard Hogue, *Latin American Insects and Entomology*(Berkeley: University of California Press, 1993).

121. Harvey, *A History of Luminescence.*

122. Chalfie, "GFP: Lighting Up Life."

123. "2008 Nobel Prize in Chemistry Shared by UC San Diego Researcher Roger Tsien," University of California San Diego Health press release, October 8, 2008.

124. Roger Tsien, "Unlocking Cell Secrets With Light Beams and Molecular Spies," acceptance speech, Heineken Prize for Biochemistry and Biophysics, 2002.

125. Liz Karagianis, "The Brilliance of Basic Research," *MIT Spectrum*, Spring 2014.

126. Shimomura 외, *Luminous Pursuit.*

참고문헌

1. 꽁꽁 얼어 있던 미스터리

Agronis, Amy. "Center Works to Bring Life to That Which Is 'Dead.'" UC Davis, November 15, 2004. https://www.ucdavis.edu/news/center-works-bring-life-which-'dead'.

Bennett, Sukee. "After Conquering Space, Water Bears Could Save the Global Vaccine and Blood Supply." *NOVA*, PBS, March 6, 2019. https://www.pbs.org/wgbh/nova/article/after-conquering-space-water-bears-could-save-global-vaccine-and-blood-supply/.

Blaxter, Mark. 저자와의 인터뷰, August 31, 2020.

Blow, N. "Biobanking: Freezer Burn." *Nature Methods* 6, no. 2 (2009): 173–178.

Boothby, T. C., and G. J. Pielak. "Intrinsically Disordered Proteins and Desiccation Tolerance: Elucidating Functional and Mechanistic Underpinnings of Anhydrobiosis." *Bioessays* 39, no. 11 (November 2017). https://onlinelibrary.wiley.com/doi/abs/10.1002/bies.201700119.

Boothby, T. C., H. Tapia, A. H. Brozena, S. Piszkiewicz, A. E. Smith, I. Giovannini, L. Rebecchi, G. J. Pielak, D. Koshland, and B. Goldstein. "Tardigrades Use Intrinsically Disordered Proteins to Survive Desiccation." *Molecular Cell* 65, no. 6 (2017): 975–84.

Boothby, Thomas. "Ted-Ed: Meet the Tardigrade, the Toughest Animal on Earth." TE Dx Talk, 2017. https://www.ted.com/talks/thomas_boothby_meet_the_tardigrade_the_toughest_animal_on_earth.

Crowe, J. H., J. F. Carpenter, and L. M. Crowe. "The Role of Vitrification in Anhydrobiosis." *Annu Rev Physiol* 60, no. 1 (1998): 73–103.

Crowe, John H., and Lois M. Crowe. Method for Preserving Liposomes. U.S. Patent 4,857,319, August 15, 1989.Assignee: The Regents of the University of California.

Crowe, L. M. "Lessons From Nature: The Role of Sugars in Anhydrobiosis." *Comp Biochem Physiol A Mol Integr Physiol* 131, no. 3 (2002): 505–13.

Czernekova, M., and K. I. Jonsson. "Experimentally Induced Repeated Anhydrobiosis in the Eutardigrade Richtersius Coronifer." *PLoS One* 11, no. 11 (2016). https://pubmed.ncbi.nlm.nih.gov/27828978/.

Howard, L. "Research Inspired by 'Water Bears' Leads to Innovations in

Medicine, Food Preservation and Blood Storage." UC Davis, August 5, 2019. https://research.ucdavis.edu/research-inspired-by-water-bears-leads-to-innovations-in-medicine-food-preservation-and-blood-storage/.

Jonsson, K. I. "Radiation Tolerance in Tardigrades: Current Knowledge and Potential Applications in Medicine." *Cancers* 11, no. 9 (2019): 1333.

Jonsson, K. I., E. Rabbow, R. O. Schill, M. Harms-Ringdahl, and P. Rettberg. "Tardigrades Survive Exposure to Space in Low Earth Orbit." *Current Biology* 18, no. 17 (2008): R729-31.

Leeuwenhoek, Antony van, to Robert Hooke, letter, November 12, 1680, translated in *Antony van Leeuwenhoek and His Little Animals*, by C. Dobell. New York: Russell and Russell, 1958.

Leewenhoeck, Anton. "An Abstract of a Letter From Mr. Anthony Leewenhoeck at Delft, Dated Sep. 17. 1683." *Philosophical Transactions* 14 (May 20, 1684): 568-74. https://royalsocietypublishing.org/doi/10.1098/rstl.1684.0030.

Leslie, S. B., E. Israeli, B. Lighthart, J. H. Crowe, and L. M. Crowe. "Trehalose and Sucrose Protect Both Membranes and Proteins in Intact Bacteria During Drying." *Appl Environ Microbiol* 61, no. 10 (1995): 3592-97.

Lin, Q., Q. Zhao, and B. Lev. "Cold Chain Transportation Decision in the Vaccine Supply Chain." *European Journal of Operational Research* 283, no. 1 (2020): 182-95.

Marshall, Michael. "Tardigrades: Nature's Great Survivors." *Guardian*, March 20, 2021. https://www.theguardian.com/science/2021/mar/20tardigrades-natures-great-survivors.

"Microbiology by Numbers." *Nat Rev Microbiol* 9, no. 628 (2011). https://doi.org/10.1038/nrmicro2644.

Moeti, M., R. Nandy, S. Berkley, S. Davis, and O. Levine. "No Product, No Program: The Critical Role of Supply Chains in Closing the Immunization Gap." *Vaccine* 35, no. 17 (2017): 2101-2.

Mogle, M. J., S. A. Kimball, W. R. Miller, and R. D. McKown. "Evidence of Avian-Mediated Long Distance Dispersal in American Tardigrades." *PeerJ* 6 (July 4, 2018): e5035.

Müller, Rolf. 저자와의 인터뷰, August 16, 2020.

Müller-Cohn, Judy. 저자와의 인터뷰, August 16, 2020.

Rogers, B., K. Dennison, N. Adepoju, S. Dowd, and K. Uedoi. "Vaccine Cold Chain: Part 1. Proper Handling and Storage of Vaccine." Aaohn *Journal* 58, no. 9 (2010): 337-46.

Tsujimoto, M., S. Imura, and H. Kanda. "Recovery and Reproduction of an Antarctic Tardigrade Retrieved From a Moss Sample Frozen for

Over 30 Years." *Cryobiology* 72, no. 1 (2016): 78–81.

United Nations Environment Programme. "About Montreal Protocol." N.d. https://www.unep.org/ozonaction/who-we-are/about-montreal-protocol.

Westover, C., D. Najjar, C. Meydan, K. Grigorev, M. Veling, R. Chang, S. Iosim, et al. "Engineering Radioprotective Human Cells Using the Tardigrade Damage Suppressor Protein, DSUP." *BioRxiv* (2020), https://doi.org/10.1101/2020.11.10.373571.

Woolhouse, M., F. Scott, Z. Hudson, R. Howey, and M. Chase-Topping. "Human Viruses: Discovery and Emergence." *Philosophical Transactions of the Royal Society B: Biological Sciences* 367, no. 1604 (2012): 2864–71.

World Health Organization and UNICEF. "Progress and Challenges With Achieving Universal Immunization Coverage." July 2020. https://www.who.int/immunization/monitoring_surveillance/who-immuniz.pdf?ua=1.

Yin, S. "Searching Tardigrades for Lifesaving Secrets." *New York Times*, February 15, 2019. https://www.nytimes.com/2019/02/15/health/tardigrades-suspended-animation.html.

2. 별을 낚다

Ackerman, Diane. *The Human Age: The World Shaped by Us*. New York: W. W. Norton, 2014.

Angel, J. R. "Lobster Eyes as X-Ray Telescopes." SPIE Proceedings, 1979. https://doi.org/10.1117/12.957437.

Billings, Lee. "Catching the Stars." Aeon, 2013. https://aeon.co/essays/when-this-man-talks-about-energy-the-world-needs-to-listen.

Cottrell, Geoff. *Telescopes: A Very Short Introduction*. Oxford: Oxford University Press, 2016.

Dawkins, Richard. *Climbing Mount Improbable*. New York: W. W. Norton, 1997.

Fisher, Arthur. "Spinning Scopes." *Popular Science*, October 1987.

Gotz, D., C. Adami, S. Basa, V. Beckmann, V. Burwitz, R. Chipaux, B. Cordier, et al. "The Microchannel X-Ray Telescope on Board the SVOM Satellite." *ArXiv* preprint, 2015. https://arxiv.org/abs/1507.00204.

Greanya, V. *Bioinspired Photonics: Optical Structures and Systems Inspired by Nature*. Boca Raton, FL: CRC Press, 2015.

Hartline, Beverly Karplus. "Lobster-Eye X-Ray Telescope Envisioned." *Science* 207, no. 4426 (January 4, 1980).

Helden, Albert Van. "The Invention of the Telescope." *Transactions of the American Philosophical Society* 67, no. 4 (1977): 1–67.

Hill, John M., James Roger P. Angel, Randall D. Lutz, Blain H. Olbert, and Peter A. Strittmatter. "Casting the First 8.4-m Borosilicate Honeycomb Mirror for the Large Binocular Telescope." *SPIE Proceedings*, 1998. https://doi.org/10.1117/12.319295.

Hudec, R., L. Pina, V. Simon, L. Sveda, A. Inneman, V. Semencova, and M. Skulinova. "Lobster: New Space X-Ray Telescopes." *Nuclear Physics B-Proceedings Supplements* 166 (2007): 229–33.

Keesey, L. "Measuring Transient X-Rays With Lobster Eyes." NASA, May 2012. https://www.nasa.gov/topics/technology/features/lobster-eyes.html.

Kepler, Johannes. *Kepler's Conversation With Galileo's Sidereal Messenger*. Trans. Edward Rosen. New York: Johnson Reprint Corp., 1965.

Land, Michael F. "Animal Eyes With Mirror Optics." *Scientific American*, December 1978.

_________. *Eyes to See: The Astonishing Variety of Vision in Nature*. Oxford: Oxford University Press, 2018.

Land, Michael F., and Dan-Eric Nilsson. *Animal Eyes*. Oxford: Oxford University Press, 2012.

Lankford, J. *History of Astronomy: An Encyclopedia*. Oxfordshire, U.K.: Routledge, 2013.

Palca, Joe. "Telescope Innovator Shines His Genius on New Fields." *Morning Edition*, NPR, August 23, 2012. https://www.npr.org/2012/08/23/159554100/telescope-innovator-shines-his-genius-on-new-fields.

Photonis. "Space Qualified Imaging" (product brochure). 2017. https://www.photonis.com/system/files/2019-03/Micro-Pore-Optic-brochure.pdf.

Racusin, Judith. 저자와의 인터뷰, November 19, 2020.

Science Mission Directorate. "Gamma Rays." NASA Science, 2010. https://science.nasa.gov/ems/12_gammarays.

Shepherd, Nan. "The Color of Deeside." In *The Deeside Field* 8:11. Aberdeen: Aberdeen University Press, 1937.

University of Leicester. "Lobster-Inspired £3.8m Super Lightweight Mirror Chosen for Chinese–French Space Mission." *PhysOrg*, October 26, 2015. https://phys.org/news/2015-10-lobster-inspired-38m-super-lightweight-mirror.html.

_________. "Lobster Telescope Has an Eye for X-Rays." Press release, April 2006. https://www.le.ac.uk/ebulletin-archive/ebulletin/news/press-releases/2000-2009/2006/04/nparticle-2n7-yxb-kmd.html.

________. "Mercury Imaging X-Ray Spectrometer (MIXS)." N.d. https://www2.le.ac.uk/departments/physics/research/src/Missions/bepicolombo/mecury-imaging-x-ray-spectrometer-mixs.

Urban, M., O. Nentvich, V. Stehlikova, T. Baca, V. Daniel, and R. Hudec. "Vzlusat-1: Nanosatellite With Miniature Lobster Eye X-Ray Telescope and Qualification of the Radiation Shielding Composite for Space Application." *Acta Astronautica* 140 (2017): 96–104.

USPTO video. "J. Roger Angel, 2016 National Inventors Hall of Fame Inductee." YouTube video, 2016. https://www.youtube.com/watch?v=x10axvIOD9Y.

Vukusic, P., and J. R. Sambles. "Photonic Structures in Biology." *Nature* 424, no. 6950 (2003): 852–55.

3. 구름에서 길은 물

Boreyko, Jonathan. 저자와의 인터뷰, August 17, 2020.

Boreyko, Jonathan B., and Chuan-Hua Chen. "Restoring Superhydrophobicity of Lotus Leaves With Vibration-Induced Dewetting." *Physical Review Letters* 103, no. 17 (2009). https://doi.org/10.1103/physrevlett.103.174502.

________. "Self-Propelled Dropwise Condensate on Superhydrophobic Surfaces." *Physical Review Letters* 103, no. 18 (2009). https://doi.org/10.1103/physrevlett.103.184501.

Burgess, Stephen, and Todd Dawson. "The Contribution of Fog to the Water Relations of *Sequoia sempervirens* (D. Don): Foliar Uptake and Prevention of Dehydration." *Plant, Cell & Environment* (2004): 1023–34.

California's Redwood State Parks. Informational brochure, 2017. https://www.parks.ca.gov/pages/24723/files/CARedwoodSPFinalWebLayout2017.pdf.

Dawson, Todd. "Fog in the California Redwood Forest: Ecosystem Inputs and Use by Plants." *Oecologia* 117, no. 4 (1998): 476–85.

________. 저자와의 인터뷰, August 31, 2020.

Dokter, A. M., A. Farnsworth, D. Fink, V. Ruiz-Gutierrez, W. M. Hochachka, F. A. La Sorte, O. J. Robinson, K. V. Rosenberg, and S. Kelling. "Seasonal Abundance and Survival of North America's Migratory Avifauna Determined by Weather Radar." *Nature Ecology & Evolution* 2, no. 10 (2018): 1603–9.

Gould, P. "Smart, Clean Surfaces." *Materials Today* 6, no. 11 (2003): 44–48.

Kennedy, Brook. 저자와의 인터뷰, August 18, 2020.

Kennedy, Brook, Jonathan Boreyko, and Weiwei Shi. "Fog Harp:

University Invention to Real-World Impact." *Zygote Quarterly* 1, no. 27 (2020). https://issuu.com/eggermont/docs/zq_issue_27.

Kennedy, Brook, Jonathan Boreyko, Weiwei Shi, M. Anderson, J. Tulkoff, and T. Van der Sloot. "Designing a Fog-Harvesting Harp." Industrial Designers Society of America, n.d. https://www.idsa.org/sites/default/files/FINAL _Paper_Designing%20a%20Fog-Harvesting%20Harp.pdf.

Mekonnen, Mesfin, and Arjen Hoekstra. "Four Billion People Facing Severe Water Scarcity." *Science Advances* 2, no. 2 (February 12, 2016).

Nuwer, R. "In Towering Redwoods, an Abundance of Tiny, Unseen Life." *New York Times*, April 19, 2016. https://www.nytimes.com/2016/04/19/science/in-towering-redwoods-an-abundance-of-tiny-unseen-life.html.

Preston, R. The *Wild Trees: A Story of Passion and Daring*. New York: Random House, 2008.

Roediger, E. "Out of the Lab, Into the Field." *Virginia Tech Engineer*, Fall 2018. https://eng.vt.edu/magazine/stories/fall-2018/fog-harp.html.

Shi, W., M. J. Anderson, J. B. Tulkoff, B. S. Kennedy, and J. B. Boreyko. "Fog Harvesting With Harps." *ACS Applied Materials & Interfaces* 10, no. 14 (2018): 11979-86.

Shi, W., T. W. van der Sloot, B. J. Hart, B. S. Kennedy, and J. B. Boreyko. "Harps Enable Water Harvesting Under Light Fog Conditions." *Advanced Sustainable Systems* 4, no. 6 (2020). https://onlinelibrary.wiley.com/doi/full/10.1002/adsu.202000040.

United Nations. *UN World Water Development Report*. 2014. https://www.unwater.org/publications/world-water-development-report-2014-water-energy/.

Xu, Q., W. Zhang, C. Dong, T. S. Sreeprasad, and Z. Xia. "Biomimetic Self-Cleaning Surfaces: Synthesis, Mechanism and Applications." *Journal of the Royal Society Interface* 13, no. 122 (September 1, 2016). https://doi.org/10.1098/rsif.2016.0300.

Xu, Q., Y. Wan, T. S. Hu, T. X. Liu, D. Tao, P. H. Niewiarowski, Y. Tian, et al. "Robust Self-Cleaning and Micromanipulation Capabilities of Gecko Spatulae and Their Bio-Mimics." *Nature Communications* 6, no. 1 (2015): 1-9.

Zhai, Lei, Michael C. Berg, Fevzi Ç. Cebeci, Yushan Kim, John M. Milwid, Michael F. Rubner, and Robert E. Cohen. "Patterned Superhydrophobic Surfaces: Toward a Synthetic Mimic of the Namib Desert Beetle." *Nano Letters* 6, no. 6 (2006): 1213-17. https://doi.org/10.1021/nl060644q.

4. 누가 책임자입니까?

Angle, C., and R. Brooks. "Small Planetary Rovers." Proceedings of the International Conference on Intelligent Robots and Systems, Tsuchiura, Japan, 1990.

Bares, John E., and David S. Wettergreen. "Dante II: Technical Description, Results, and Lessons Learned." *International Journal of Robotics Research* 18, no. 7 (July 1999): 621–49. https://www.ri.cmu.edu/pub_files/pub2/bares_john_1999_1/bares_john_1999_1.pdf.

Bonabeau, Eric, and Christopher Meyer. "Swarm Intelligence: A Whole New Way to Think About Business." *Harvard Business Review*, May 2001. https://hbr.org/2001/05/swarm-intelligence-a-whole-new-way-to-think-about-business.

Bonabeau, Eric, and Guy Theraulaz. "Swarm Smarts." *Scientific American* 282, no. 3 (2000): 72–79.

Bos, Nick, Liselotte Sundström, Siiri Fuchs, and Dalial Freitak. "Ants Medicate to Fight Disease." *Evolution* 69, no. 11 (2015): 2979–84.

Brooks, Rodney A., and Anita M. Flynn. "Fast, Cheap and Out of Control: A Robot Invasion of the Solar System." *Journal of the British Interplanetary Society* 42 (1989): 478–85.

Centibots Project, 2002. http://www.ai.sri.com/centibots/.

Encycle. "National Retail Chain Scores Seven-Figure Energy Savings." Case study, 2019. https://www.encycle.com /wp-content/uploads/2019/04/Large-Box-Retail-Case-Study.pdf.

Gordon, D. M. *Ants at Work: How an Insect Society Is Organized*. New York: W. W. Norton, 2020.

________. "The Rewards of Restraint in the Collective Regulation of Foraging by Harvester Ant Colonies." *Nature* 498, no. 7452 (2013): 91–93.

Mitchell, Melanie. *Complexity: A Guided Tour*. Oxford: Oxford University Press, 2009.

Nietzsche, Friedrich. *Beyond Good and Evil*. Trans. R. J. Hollingdale. London: Penguin Publishing Group, 2003; originally published in 1886.

Ocko, S. A., H. King, D. Andreen, P. Bardunias, J. S. Turner, R. Soar, and L. Mahadevan. "Solar-Powered Ventilation of African Termite Mounds." *Journal of Experimental Biology* 220, no. 18 (2017): 3260–69.

Pagels, Heinz. *The Dreams of Reason*, 12. New York: Simon & Schuster, 1988.

Pathak, A., S. Kett, and M. Marvasi. "Resisting Antimicrobial Resistance: Lessons From Fungus Farming Ants." *Trends in Ecology & Evolution*

34, no. 11 (2019): 974–76.

Penick, Clint A., Omar Halawani, Bria Pearson, Stephanie Mathews, Margarita M. López-Uribe, Robert R. Dunn, and Adrian A. Smith. "External Immunity in Ant Societies: Sociality and Colony Size Do Not Predict Investment in Antimicrobials." *Royal Society Open Science* 5, no. 2 (2018).

Perry, Caroline. "A Self-Organizing Thousand-Robot Swarm." Harvard School of Engineering and Applied Sciences, August 14, 2014. https://www.seas.harvard.edu/news/2014/08/self-organizing-thousand-robot-swarm.

Seeley, T., S. Kuhnholz, and R. Seeley. "An Early Chapter in Behavioral Physiology and Sociobiology: The Science of Martin Lindauer." *Journal of Comparative Physiology A* 188, no. 6 (2002): 439–53.

Seeley, T. D., K. M. Passino, and P. K. Visscher. "Group Decision Making in Honey Bee Swarms: When 10,000 Bees Go House Hunting, How Do They Cooperatively Choose Their New Nesting Site?" *American Scientist* 94, no. 3 (2006): 220–29.

Yong, Ed. "How the Science of Swarms Can Help Us Fight Cancer and Predict the Future." *Wired*, March 19, 2013. https://www.wired.com/2013/03/powers-of-swarms/.

Zimmer, C. "These Ants Use Germ-Killers, and They're Better Than Ours." *New York Times*, September 26, 2019. https://www. nytimes.com/2019/09/26/science/ants-fungus-antibiotic-resistance.html.

5. 다리맵시의 비밀

Aalkjær, Christian. 저자와의 인터뷰, August 26, 2020.

Agaba, M., E. Ishengoma, W. C. Miller, B. C. McGrath, C. N. Hudson, O. C. B. Reina, A. Ratan, et al. "Giraffe Genome Sequence Reveals Clues to Its Unique Morphology and Physiology." *Nature Communications* 7, no. 1 (2016): 1–8.

Angier, N. "Our Understanding of Giraffes Does Not Measure Up." *New York Times*, October 7, 2014. https://www.nytimes.com/2014/10/07/science/our-understanding-of-giraffes-does-not-measure-up.html.

Burnett, Mark. "The Giraffe." *Inside Nature's Giants* season 1, episode 4. Developed by 4International. Channel 4, July 2009.

Chu, J. "Shrink-Wrapping Spacesuits." *MIT News*, September 18, 2014. https://news.mit.edu/2014/second-skin-spacesuits-0918.

Hargens, A. R., R. W. Millard, K. Pettersson, and K. Johansen. "Gravitational Haemodynamics and Oedema Prevention in the Giraffe." *Nature* 329, no. 6134 (1987): 59–60.

"Hertha Peterson Shaw" (obituary). *Coronado Eagle & Journal*, August

19, 2011. http://www.coronadonewsca.com/obituaries/hertha-peterson-shaw/article_329693a4-ca98-11e0-be3e-001cc4c03286.html

"Hertha Shaw: The Inspiration Behind CircAid." CircAid Medical Products, 2011. http://elisesdesigns.com/links/eflash/2011_HerthaStory.html.

"Hertha's Story." *Vein Magazine*, April 1, 2015. https://www.veindirectory.org/magazine/article/industry-spotlight/herthas-story.

Kluger, J., and J. Lovell. *Lost Moon: The Perilous Voyage of Apollo* 13. Boston: Houghton Mifflin, 1994.

Krogh, August. "The Progress of Physiology." *American Journal of Physiology* 90, no. 2 (1929).

Kubis, Joseph F., John T. Elrod, Rudolph Rusnak, and John E. Barnes. "Apollo 15, Time and Motion Study." NASA Manned Spacecraft Center, Houston, Texas, January 1972.

Kubis, Joseph F., John T. Elrod, Rudolph Rusnak, John E. Barnes, and S. Saxon. "Apollo 16, Time and Motion Study (Final Mission Report)." NASA Manned Spacecraft Center, Houston, Texas, July 1972.

Lydgate, A. "How the Giraffe Got Its Neck." *New Yorker*, May 17, 2016. https://www.newyorker.com/tech/annals-of-technology/how-the-giraffe-got-its-neck.

Micheva, Kristina D., Brad Busse, Nicholas C. Weiler, Nancy O'Rourke, and Stephen J. Smith. "Single-Synapse Analysis of a Diverse Synapse Population: Proteomic Imaging Methods and Markers." *Neuron* 68, no. 4 (November 18, 2010): 639–53.

Newman, D. "Building the Future Spacesuit." *Ask Magazine* 45 (2012): 37–40.

Newman, D. J., M. Canina, and G. L. Trotti. "Revolutionary Design for Astronaut Exploration—Beyond the Bio-Suit System." *American Institute of Physics Conference Proceedings* 880 (2007): 975–86.

Petersen, K. K., A. Hørlyck, K. H. Østergaard, J. Andresen, T. Broegger, N. Skovgaard, N. Telinius, et al. "Protection Against High Intravascular Pressure in Giraffe Legs." *American Journal of Physiology-Regulatory, Integrative and Comparative Physiology* 305, no. 9 (November 1, 2013): R1021–30.

Roth, A. "Dwarf Giraffe Discovery Surprises Scientists." *New York Times*, January 6, 2011. https://www.nytimes.com/2021/01/06/science/dwarf-giraffes.html.

Smerup, M., M. Damkjær, E. Brøndum, U. T. Baandrup, S. B. Kristiansen, H. Nygaard, J. Funder, et al. "The Thick Left Ventricular Wall of the Giraffe Heart Normalises Wall Tension, but Limits Stroke Volume and Cardiac Output." *Journal of Experimental Biology* 219, no. 3 (2016): 457 – 63.

Warren, James V. "The Physiology of the Giraffe." *Scientific American* 231, no. 5 (1974): 96 – 105.

Wedel, Mathew. "A Monument of Inefficiency: The Presumed Course of the Recurrent Laryngeal Nerve in Sauropod Dinosaurs." *Acta Palaeontologica Polonica* 57, no. 2 (2012).

Young, Diana, and Dava Newman. "Augmenting Exploration: Aerospace, Earth and Self." In *Wearable Monitoring Systems*, edited by A. Bonfiglio and D. De Rossi. Boston: Springer, 2011.

6. 자연의 결합 본능

Brown, Valeria J. "Better Bonding With Beans." *Environmental Health Perspectives* 113, no. 8 (August 2005): A538 – 41.

Carrington, Emily. 저자와의 인터뷰, December 3, 2020.

__________. "Seasonal Variation in the Attachment Strength of Blue Mussels: Causes and Consequences." *Limnology and Oceanography* 47, no. 6 (2002): 1723 – 33.

Cohen, Noy, J. Herbert Waite, Robert M. McMeeking, and Megan T. Valentine. "Force Distribution and Multiscale Mechanics in the Mussel Byssus." *Philosophical Transactions of the Royal Society B* 374, no. 1784 (2019). https://doi.org/10.1098/rstb.2019.0202.

Fleur, N. S. "Starting Fires to Unearth How Neanderthals Made Glue." *New York Times*, September 7, 2017. https://www.nytimes.com/2017/09/07/science/neanderthals-tar-glue.html.

Frihart, C. R., and L. F. Lorenz. "Protein Adhesives." In *Handbook of Adhesive Technology*, 3rd ed., edited by A. Pizzi and K. L. Mittal, 145 – 75, Boca Raton, FL: CRC Press, 2018.

Gross, M. "Getting Stuck In." *Chemistry World*, December 2011. https://www.rsc.org/images/Bioadhesives%20-%20Getting%20Stuck%20In_tcm18-210693.pdf.

Hautala, Keith. "We Make Innovations That Stick: Sustainable Adhesives." Oregon State University, December 18, 2019. https://cbee.oregonstate.edu/node/825.

Holten-Andersen, N., Matthew J. Harrington, Henrik Birkedal, Bruce P. Lee, Phillip B. Messersmith, Ka Yee C. Lee, and J. Herbert Waite. "pH-Induced Metal-Ligand Cross-Links Inspired by Mussel Yield Self-Healing Polymer Networks With Near-Covalent Elastic Moduli." *Proceedings of the National Academy of Sciences* 108, no. 7 (2011): 2651 – 55. https://doi.org/10.1073/pnas.1015862108.

Hopkin, M. "Bacterium Makes Nature's Strongest Glue." *Nature*, April 10, 2006. https://www.nature.com/news/2006/060410/full/

news060410-1.html.

Houtman, Nick. "Oregon State University Researcher Receives National Award for Soy-Based Adhesive." Oregon State University, November 8, 2017. https://today.oregonstate.edu/news/oregon-state-university-researcher-receives-national-award-soy-based-adhesive.

IMAR C. "Plywood Market: Global Industry Trends, Share, Size, Growth, Opportunity and Forecast 2021–2026." Press release. https://www.imarcgroup.com/plywood-market.

Kotta, J., M. Futter, A. Kaasik, K. Liversage, M. Rätsep, F. R. Barboza, L. Bergström, et al. "Cleaning Up Seas Using Blue Growth Initiatives: Mussel Farming for Eutrophication Control in the Baltic Sea." *Science of the Total Environment* 709 (2020): 136144.

Lambert, Thomas. *Bone Products and Manures: A Treatise on the Manufacture of Fat, Glue, Animal Charcoal, Size, Gelatin, and Manures*. London: Scott Greenwood, 1925.

Lanksbury, J., B. Lubliner, M. Langness, and J. West. "Stormwater Action Monitoring 2015/16 Mussel Monitoring Survey: Final Report." Washington Department of Fish and Wildlife, August 9, 2017. https://wdfw.wa.gov/publications/01925.

Lee, Bruce P., P. B. Messersmith, J. N. Israelachvili, and J. H. Waite. "Mussel-Inspired Adhesives and Coatings." *Annual Review of Materials Research* 41, no. 1 (2011): 99–132. https://doi.org/10.1146/annurev-matsci-062910-100429.

Li, J., C. Green, A. Reynolds, H. Shi, and J. M. Rotchell. "Microplastics in Mussels Sampled From Coastal Waters and Supermarkets in the United Kingdom." *Environmental Pollution* 241 (2018): 35–44.

Li, K. "Biomimicry Case Study— Purebond® Technology: Wood Glue Without Formaldehyde." Biomimicry Institute, n.d. http://toolbox.biomimicry.org/wp-content/uploads/2016/03/CS_PureBond_TBI_Toolbox-2.pdf.

Liu, Y., and K. Li. "Chemical Modification of Soy Protein for Wood Adhesives." *Macromolecular Rapid Communications* 23, no. 13 (2002): 739–42.

National Cancer Institute. "Formaldehyde and Cancer: Questions and Answers." 2004. https://permanent.fdlp.gov/lps100006/www.cancer.gov/images/Documents/687f2693-82b5-4ec7-9c6f-e4e917d6ee53/fs3_8.pdf.

Needham, Jill, and Kathleen Alcalá. "Mussel Strength: How Mussels Serve Our Ecosystem." *Salish Magazine*, n.d. https://salishmagazine.org/mussel-strength/.

O'Donnell, M. J., M. N. George, and E. Carrington. "Mussel Byssus

Attachment Weakened by Ocean Acidification." *Nature Climate Change* 3, no. 6 (2013): 587-90.

Ornes, S. "Mussels' Sticky Feet Lead to Applications." *Proceedings of the National Academy of Sciences* 110, no. 42 (2013): 16697-99.

United Press International. "Mussel's 'Super Glue' May Help Healing." July 7, 1983. https://upi.com/5302609.

United Soybean Board. "Soy-Based Wood Adhesives." 2012. https://soynewuses.org/wp-content/uploads/44422_TDR_Adhesives.pdf.

von Byern, J., and I. Grunwald. *Biological Adhesive Systems. From Nature to Technical and Medical Application*. Springer Science and Business Media, 2010.

Waite, J. Herbert. 저자와의 인터뷰, December 9, 2020.

_________. "Mussel Power." *Nature Materials* 7 (2008): 8-9. https://doi.org/10.1038/nmat2087.

_________. "Nature's Underwater Adhesive Specialist." *International Journal of Adhesion and Adhesives* 7, no. 1 (1987): 9-14. https://doi.org/10.1016/0143-7496(87)90048-0.

Waite, J. Herbert, and Matthew James Harrington. "Following the Thread: Mytilus Mussel Byssus as an Inspired Multi-Functional Biomaterial." *Canadian Journal of Chemistry*, October 28, 2021. https://doi.org/10.1139/cjc-2021-0191.

Waite, J. Herbert, Niels Holten-Andersen, Scott Jewhurst, and Chengjun Sun. "Mussel Adhesion: Finding the Tricks Worth Mimicking." *Journal of Adhesion* 81, no. 3-4 (2005): 297-317. https://doi.org/10.1080/00218460590944602.

Wiggins, Glenn B. *Caddisflies: The Underwater Architects*. Toronto: University of Toronto Press, 2004.

7. 콘크리트처럼 탄탄하게

Akpan, Nsikan, and Matt Erichs. "Want to Cut Carbon Emissions? Try Growing Cement Bricks With Bacteria." *PBS Newshour*, March 7, 2017. https://www.pbs.org/newshour/science/carbon-emissions-growing-cement-bricks-bacteria-biomason.

Armstrong, S. "These Startups Are Turning CO_2 Pollution Into Something Useful." *Wired*, September 4, 2018. https://www.wired.co.uk/article/xprize-global-warming-climate-change-co2-pollution.

Biomason. "Revolutionizing Cement With Biotechnology." https://www.biomason.com.

Blue Planet Systems. https://www.blueplanetsystems.com/technology.

Breakthrough Energy. https://www.breakthroughenergy.org.

CarbonCure. "Reducing Carbon, One Truck at a Time." https://www.carboncure.com.

Feldman, Amy. "Startup Biomason Makes Biocement Tiles, Retailer H&M Group Plans to Outfit Its Stores' Floors With Them." *Forbes*, June 14, 2021. https://www.forbes.com/sites/amyfeldman/2021/06/14/startup-biomason-makes-bio-cement-tiles-retailer-hm-group-plans-to-outfit-its-stores-floors-with-them/?sh=4908dec257c9.

Fong, P., and V. J. Paul. "Coral Reef Algae." In *Coral Reefs: An Ecosystem in Transition*, edited by Zvy Dubinsky and Noga Stambler, 241–72. New York: Springer, 2011.

Gates, Bill. "Buildings Are Bad for the Climate." *GatesNotes* (blog), October 2019. https://www.gatesnotes.com/Energy/Buildings-are-good-for-people-and-bad-for-the-climate.

________. *How to Avoid a Climate Disaster*. New York: Alfred A. Knopf, 2021.

GlobeNewswire. "Global Concrete Market to Generate $972.04 Billion by 2030: Allied Market Research." August 9, 2021. https://www.globenewswire.com/news-release/2021/08/09/2277251/0/en/Global-Concrete-Market-to-Generate-972-04-Billion-by-2030-Allied-Market-Research.html.

Goel, M., and M. Sudhakar. *Carbon Utilization: Applications for the Energy Industry*. Singapore: Springer, 2017.

Gregory, Jeremy, Hessam AzariJafari, Ehsan Vahidi, Fengdi Guo, Franz-Josef Ulm, and Randolph Kirchain. "The Role of Concrete in Life Cycle Greenhouse Gas Emissions of US Buildings and Pavements." *Proceedings of the National Academy of Sciences* 118, no. 37 (2021). https://doi.org/10.1073/pnas.2021936118.

King, Anthony. "System to Rid Space Station of Astronaut Exhalations Inspires Earth-Based CO_2 Removal." Horizon, November 12, 2018. https://ec.europa.eu/research-and-innovation/en/horizon-magazine/system-rid-space-station-astronaut-exhalations-inspires-earth-based-co2-removal.

Margolies, J. "Concrete, A Centuries-Old Material, Gets a New Recipe." *New York Times*, August 11, 2020. https://www.nytimes.com/2020/08/11/business/concrete-cement-manufacturing-green-emissions.html.

Miller, S. A., A. Horvath, and P. J. Monteiro. "Impacts of Booming Concrete Production on Water Resources Worldwide." *Nature Sustainability* 1, no. 1 (2018): 69–76.

NASA. "Carbon Capture Process Makes Sustainable Oil." *NASA Spinoff*, 2019. https://spinoff.nasa.gov/Spinoff2019/ee_4.html.

________. "Closing the Loop: Recycling Water and Air in Space." 2004. https://www.nasa.gov/pdf/146558main_RecyclingEDA(final)%20 4_10_06.pdf.

Nature. "Concrete Needs to Lose Its Colossal Carbon Footprint." Editorial, September 28, 2021. https://www.nature.com/articles/d41586-021-02612-5.

Rosic, Nedeljka, Edmund Yew Siang Ling, Chon-Kit Kenneth Chan, Hong Ching Lee, Paulina Kaniewska, David Edwards, Sophie Dove, and Ove Hoegh-Guldberg. "Unfolding the Secrets of Coral-Algal Symbiosis." *ISME J* 9, (2015): 844-56. https://doi.org/10.1038/ismej.2014.182

Ryan, K. J. "How This Startup Is Using Bacteria to Grow Bricks From Scratch." *Inc*., 2016. https://www.inc.com/kevin-j-ryan/best-industries-2016-sustainable-building-materials.html.

Shepherd, Bart. 저자와의 인터뷰, November 8, 2018.

Solidia. https://www.solidiatech.com.

Stokstad, E. "Human 'Stuff' Now Outweighs All Life on Earth." *Science*, December 9, 2020. https://www.sciencemag.org/news/2020/12/human-stuff-now-outweighs-all-life-earth.

Sully, S., D. E. Burkepile, M. K. Donovan, G. Hodgson, and R. van Woesik. "A Global Analysis of Coral Bleaching Over the Past Two Decades." *Nat Commun* 10, no. 1264 (2019). https://doi.org/10.1038/s41467-019-09238-2.

Timperley, Jocelyn. "Q&A: Why Cement Emissions Matter for Climate Change." *CarbonBrief*, 2018. https://www.carbonbrief.org/qa-why-cement-emissions-matter-for-climate-change.

XPRIZE Foundation. "From Carbon to Concrete." March 9, 2017. https://www.xprize.org/prizes/carbon/articles/from-carbon-to-concrete.

8. 씨앗의 힘으로 달리다

Barboza, Tony. "Court Allows Exide to Abandon a Toxic Site in Vernon. Taxpayers Will Fund the Cleanup." *Los Angeles Times*, October 16, 2020. https://www.latimes.com/california/story/2020-10-16/exide-bankrtuptcy-decision-vernon-cleanup.

Belcher, Angela. "Using Nature to Grow Batteries." TE Dx Talk, April 2011. https://www.ted.com/talks/angela_belcher_using_nature_to_grow_batteries/transcript?language=en.

BloombergNEF. "Electric Vehicle Sales to Fall 18% in 2020 but Longterm Prospects Remain Undimmed." May 19, 2020. https://about.bnef.com/blog/electric-vehicle-sales-to-fall-18-in-2020-but-long-term-prospects-remain-undimmed/.

Chen, P., Y. Wu, Y. Zhang, T.-H. Wu, Y. Ma, C. Pelkowski, H. Yang, Y. Zhang, X. Hu, and N. Liu. "A Deeply Rechargeable Zinc Anode With Pomegranate-Inspired Nanostructure for High-Energy Aqueous Batteries." *Journal of Materials Chemistry A* 6, no. 44 (2018): 21933-40.

Chu, S., Y. Cui, and N. Liu. "The Path Towards Sustainable Energy." *Nature Materials* 16, no. 1 (2017): 16-22.

Crabtree, G. "Perspective: The Energy-Storage Revolution." *Nature* 526, no. 7575 (2015): S92.

Cui, Y. "New 'Pomegranate-Inspired' Design Solves Problems for Lithium-Ion Batteries." SLA C National Accelerator Laboratory, February 2014. https://www6.slac.stanford.edu/news/2014-02-16-pomegranate-inspired-batteries.aspx.

Dalton, P. J., E. Bowens, T. North, S. Balcer, and A. Rocketdyne. "International Space Station Lithium-Ion Battery Status." Presented at the NASA Aerospace Battery Workshop, November 2019.

Fagan, Mary. "Sheikh Yamani Predicts Price Crash as Age Oil Ends." Telegraph, June 25, 2000. https://www.telegraph .co.uk/news/uknews/1344832/Sheikh-Yamani-predicts-price-crash-as-age-of-oil-ends.html.

Fletcher, S. *Bottled Lightning: Superbatteries, Electric Cars, and the New Lithium Economy*. New York: Hill and Wang, 2011.

Galbraith, K. "Charging Ahead." *Stanford Magazine*, July/August 2014. https://stanfordmag.org/contents/charging-ahead.

Garcia, M. "Spacewalkers Complete Multi-Year Effort to Upgrade Space Station Batteries." NASA, February 1, 2021. https://www.nasa.gov/feature/spacewalkers-complete-multi-year-effort-to-upgrade-space-station-batteries.

Gordon, Robert J. *The Rise and Fall of American Growth*. New Jersey: Princeton University Press, 2017.

Han, X., L. Lu, Y. Zheng, X. Feng, Z. Li, J. Li, and M. Ouyang. "A Review on the Key Issues of the Lithium Ion Battery Degradation Among the Whole Life Cycle." *eTransportation* 1 (2019): 100005.

Iida, Fumiya. 저자와의 인터뷰, March 16, 2021.

Khan Academy. "Are Viruses Dead or Alive?" N.d. https://www.khanacademy.org/test-prep/mcat/cells/viruses/a/are-viruses-dead-or-alive.

Kotov, Nicholas. 저자와의 인터뷰, March 11, 2021.

Lee, Y. J., H. Yi, W. J. Kim, K. Kang, D. S. Yun, M. S. Strano, G. Ceder, and A. M. Belcher. "Fabricating Genetically Engineered High-Power Lithium-Ion Batteries Using Multiple Virus Genes." *Science* 324, no. 5930 (April 2, 2009): 1051-55. https://www.science.org/doi/10.1126/

science.1171541.

Li, W., Z. Liang, Z. Lu, H. Yao, Z. W. Seh, K. Yan, G. Zheng, and Y. Cui. "A Sulfur Cathode With Pomegranate-Like Cluster Structure." *Advanced Energy Materials* 5, no. 16 (2015). https://web.stanford.edu/group/cui_group/papers/Weiyang_Cui_AEM _2015.pdf.

Liu, N., Z. Lu, J. Zhao, M. T. McDowell, H.-W. Lee, W. Zhao, and Y. Cui. "A Pomegranate-Inspired Nanoscale Design for Large-Volume-Change Lithium Battery Anodes." *Nature Nanotechnology* 9, no. 3 (2014): 187-92.

Nam, K. T., D.-W. Kim, P. J. Yoo, C.-Y. Chiang, N. Meethong, P. T. Hammond, Y.-M. Chiang, and A. M. Belcher. "Virus-Enabled Synthesis and Assembly of Nanowires for Lithium Ion Battery Electrodes." *Science* 312, no. 5775 (2006): 885-88.

Oberhaus, Daniel. "The Next Generation of Batteries Could Be Built by Viruses." *Wired*, February 26, 2020. https://www.wired.com/story/the-next-generation-of-batteries-could-be-built-by-viruses/.

Oh, D., J. Qi, B. Han, G. Zhang, T. J. Carney, J. Ohmura, Y. Zhang, Y. Shao-Horn, and A. M. Belcher. "M13 Virus-Directed Synthesis of Nanostructured Metal Oxides for Lithium-Oxygen Batteries." *Nano Letters* 14, no. 8 (2014): 4837-45.

Pearce, Fred. "Getting the Lead Out: Why Battery Recycling Is a Global Health Hazard." *Yale Environment* 360, November 2, 2020. https://e360.yale.edu/features/getting-the-lead-out-why-battery-recycling-is-a-global-health-hazard.

Royal Swedish Academy of Sciences. "Lithium-Ion Batteries." Scientific background on the Nobel Prize in Chemistry 2019. https://www.nobelprize.org/uploads/2019/10/advanced-chemistryprize2019.pdf.

Rutgers School of Arts and Sciences. "Edison and the Electric Car." Thomas A. Edison Papers, October 28, 2016. http://edison.rutgers.edu/elecar.htm.

Service, R. F. "How to Build a Better Battery Through Nanotechnology." *Science*, May 26, 2016. https://www.sciencemag.org/news/2016/05/how-build-better-battery-through-nanotechnology.

University of Michigan. "Nicholas A. Kotov." Chemical Engineering faculty bio. https://che.engin.umich.edu/people/kotov-nicholas/.

Wang, M., D. Vecchio, C. Wang, A. Emre, X. Xiao, Z. Jiang, P. Bogdan, Y. Huang, and N. A. Kotov. "Biomorphic Structural Batteries for Robotics." *Science Robotics* 5, no. 45 (2020).

Xu, K. "A Long Journey of Lithium: From the Big Bang to Our Smartphones." *Energy & Environmental Materials* 2, no. 4 (2019): 229-33.

9. 말 속에 뼈가 있다

Altair. Customer Stories. https://www.altair.com/resourcelibrary/?category=Customer+Stories.

________. "The Implant Boom: It's Now Hip to Replace Your Hip." June 18, 2018. https://www.altair. com/newsroom/articles/implant-boom-hip-to-replace-your-hip/?mc_cid=f09a559bcd&mc_eid=8d0667d553.

________. "Lushan Primary School: Using Remote Robotic Construction Techniques for Architectural Development of an Extraordinary School in Rural China." N.d. https://www.altair.com/customer-story/zaha-hadid-lushan-primary-school.

Bhatia, Aatish. "What Your Bones Have in Common With the Eiffel Tower." *Wired*, March 9, 2015. https://www.wired.com/2015/03/empzeal-eiffel-tower/.

Brennan, Jeff. 저자와의 인터뷰, October 12, 2020.

Buenzli, P. R., and N. A. Sims. "Quantifying the Osteocyte Network in the Human Skeleton." *Bone* 75 (2015): 144–50.

da Vinci, Leonardo. *Leonardo da Vinci's Notebooks: Arranged and Rendered Into English With Introductions*. Trans. Edward McCurdy. London: Duckworth and Company, 1908.

Donahue, S. W., S. J. Wojda, M. E. McGee-Lawrence, J. Auger, and H. L. Black. "Osteoporosis Prevention in an Extraordinary Hibernating Bear." *Bone* 145 (2021): 115845.

Doube, M., M. M. Klosowski, A. M. Wiktorowicz-Conroy, J. R. Hutchinson, and S. J. Shefelbine. "Trabecular Bone Scales Allometrically in Mammals and Birds." *Proceedings of the Royal Society B: Biological Sciences* 278, no. 1721 (2011): 3067–73.

Eiffel Tower tourism website. "Origins and Construction of the Eiffel Tower." https://www.toureiffel.paris/en/the-monument/history.

Galilei, Galileo. *Dialogues Concerning Two New Sciences*. Trans. Alfonso de Salvio and Henry Crew. New York: Macmillan Company, 1914.

Haldane, J. B. S. "On Being the Right Size." 1926. https://www.phys.ufl.edu/courses/phy3221/spring10/HaldaneRightSize.pdf.

Hermanussen, M., C. Scheffler, D. Groth, and C. Aßmann. "Height and Skeletal Morphology in Relation to Modern Life Style." *Journal of Physiological Anthropology* 34, no. 1 (2015): 1–5.

Johnson, G. "Of Mice and Elephants: A Matter of Scale." *New York Times*, January 12, 1999. http://hep.ucsb.edu/courses/ph6b_99/0111299sci-scaling.html.

McGee-Lawrence, M., P. Buckendahl, C. Carpenter, K. Henriksen,

M. Vaughan, and S. Donahue. "Suppressed Bone Remodeling in Black Bears Conserves Energy and Bone Mass During Hibernation." *Journal of Experimental Biology* 218, no. 13 (2015): 2067–74.

NASA. "Preventing Bone Loss in Spaceflight With Prophylactic Use of Bisphosphonate: Health Promotion of the Elderly by Space Medicine Technologies." March 27, 2019. https://www.nasa.gov/mission_pages/station/research/news/b4h-3rd/hh-preventing-bone-loss-in-space.

National Institutes of Health. "What Is Bone?" October 2018. https://www.bones.nih.gov/health-info/bone/bone-health/what-is-bone.

Ryan, T. M., and C. N. Shaw. "Gracility of the Modern Homo Sapiens Skeleton Is the Result of Decreased Biomechanical Loading." *Proceedings of the National Academy of Sciences* 112, no. 2 (2015): 372–77.

Sozen, T., L. Öışık, and N. Ç. Başaran. "An Overview and Management of Osteoporosis." *European Journal of Rheumatology* 4, no. 1 (2017): 46.

Vogel, S. "Cats' Paws and Catapults: Mechanical Worlds of Nature and People." New York: W. W. Norton, 2000.

Wade, N. "Your Body Is Younger Than You Think." *New York Times*, August 2, 2005, https://www.nytimes.com/2005/08/02/science/your-body-is-younger-than-you-think.html.

Wagner, D. O., and P. Aspenberg. "Where Did Bone Come From? An Overview of Its Evolution." *Acta Orthopaedica* 82, no. 4 (2011): 393–98.

10. 괴물의 재발견

Amylin. "The Discovery and Development of Byetta (Exenatide) Injection and Bydureon (Exenatide Extended-Release for Injectable Suspension)." 2012. https://www.multivu.com/assets/53897/documents/53897-Exenatide-History-FINAL -original.pdf.

Beck, D. D., B. E. Martin, and C. H. Lowe. *Biology of Gila Monsters and Beaded Lizards*. Vol. 9. Berkeley: University of California Press, 2005.

Bordon, Karla de Castro Figueiredo, Camila Takeno Cologna, Elisa Corrêa Fornari-Baldo, Ernesto Lopes Pinheiro-Júnior, Felipe Augusto Cerni, Fernanda Gobbi Amorim, Fernando Antonio Pino Anjolette, et al. "From Animal Poisons and Venoms to Medicines: Achievements, Challenges and Perspectives in Drug Discovery." *Frontiers in Pharmacology* 11 (July 24, 2020): 1132. https://pubmed.ncbi.nlm.nih.gov/32848750/.

Bridges, A., K. G. Bistas, and T. F. Jacobs. "Exenatide." In *StatPearls*

[Internet]. Treasure Island, FL: StatPearls Publishing, July 19, 2021. https://www.ncbi.nlm.nih.gov/books/NBK518981/

Calcabrini, C., E. Catanzaro, A. Bishayee, E. Turrini, and C. Fimognari. "Marine Sponge Natural Products With Anticancer Potential: An Updated Review." *Marine Drugs* 15, no. 10 (2017): 310.

DeNardo, Dale. 저자와의 인터뷰, June 2, 2020.

Emerson, Ralph Waldo. *The Prose Works of Ralph Waldo Emerson: Representative Men. English Traits. Conduct of Life.* Boston: J. R. Osgood and Company, 1872.

Gellene, Denise. "Lizard Is Source of Newest Diabetes Drug." *Los Angeles Times*, April 30, 2005. https://www.latimes.com/archives/la-xpm-2005-apr-30-fi-gila30-story.html.

Goodfellow, George. "The Gila Monster Again." *Scientific American* 96, no. 13 (1907): 271. http://www.jstor.org/stable/26005510.

Holst, J. J., and J. Gromada. "Role of Incretin Hormones in the Regulation of Insulin Secretion in Diabetic and Nondiabetic Humans." *Am J Physiol Endocrinol Metab* 287, no. 2 (2004): E199-205.

Kalinyak, Judith. 저자와의 인터뷰, June 20, 2021.

Lazarovici, Philip, Cezary Marcinkiewicz, and Peter I. Lelkes. "From Snake Venom's Disintegrins and C-Type Lectins to Anti-Platelet Drugs." *Toxins* 11, no. 5 (May 27, 2019): 303. https://www.mdpi.com/2072-6651/11/5/303.

Nation, Earl F. "George E. Goodfellow, M.D. (1855-1910): Gunfighter's Surgeon and Urologist." *Urology* 2, no. 1 (1973): 85-92. https://doi.org/10.1016/0090-4295(73)90226-4.

Newberry Herald and News. "The Gila Monster: A Rare Reptile Described as the Most Venomous Thing on Earth." October 23, 1980. https://www.newspapers.com/image/174576495/?terms=%22the%20most%20deadly%20reptile%20in%20all%20the%20world%22&match=1.

NIH National Institute on Aging. "Exendin-4: From Lizard to Laboratory. . . and Beyond." July 11, 2012. https://www.nia.nih.gov/news/exendin-4-lizard-laboratory-and-beyond.

Nunez, Christina. "Deforestation Explained." *National Geographic*, November 2, 2021. https://www.nationalgeographic.com/environment/article/deforestation.

Piper, Ross, Alexander Kagansky, John Malone, Nils Bunnefeld, and Rob Jenkins. "Nature Is a Rich Source of Medicine—If We Can Protect It." *The Conversation*, December 13, 2018. https://theconversation.com/nature-is-a-rich-source-of-medicine-if-we-can-protect-it-107471.

Pollack, Andrew. "Lizard-Linked Therapy Has Roots in the Bronx." *New York Times*, September 21, 2002. https://www.nytimes.com/2002/09/21/business/lizard-linked-therapy-has-roots-in-the-bronx.html.

San Francisco Chronicle. "Ugly as Sin Itself." June 18, 1893. https://www.newspapers.com/image/27601356/?terms=Ugly%20as%20Sin%20Itself%20gila%20monster.

Sengupta, Amitdyuti, and Jagadananda Behera. "Compre-hensive View on Chemistry, Manufacturing and Applications of Lanolin Extracted From Wool Pretreatment." *American Journal of Engineering Research* 3, no. 7 (2014): 33–43.

Tan, Siang Yong, and Jason Merchant. "Frederick Banting (1891-1941): Discoverer of Insulin." *Singapore Medical Journal* 58, no. 1 (2017): 2–3. https://doi.org/10.11622/smedj.2017002.

Tan, Siang Yong, and Y. Tatsumura. "Alexander Fleming (1881–1955): Discoverer of Penicillin." *Singapore Medical Journal* 56, no. 7 (2015): 366–67. https://doi.org/10.11622/smedj.2015105.

Tyron, George Washington, Henry Augustus Pilsbry, and B. Sharp. *Manual of Conchology,*

Structural and Systematic. Vol. 6, *Conidae, Pleurotomidae*. Philadelphia: Academy of Natural Sciences, 1884.

Wootson, Cleve, Jr. "'I Guess You Are Here for the Opium': Investigator Stumbles Across $500 Million in Poppy Plants." *Washington Post*, May 25, 2017. https://www.washingtonpost.com/news/to-your-health/wp/2017/05/25/i-guess-you-are-here-for-the-opium-investigator-stumbles-across-500-million-in-poppy-plants/.

World Health Organization. "The Worldwide Rise of Chronic Noncommunicable Diseases: A Slow-Motion Catastrophe." Opening remarks at the First Global Ministerial Conference on Healthy Lifestyles and Noncommunicable Disease Control. April 28, 2011. https://www.who.int/director-general/speeches/detail/the-worldwide-rise-of-chronic-noncommunicable-diseases-a-slow-motion-catastrophe.

11. 울퉁불퉁한 것이 아름답다

Bernitsas, M. M., and K. Raghavan. Converter of Current, Tide, or Wave Energy. European Patent EP 1 812 709 B1, issued on April 17, 2013.

________. Fluid Motion Energy Converter. U.S. Patent 7,493,759 B2, issued on February 24, 2009.

Bernitsas, M. M., K. Raghavan, Y. Ben-Simon, and E. Garcia. "VIVACE

(Vortex Induced Vibration Aquatic Clean Energy): A New Concept in Generation of Clean and Renewable Energy From Fluid Flow." *J Offshore Mech Arct Eng* 130, no. 4 (2008): 041101.

Bernitsas, Michael, and Tad Dritz. "Low Head, Vortex Induced Vibrations River Energy Converter." Office of Scientific and Technical Information (OSTI), U.S. Department of Energy, June 30, 2006. https://www.osti.gov/servlets/purl/896401.

Darwin, Charles. *On the Origin of Species*. London: John Murray, 1859.

Fish, F., and G. V. Lauder. "Passive and Active Flow Control by Swimming Fishes and Mammals." *Annu Rev Fluid Mech* 38 (2006): 193–224.

Fish, F. E., P. W. Weber, M. M. Murray, and L. E. Howle. "The Tubercles on Humpback Whales' Flippers: Application of Bio-Inspired Technology." *Integrative and Comparative Biology* 51, no. 1 (July 2011): 203–13.

Fish, Frank. 저자와의 인터뷰, August 26, 2020.

Gierach, John. *Trout Bum*. Berkeley: West Margin Press, 2013.

Kim, G. Y., C. Lim, E. S. Kim, and S. C. Shin. "Prediction of Dynamic Responses of Flow-Induced Vibration Using Deep Learning." *Appl Sci* 11, no. 15 (2021): 7163. https://www.mdpi.com/2076-3417/11/15/7163.

Liao, James. 저자와의 인터뷰, August 19, 2020.

Liu, Yuqiang, Na Sun, Jiawei Liu, Zhen Wen, Xuhui Sun, Shuit-Tong Lee, and Baoquan Sun. "Integrating a Silicon Solar Cell With a Triboelectric Nanogenerator via a Mutual Electrode for Harvesting Energy From Sunlight and Raindrops." *ACS Nano* 12, no. 3 (2018): 2893–99. https://doi.org/10.1021/acsnano.8b00416.

National Institute of Standards and Technology (NIST). https://www.nist.gov/.

Raghavan, K., and M. M. Bernitsas. "Experimental Investigation of Reynolds Number Effect on Vortex Induced Vibration of Rigid Cylinder on Elastic Supports." *Ocean Engineering* 38, no. 5–6 (April 2011): 719–31.

United Nations. "Achieving Targets on Energy Helps Meet Other Global Goals, UN Forum Told." Sustainable Development Goals, July 11, 2018. https://www.un.org/sustainabledevelopment/blog/2018/07/achieving-targets-on-energy-helps-meet-other-global-goals-un-forum-told-2/.

University of Michigan. "Michael Bernitsas." Naval Architecture and Marine Engineering faculty bio, n.d. https://name.engin.umich.edu/people/bernitsas-michael/.

Wilford, John Noble. "How the Whale Lost Its Legs and Returned to the Sea." *New York Times*, May 3, 1994. https://www.nytimes.com/1994/05/03/science/how-the-whale-lost-its-legs-and-returned-to-the-sea.html.

12. 창문이 주는 고통

"Birds Eat 400 to 500 Million Tons of Insects Annually." *ScienceDaily*, July 8, 2018. https://www.sciencedaily.com/releases/2018/07/180709100850.htm.

Blackledge, T. A., and J. W. Wenzel. "Do Stabilimenta in Orb Webs Attract Prey or Defend Spiders?" *Behavioral Ecology* 10, no. 4 (1999): 372-76.

Brown, B. B., L. Hunter, and S. Santos. "Bird-Window Collisions: Different Fall and Winter Risk and Protective Factors." *PeerJ* 8 (2020): e9401.

Bruce, M. J., A. M. Heiling, and M. E. Herberstein. "Spider Signals: Are Web Decorations Visible to Birds and Bees?" *Biology Letters* 1, no. 3 (2005): 299-302.

Chu, Jennifer. "Super-Strong Surgical Tape Detaches on Demand." *MIT News*, June 22, 2020. https://news.mit.edu/2020/surgical-tape-wounds-0622.

DeGroote, Luke. 저자와의 인터뷰, September 1, 2020.

Gruener, Anna. "The Effect of Cataracts and Cataract Surgery on Claude Monet." *The British Journal of General Practice: The Journal of the Royal College of General Practitioners* 65, no. 634 (2015): 254-55. https://bjgp.org/content/65/634/254.

Guo, Qi, Zhujun Shi, Yao-Wei Huang, Emma Alexander, Cheng-Wei Qiu, Federico Capasso, and Todd Zickler. "Compact Single-Shot Metalens Depth Sensors Inspired by Eyes of Jumping Spiders." *Proceedings of the National Academy of Sciences* 116, no. 46 (2019): 22959-65. https://doi.org/10.1073/pnas.1912154116.

Hastad, O., and A. Odeen. "A Vision Physiological Estimation of Ultraviolet Window Marking Visibility to Birds." *PeerJ* 2 (2014): e621.

Hicks, L. "These Frightening Ogre-Faced Spiders Use Their Legs to 'Hear.'" *Science*, October 29, 2020. https://www.sciencemag.org/news/2020/10/these-frightening-ogre-faced-spiders-use-their-legs-hear.

Loss, Scott R., Tom Will, Sara S. Loss, and Peter P. Marra. "Bird-Building Collisions in the United States: Estimates of Annual Mortality and Species Vulnerability." *The Condor* 116, no. 1 (February 1, 2014): 8-23. https://doi.org/10.1650/CONDOR-13-090.1

Martin, Graham. 저자와의 인터뷰, August 27, 2020.

_______. *The Sensory Ecology of Birds*. Oxford: Oxford University Press, 2017.

McCray, W. Patrick. *Giant Telescopes: Astronomical Ambition and the Promise of Technology*. Boston: Harvard University Press, 2004.

Nyffeler, M., Ç. H. Sekercioglu, and C. J. Whelan. "Insectivorous Birds Consume an Estimated 400–500 Million Tons of Prey Annually." *The Science of Nature* 105, no. 7 (2018): 1–13.

Ornilux Bird Protection Glass (brochure). http://www.ornilux.com/Attachments/Project_Brochure_fin al_081613.pdf.

Runwal, Priyanka. "Building Collisions Are a Greater Danger for Some Birds Than Others." *Audubon*, July 9, 2020. https://www.audubon.org/news/building-collisions-are-greater-danger-some-birds-others.

Stafstrom, J. A., G. Menda, E. I. Nitzany, E. A. Hebets, and R. R. Hoy. "Ogre-Faced, Net-Casting Spiders Use Auditory Cues to Detect Airborne Prey." *Current Biology* 30, no. 24 (2020): 5033–39.

Trafton, A. "Double-Sided Tape for Tissues Could Replace Surgical Sutures." *MIT News*, October 30, 2019. https://news.mit.edu/2019/double-sided-tape-tissues-could-replace-surgical-sutures-1030.

Waldorf, Heath. "What the New Bird Friendly Local Law 15 Means to You." *NYREJ*, June 23, 2020. https://nyrej.com/what-the-new-bird-friendly-local-law-15-means-to-you-by-heath-waldorf.

Welch, Lisa. 저자와의 인터뷰, August 28, 2020.

Winton, R. S., N. Ocampo-Peñuela, and N. Cagle. "Geo-Referencing Bird-Window Collisions for Targeted Mitigation." *PeerJ* 6 (2018): e4215.

Yuk, H., C. E. Varela, C. S. Nabzdyk, X. Mao, R. F. Padera, E. T. Roche, and X. Zhao. "Dry Double-Sided Tape for Adhesion of Wet Tissues and Devices." *Nature* 575, no. 7781 (November 2019): 169–74. https://www.nature.com/articles/s41586-019-1710-5.

Zschokke, S. "Ultraviolet Reflectance of Spiders and Their Webs." *Journal of Arachnology* 30, no. 2 (2002): 246–54.

13. 지혜의 빛

Chalfie, Martin. "GFP: Lighting Up Life." Nobel lecture, December 8, 2008. https://www.pnas.org/content/106/25/10073.

Chalfie, Martin, Y. Tu, G. Euskirchen, W. W. Ward, and D. C. Prasher. "Green Fluorescent Protein as a Marker for Gene Expression." *Science* 263, no. 5148 (1994): 802–5.

Franklin, Benjamin. *The Works of Dr. Benjamin Franklin: Philosophical. Essays and Correspondence*. London: John Sharpe, 1809.

Grynkiewicz, G., M. Poenie, and R. Y. Tsien. "A New Generation of Ca2+ Indicators With Greatly Improved Fluorescence Properties," *J Biol Chem* 260 (1985): 3440–50.

Harvey, Edmund Newton. *A History of Luminescence: From the Earliest Times Until* 1900. Philadelphia: American Philosophical Society, 1957.

Hodgkin, A. L., and A. F. Huxley. "Action Potentials Recorded From Inside a Nerve Fibre." *Nature* 144 (1939): 710–11.

Hogue, Charles Leonard. *Latin American Insects and Entomology*. Berkeley: University of California Press, 1993.

Karagianis, Liz. "The Brilliance of Basic Research." *MIT Spectrum*, Spring 2014. https://spectrum.mit.edu/spring-2014/the-brilliance-of-basic-research/.

Minta, A., J. P. Y. Kao, and R. Y. Tsien. "Fluorescent Indicators for Cytosolic Calcium Based on Rhodamine and Fluorescein Chromophores." *J Biol Chem* 264 (1989): 8171–78.

Nobel Foundation. "Glowing Proteins—A Guiding Star for Biochemistry." Nobel Prize in Chemistry 2008 press release, October 8, 2008. https://www.nobelprize.org/prizes/chemistry/2008/press-release/.

________. "Martin Chalfie: Facts." https://www.nobelprize.org/prizes/chemistry/2008/chalfie/facts/.

________. "Roger Y. Tsien: Facts." https://www.nobelprize.org/prizes/chemistry/2008/tsien/facts/.

Pieribone, V., and D. F. Gruber. *Aglow in the Dark: The Revolutionary Science of Biofluorescence*. Boston: Harvard University Press, 2005.

Pliny the Elder. *The Natural History of Pliny*. Trans. Henry Thomas Riley and John Bostock. Vol. 6. London: George Bell and Sons, 1989.

Prasher, D. C., V. K. Eckenrode, W. W. Ward, F. G. Prendergast, and M. J. Cormier. "Primary Structure of the Aequorea Victoria Green-Fluorescent Protein." *Gene* 111, no. 2 (February 15, 1992): 229–33.

Schwiening, Christof J. "A Brief Historical Perspective: Hodgkin and Huxley." *Journal of Physiology* 590, no. 11 (2012): 2571–75.

Shimomura, O. "The Discovery of Aequorin and Green Fluorescent Protein." *Journal of Microscopy* 217, no. 1 (200): 3–15.

________. "Discovery of Green Fluorescent Protein (GFP) (Nobel Lecture)." *Angewandte Chemie International Edition* 48, no. 31 (2009): 5590–5602.

________. "A Short Story of Aequorin." *Biological Bulletin* 189, no. 1 (1995): 1–5.

Shimomura, O., F. H. Johnson, and Y. Saiga. "Extraction, Purification and Properties of Aequorin, a Bioluminescent Protein from the

Luminous Hydromedusan, Aequorea." *Journal of Cellular and Comparative Physiology* 59, no. 3 (1962), 223–39.

Shimomura, O., S. Shimomura, and J. H. Brinegar. *Luminous Pursuit: Jellyfish, GFP, and the Unforeseen Path to the Nobel Prize*. Singapore: World Scientific, 2017.

Tsien, Roger. "Unlocking Cell Secrets With Light Beams and Molecular Spies." Acceptance speech, Heineken Prize for Biochemistry and Biophysics, 2002.

University of California San Diego Health. "2008 Nobel Prize in Chemistry Shared by UC San Diego Researcher Roger Tsien." Press release, October 8, 2008.

찾아보기

ㄴ

ㄷ

ㅇ